U0186504

/ 中国首部全译插图本 /

SOUVENIRS ENTOMOLOGIQUES

昆虫记

· 典藏版 ·

· IX ·

[法] 法布尔 著

张广学 学术顾问

鲁京明 梁守锵 译

SPM 南方传媒 | 花城出版社

中国·广州

图书在版编目（CIP）数据

昆虫记 ：典藏版. Ⅸ / (法) 法布尔著 ; 鲁京明, 梁守锵译. -- 4版. -- 广州 : 花城出版社, 2022.6
ISBN 978-7-5360-9276-1

Ⅰ. ①昆… Ⅱ. ①法… ②鲁… ③梁… Ⅲ. ①昆虫学—普及读物 Ⅳ. ①Q96-49

中国版本图书馆CIP数据核字(2022)第045619号

出 版 人：张　懿
特约策划：邹峭华　秦　颖
责任编辑：黎　萍　夏显夫
技术编辑：凌春梅
封面插画：空　澈
封面设计：介　桑

书　　名　昆虫记：典藏版
KUNCHONGJI：DIANCANGBAN
出版发行　花城出版社
（广州市环市东路水荫路 11 号）
经　　销　全国新华书店
印　　刷　佛山市浩文彩色印刷有限公司
（广东省佛山市南海区狮山科技工业园 A 区）
开　　本　880 毫米 × 1230 毫米　32 开
印　　张　8.5　4 插页
字　　数　200,000 字
版　　次　2022 年 6 月第 1 版　2022 年 6 月第 1 次印刷
定　　价　388.00 元（全十卷）

如发现印装质量问题，请直接与印刷厂联系调换。
购书热线：020－37604658　37602954
花城出版社网站：http://www.fcph.com.cn

法布尔是掌握田野无数小虫子秘密的语言大师。

——[法]罗曼·罗兰

目录
Contents

SOUVENIRS
ENTOMOLOGIQUES

JEAN-HENRI CASIMIR FABRE

第一章 纳博讷狼蛛的洞穴

米什莱[1]向我们讲述他在地窖里学印刷时，如何与蜘蛛结下了友谊。一线阳光透过车间简陋的天窗，照在排铅字用的方框上，长着八条腿的邻居从网上下来，来到方框上分享阳光。孩子让它待在那里，友好地接待了这位信赖他的客人。对他来说，这是长期的无聊生活中仅有的愉快消遣。当我们缺乏人际交往时便躲进动物世界，并不总是吃亏的。

我可忍受不了地窖里的愁闷，谢天谢地。我也会孤独，但我是在明媚的阳光下和绿色的田野里，我可以在适当的时候参加田间的盛会，听乌鸦管弦乐队的演奏，欣赏蟋蟀的交响乐。然而，我在与蜘蛛交朋友时，比年轻的排字工更虔诚，我让它进入舒适的实验室，在我的书中间给它留出位置，我把它安顿在阳光下的窗台上，还兴致勃勃地到它乡下的家中去拜访它。我与它交往不是为了排遣生活中的烦恼，逃避自己与别人一样所受的苦难，甚至是更大的苦难，而是打算把一大堆问题交给狼蛛来回答，对于这些问题，有时它却不屑于回答。

啊！经常与之交往所产生的问题多么有趣啊！为了把这些问题恰当地叙述清楚，用小印刷工应该得到的那种神奇的排笔恐怕不算太过分，当然最好还是用米什莱的鹅毛笔，可惜我只有一支削得歪歪扭扭的硬铅笔。试试看吧，不管怎样，真实的东西，外表再寒酸

① 米什莱（1789—1874）：法国著名的历史学家、作家。——校注

也是美的。

那么，我将继续研究蜘蛛的本能。上一卷中叙述过的一些实验还很不完善，自初步的研究之后，我的观察范围已有很大的扩展，一些比较突出的新事实充实了我的记录本，我应该利用这些材料写一部更详尽的传记。

对于一些反复提到的内容，我确实必须注意条理清楚。当我们需要列一张总表时，不可避免地需要日复一日积累起来的细节材料，这些材料常常是意外得到的，相互之间没有关联。观察者不是时间的主宰者，机遇以意想不到的方式支配着他，某一个问题从初次产生到得出答案往往要历时数年，并且问题又会由于中途获得的发现，而得到拓宽和完善。在这样一种断断续续的工作中，需要一些反复的证明，这对于连贯思想是有必要的，我将尽量做到简洁。

我再次把老相识蜘蛛的主要代表狼蛛和圆网蛛搬上舞台。纳博讷狼蛛或称黑腹狼蛛，选择咖里哥宇常绿矮灌木丛为定居点，那里土地荒芜，多卵石，非常适合百里香生长。狼蛛的住宅与其说是瑞士山区的小木屋别墅，倒不如说是堡垒。它是一个大约一拃深的洞穴，直径像瓶颈一样宽。在那种土质中挖掘时，只要不遇上障碍，洞穴便是垂直的。狼蛛若遇到小砾石，便把它取出来，扔到洞外；但是，如果遇到一块无法撼动的大卵石，蜘蛛就会使走廊拐弯；假如多处受阻，它的住所就成了带石拱门的洞穴，曲里拐弯的，大街连着小巷。

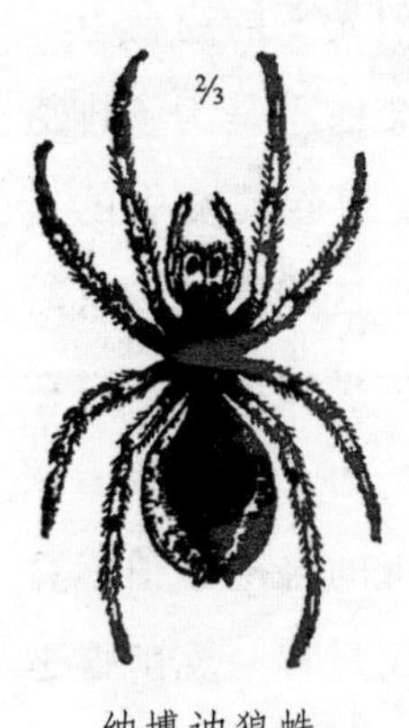

纳博讷狼蛛

只要洞主凭着长期养成的习惯，知道哪里有拐弯，有多少层，不规则也就不显得有什么不便。如果上面有动静，有引起它注意的

响声，狼蛛就会从蜿蜒曲折的洞里爬上来，行动就像爬直井那么敏捷。它甚至可能发现，当它需要把具有自卫能力的猎物引进危险场所暗杀时，这个弯弯曲曲的洞更能显示出优越性。

通常洞的底部扩大成一个厢房，是蜘蛛长久沉思的地方，也是它吃饱肚子后的静休处。

为防止风化的泥土掉下来，洞壁上涂抹了一层丝浆，不过狼蛛很精打细算，因为它不像纺织娘那样盛产丝。这层起凝固作用，并使凹凸不平的地方变平滑的丝浆，主要是抹在与出口相邻的洞顶。白天，如果周围很安静，狼蛛便停留在门口，要么是为了晒太阳，那是它最大的幸福，要么是为了窥伺经过的猎物。如果有必要，它会一动不动地待上几小时，陶醉在温暖的阳光里，或是突然跃起，抓住经过的猎物；纵横交错地布在洞壁上的防护丝网，使它的小爪子在任何方向都能得到依托。洞口的周围有一圈忽高忽低的护栏，是用细石子、碎木块和附近的禾本科植物的干草叶纤维垒起的，所有的材料混在一块并用丝固定住。这个具有乡村建筑风格的作品从来不会被忽略，哪怕是缩减成一个普通的防风圈。

进入成年的狼蛛，一朝定居下来，就完完全全成了深居简出者。我和它亲密地生活在一起已经三年了。我把它安顿在实验室窗台上的大罐子里，每天都能见到它；但是，我很少见它出来；它在离洞口几法寸远的地方，只要听到一点点动静就赶快钻回洞里去。由此我断定，在野外的自由环境中，狼蛛不会到远处去搜集建筑材料整修护栏，而是利用在家门口能找到的材料。在这种情况下，砾石很快就会用完，泥水匠就会因没有材料而停工。

我想看看如果蜘蛛能不断地得到材料供应，能把护栏建多高。利用这些囚禁者，我亲自当它们的供应商，事情很容易便办到了。

了解我的研究对象用什么建筑材料，或许会有助于那些今后想再研究咖里哥宇灌木丛里的大蜘蛛的人。

我把一个一拃深的大罐子装满含有大量碎石子的黏性红土，这与狼蛛经常出没地带的土质相符。在人造土中加适量的水，和成泥团，然后一层一层地摞在一根直径和狼蛛挖的洞穴一样粗的芦竹周围。当容器完全装满后，将芦竹拔出来，便在泥里留下了一口垂直的井，一个用来代替野外洞穴的居所就这样建成了。要找一位隐居者入住，只须到附近走一趟。那只被我从洞穴里用小铲子挖出来的蜘蛛，刚被移到人造住所中，就迷恋上了新居，不再出门，也不再去别处寻找更好的地方。我在罐子里的泥土上罩上金属网纱，以防它逃跑，我不需要严密监视它。对新居心满意足的囚犯，丝毫没有表现出对天然居所的眷恋之情，它根本没有逃跑的企图。我要补充说明的是，每一个罐子里只能接纳一位住户。狼蛛特别排斥异己，对它来说邻居就是猎物，当它自认为比对方强时，便会毫无顾忌地把对方吃掉。起先，我还不了解这种野蛮的排斥性，在交配期情况尤其严重，我曾经目睹在居民过多的罩子下举行的残酷盛宴。如果以后有机会，我会讲述这些悲剧。

现在，我来观察那些独居的狼蛛。它们没有对我用芦竹造起来的居所进行修改，顶多时不时地抛出一些土块，也许是为了在洞底给自己建一间休息室，所有土块渐渐地形成了把洞口围起来的石井栏。

我为它们提供了大量首选材料，比它们凭自己的力量找到的材料好得多。我提供的材料中，首先有打地基用的光滑的小石子，有些像杏仁那么大，我还在这个砾石堆里掺进了酒椰短纤维这种容易弯曲的软带子。这些材料能代替狼蛛常用的细胚茎和禾本科植物的枯叶。我还给囚犯们准备了剪成一法寸长的粗毛线，这些是它们从

来不曾用过的、闻所未闻的宝物。

我想了解，狼蛛是否能用它们那豆大的亮眼睛辨别色彩，是否偏爱某些颜色；我把不同颜色的毛线混在一起，有红的、绿的、黄的和白的，假如狼蛛有某种偏好，它就会在毛线中做出选择。

狼蛛总是在夜晚干活，我无法观察到它的工作方法，只能看到结果。即使我提着提灯到工地去参观，也得不到更多的收获。那只害羞的家伙会一下子钻进洞穴，而我却必须以失眠为代价。另一方面，它工作并不是十分努力，喜欢磨蹭，一个晚上也就只用掉两三束毛线或是酒椰纤维，趁它磨蹭的时候我们可以休息好长时间。

两个月过去了，材料消耗的结果大大超出了我的预料。

那些一向被认为只会利用就近找到的材料的狼蛛，用它的家族从未用过的方法为自己建起了堡垒。在洞口周围略微倾斜的斜坡上，平滑的石子被断断续续铺成了石板，那些最大的，对搬动它们的狼蛛来说显得非常巨大的石头，也和其他石头一样被用掉了许多。

在砾石堆上耸立起了一座塔，一座用酒椰纤维和随便捡到的杂色毛线垒成的塔，红、蓝、黄、绿色杂乱地混在一起，狼蛛对色彩没有偏好。

建筑物的最终形状像一个套筒，高两法寸。狼蛛用纺丝器喷出的丝把一块一块材料粘在一起，整个像一块粗布。尽管这并不是一个无可挑剔的作品，因为始终有一些难对付的材料露在外面，没有被狼蛛制服，但这个建筑物仍不乏优点，往鸟巢里衬毡子的鸟也不见得会干得更漂亮。谁见了我那些罐子里一座座特别的彩色建筑，都以为是我的手艺，是我用于实验的手段。当我如实告诉他们作品的真正作者是谁时，他们都大吃一惊，谁也不会想到狼蛛能造出这样的建筑。

显然，自由的狼蛛在贫瘠的咖里哥宇灌木丛时，不会造出这么豪华的建筑，原因我已经说过。由于狼蛛不太爱出门，不愿去寻找材料，它只能利用身边的有限资源。小土块、碎石子、细枝条、干枯的禾本科植物，差不多就是全部材料，因此它造出的建筑物通常十分简陋，只能是一个几乎不引人注意的石井栏。

我的囚犯告诉我们，只要有充足的材料，特别是有了可以防止坍塌的纺织材料，狼蛛还是热衷于建高塔的，它们了解造塔的方法，只要有条件就会这么做。

这种艺术与另一种艺术有关，看来它是从另一种艺术中衍生出来的。如果阳光太强烈或者有雨水威胁洞穴，狼蛛就会用丝网封住洞口。丝网上镶嵌着各种材料，有时镶着吃剩下的猎物残渣。古代的盖耳人[①]把战俘的头颅钉在茅屋门上，野蛮的蜘蛛也同样把被它杀死的猎物的头盖骨，镶嵌在洞顶盖上。

这样的砾石很适合镶在恶魔的圆顶屋上，但别以为这是好战者的战利品，动物并不了解我们人类野蛮的虚荣，它只是利用洞口能找到的材料，比如蝗虫的骨骸、植物残渣，特别是小土块，它对材料的利用完全是不经意的。一个被太阳烤干了的蜻蜓头，正好相当于一粒石子，不大也不小。

狼蛛用丝和其他任何细小的物质建造居所出口的顶盖。促使它把自己围在家里的理由我还不太了解，何况它们隐居是临时的，隐居的时间长短也有很大的不同。有一个狼蛛部落，在我对它们的家庭分布情况进行研究之后，围墙中仍居住着许多成员。这个部落为我提供了确切的资料，关于它们的分布情况，稍后我将会提及。

---

① 盖尔人：苏格兰人的一部分，是克尔特人的后裔，公元前1000年居住在苏格兰北部和西部山地，主要从事牧业。——校注

当8月酷热难当时，我看见不时有一些狼蛛在洞穴门口为自己砌一个凸顶盖，顶盖很难和周围的地面区别开。这是为了遮挡强烈的阳光吗？值得怀疑。因为几天后，阳光依然灼热，天花板却被挖掉了，蜘蛛重新出现在门口，舒舒服服地吸收盛夏火一般的阳光。

不久，到了10月，如果天气多雨，狼蛛的屋顶还可遮雨，好像它们早就考虑到了防雨措施。然而这什么也证明不了：有好多次狼蛛偏偏在下雨的时候捅破了屋顶，让住所的门大大敞开。也许只有家里在处理重大事件时，特别是产卵时才需要盖上盖子，我的确看见一些还未成为母亲的年轻雌狼蛛把自己关在洞里，等到过了一段时间再出现时，身后已经吊上了一个卵袋。因此，它们关门是为了在织卵袋时能更安静些，这似乎与大多数狼蛛无忧无虑的性格不相符。我也见到过狼蛛在洞穴里产卵时不关门，还见过未拥有住所的狼蛛，它在露天织丝袋并把卵装进去。总之，不论天气如何，炎热还是寒冷，干燥还是潮湿，它们都会关闭洞口，我无法弄清它们的动机是什么。

尽管如此，封盖照样还是一会儿打开，一会儿盖上，有时甚至一天内反复多次。尽管封盖上铺着泥土，但底下有丝网，因此封盖是软的，洞里的狼蛛一顶就能把网盖顶破，而且不会造成坍塌。顶盖上的泥土向外翻落在洞口边缘，随着一次次顶盖被捅破，碎土和石砾就越堆越多，变成了石井栏，狼蛛用空余时间一点一点地把它加高。洞穴上面的堡垒，最初就是起源于这个临时封盖，捅破的天花板变成了小塔。

这个小塔有什么用呢？那些大罐子将会告诉我们。狼蛛没有定居以前热衷于围猎，一旦定居下来，它就宁可窥伺，等待猎物送上门。每天我都看见囚犯们冒着酷暑，慢慢地从地下爬上来，趴在羊毛筑成的堡垒上，这时它们的姿势美极了，而且表情很严肃。它们的肚子在洞口里，头在外面，呆滞的目光凝视着前方，足收拢准备蹦起来。时间一小时一小时地过去了，它们一动不动地等待，痛痛快快地晒饱了太阳。

只要有一只合口味的猎物经过，窥伺者就会马上从小塔里冲出来，犹如离弦之箭。它先在我提供的蝗虫、蜻蜓和其他猎物的脖子上刺一刀，然后把它们掐死；它带着猎物爬上堡垒的速度也一样快，真是敏捷得出奇。

它很少失手，只要猎物在伏击范围内。但是，如果猎物离得较远，比方说在金属网纱上，狼蛛就不予理睬。它不屑去追击，而是让猎物四处游荡，要有成功的把握才下手，它是靠计谋获取猎物。它隐藏在围墙后面，等着猎物走过来；它监视着猎物，当猎物进入伏击圈时，便突然跃起，凭这出其不意的方法，可以做到万无一失。不管那冒失的猎物长着翅膀还是跑得飞快，只要走进埋伏圈就会丧命。

因此，狼蛛的确需要具备很好的耐心。洞穴里没有什么东西可作为诱饵来吸引猎物，最多也只有那个作为栖息地的突出城堡，也许间或能引来一些疲劳的过路客。如果猎物今天不来，明天、后天或更迟一些总会来的，在咖里哥宇灌木丛里有的是蹦蹦跳跳的蝗虫，它们不大会控制自己的蹦跳方向，总有一天会有几只蝗虫被机遇带到狼蛛的洞穴边，那将是狼蛛从围墙上跳下来，扑向朝圣者的时候。它必须保持警惕，坚持到那一刻的到来；它必须等到有东西吃的时候才能进食，面包最终会有的。

由于很清楚机会总会降临，于是狼蛛便等待，而且并不怎么为持续的节食而担心。它有一个百依百顺的胃，可以今天让它装满食

物，然后再长时间空腹。有时我一连数周忘记了履行自己作为供应商的义务，我的客户并未因此而体力不支。狼蛛节食一段时间后不是衰弱，而是猛吃。它们总是狼吞虎咽，今天吃得过饱，是为明天没食物吃做储备。

当狼蛛年纪轻轻还没有洞穴的时候，是以另一种方式谋生的。它和成年狼蛛一样穿着灰色的服装，但没有穿黑丝绒围裙，那要到了生育年龄时才穿。它在稀疏的草地上流浪，这个时期它是真正在围猎。中意的猎物出现时，它就去追捕，把猎物从隐藏的洞里驱赶出来，紧追不放，被追赶的猎物跑到高处做出要起飞的样子，但还没来得及起飞，狼蛛就垂直向上一蹦把它逮住了。

那些刚出生的最年轻的寄宿者，在捕捉我提供给它们的苍蝇时，动作之敏捷，令我感到惊喜，就算苍蝇逃到两法寸高的草上也是徒劳，蜘蛛突然纵身一跃，腾空而起将猎物抓住，猫捉老鼠的动作也不见得比它更快。

但这只是身体还未发胖变重的年轻狼蛛的壮举。以后，当它挺着装满卵和丝的大肚子时，这种体操动作就不再适用。于是狼蛛为自己挖一个固定的居所，一个打猎的隐蔽处，它在小城堡的顶上窥伺猎物的行动。

狼蛛是什么时候，又是怎样得到那个洞穴，并从此由流浪变为深居简出，在那里度过漫长一生的呢？是在天气转凉的秋季。田野里的蟋蟀也是如此，只要天气好，夜间还不太冷，这位春天合唱队的未来队员就会在休耕的田间游荡，而不为住所发愁，遇到坏天气，就用落叶遮盖一下，作为临时藏身所。临近寒冬时，狼蛛才会挖掘作为长久居所的洞穴。

狼蛛和蟋蟀观点一致。同蟋蟀一样，狼蛛也感到流浪的生活充满了乐趣。将近9月，狼蛛身上出现了婚嫁年龄的标志：黑丝绒围裙。夜晚，在柔和的月光下，它们约会，相互调情，婚礼结束后便相互吞食。白天，它们漂流四方，在矮草地上围猎，分享温暖的阳光，这比独自在井底沉思有意思多了。因此，拖着卵袋，甚至是拖家带口的年轻母亲，还没有住处的情况也不少见。

10月是安家的时候，这时的确可以找到两种类型的洞穴，直径不同，最大的有瓶颈那么粗，是属于老妇的，它们拥有这个住所至少有两年；最小的只有粗铅笔那么粗，洞里住着当年生的年轻母亲。经过长时间的从容不迫的修改，那些新手的洞穴，深度和宽度都将会扩大，变得像前辈的豪宅一样宽敞。两种洞穴里的女房主都有孩子，有的孩子已出生，有的还封在绸缎袋里。

不见它们拥有挖土必备的挖掘工具，我想或许狼蛛会利用一些现成的洞穴，比如蝉或是蚯蚓的洞。狼蛛的装备看起来很差，那么偶然发现的小洞，或许可以减轻挖掘的强度，它们只要把洞扩大，修整一下就行了。然而，我想错了，洞穴的每一寸土都是狼蛛凭自己的力气挖出来的。

那么它的钻井工具在哪里呢？我想到了它的足和爪。但是，思考一下，就明白了，这么长的工具在如此狭窄的空间是很难操作的。挖洞需要的是矿工那种用于敲击硬物的短柄镐头，镐头深入泥土，向上一撬，就能挖出一块土来；挖洞需要的是能够插进土堆，使土块崩裂的尖头工具。那么，只有狼蛛的螯牙能派这样的用场。可是，这么细的武器，人们首先就会犹豫，是否该用它去干这种活，这就像用手术刀去挖井似的那么不合逻辑。

这两个锋利弯曲的螯牙闲着的时候，像手指般弯曲着藏在两根好似大柱子的大颚后面。猫为了使爪子保持锋利，将它藏在肉垫的

纹理中，同样，狼蛛为保护带毒的匕首，将它们折起来藏在两根大柱子后面，那两根柱子垂直地竖在前面，里面有控制匕首的肌肉。

好吧，就算这把用于宰杀猎物的手术刀，现在成了用于艰苦挖掘工作的镐头。我不可能到地下去看它挖掘，但只要有一点耐心，就可以目击它们运泥屑上来。工程主要是在夜间进行，中间有很长的间歇，但是只要我不懈地在大清早起来观察，最终总能碰上它们负重从深处爬上来。

然而，与我期待的相反，它的足根本没有参与载物，是嘴发挥独轮车的作用，螯牙咬着一个泥团，用来进食的短手臂似的触须在底下托着。狼蛛小心翼翼地走下堡垒，走出一段距离才卸下重物，然后很快又钻进地洞里，把剩下的废物运上来。

我看到的已经够多，知道狼蛛的割喉武器螯牙不怕黏土和砾石，它们把挖掘出来的土揉成团，然后咬住运到洞外。狼蛛是用螯牙敲击、挖掘、运土，要使它在挖掘中不变钝，以后还能用来割断猎物的喉管，这螯牙该有多么坚硬啊！

我刚才说过，洞穴的装修和扩建工程中间有很长的间歇。隔好长一段时间，环形护栏才会翻修加高一点，住所的加宽和加深，拖的时间就更长，通常那个庄园好几个月一直保持着原样。到了冬末，尤其是3月，狼蛛比在其他任何季节，都迫切地想把住所扩大一些，现在该是它经受一些考验的时候了。

我知道，当把蟋蟀从野外的洞穴里取出，放进一个罩子里时，哪怕条件允许它再重新挖一个住所，它也宁可移居到一个偶尔遇到的属于别人的庇护所里，或者干脆不再考虑为自己建造永久性的居所。对于它来说，唤起它迫不及待地想挖地道这种本能的季节很短暂，这个季节一过，意外地丧失了家园的挖掘艺术家就成了不为住所操心的游牧民。它丧失了自己的才能，露宿在外。

鸟不用孵蛋时会抛弃筑巢艺术，很合乎逻辑，它是为孩子筑巢而不是为自己。那么又如何解释在住宅外，面临种种噩运的蟋蟀的行为呢？屋顶的保护是很有必要的，但这个冒失鬼可不这么想，尽管住宿条件艰苦些，但总比用强健的大颚去挖掘要好。

它为何这样漫不经心？除了顽强的挖掘时期已经过去之外，没有任何别的原因。本能的觉醒是有时间性的，需要的时候，本能会突然觉醒，随后又会突然消失。这个固定的时期一过，灵巧的蟋蟀就变得无能了。

就这个问题，我来考察一下咖里哥宇灌木丛里的蜘蛛。我把一只当天从田野里捉回来的狼蛛，放进纱罩下的洞穴里，我已经为它们准备好了合意的泥土。我先用一根芦竹造一个洞穴，大体上与它被取出的那个洞穴一样，蜘蛛被放进去之后，立刻显出对新居很满意的样子。我的艺术品被它们当成了合法财产，而且几乎没有被修改。随着时间的推移，唯一的变化就是洞口周围立起了一座堡垒，洞穴的顶上用丝加固了一下。住在我建造的建筑物里的狼蛛，它的行为仍和生长在自然环境时一样。

但是，假如我把狼蛛放在泥土表面，没有预先造一个洞穴，失去住所的蜘蛛会怎么办呢？它大概会给自己挖一间小屋，它有这种能力，它充满了活力。而且，我已经为它准备好了和它老家的土质相同的泥土。我期望看到，不久后蜘蛛以它的方式把自己安顿在一口井里。

可是，它让我失望了。几个星期过去了，它什么也没干，绝对什么也没做，那只狼蛛为没有地方埋伏而气馁，它几乎没有注意我给它的猎物，白白放过了经过它身边的蝗虫，常常对它们不屑一

顾。它绝食、苦恼，慢慢使自己衰竭，最后死了。

可怜的傻瓜，你该重操矿工职业，既然你有这种能耐，就再造一座房子好了，生活还很漫长，它将使你感受到温馨。这个季节气候宜人，食物也丰富，你应该挖坑、掘土、钻到地下，这才是出路。而你却傻乎乎的什么也不做，偏要死。这是为什么？

因为过去的技艺已经忘记，因为持之以恒挖掘的年龄已经过去，还因为你低下的智力无法回忆起经历过的事情，再做一遍以前做过的事超出了你的能力。看你一副深沉的样子，竟然解决不了重建家园的问题。

现在我去向比较年轻的、正值挖掘期的狼蛛请教一下。大约在2月底，我挖出六只个头儿只有老蜘蛛一半大的年轻狼蛛。它们的洞穴有一个小指粗，井口周围散布着一些新鲜的泥土，显然是最近刚挖出来的。

关在纱罩里的狼蛛会有什么样的行为方式，完全取决于我是否已经为它们挖好了洞穴。说洞穴有点太夸张，我给它们提供的只是一口刚开始挖的井，只有一法寸深。有了这个基础，狼蛛便毫不迟疑地继续刚才在田间被我打断了的工作。夜间，它们顽强地挖掘，我是从抛出来的一大堆泥土看出来的。最后它们得到了一个合意的新家，上面照例耸立着一个堡垒。

而另一些则相反，因为我没有用铅笔做模子，按照天然洞穴的特点造一个垂直的洞穴，它们坚决拒绝工作。尽管有丰富的食物，它们还是死了。

前者继续适时的工作，当我抓住它们时，它们正在挖掘，于是，它们便根据劳动进程，继续在我的实验容器里挖掘。它们被那个刚开始挖的井所蒙骗，沿着那个铅笔印深挖下去，还以为是把自己原来的门厅给挖深了。它们不是从头开始挖掘，而是在继续。

后者没有这个圈套，没有可以被当成类似自己作品的洞穴，于是便拒绝挖掘，并且让自己死去；因为它必须倒退到前面的一系列工序，要重新用镐头挖。重新开始需要思考，这是它们所不具备的能力。

对于昆虫来说，做完了的事就完了，绝不会再重复，我已经在许多情况下发现了这一特点。手表的指针不能倒转，昆虫的行为方式也差不多如此。它的行为牵着它朝一个方向走，总是向前，从不允许倒退，即使由于意外事故需要返工也不行。

从前石蜂和其他昆虫已经告诉过我，现在狼蛛又以它的方式证明了。当第一个家被毁以后，由于无法重建第二个家，它将流浪，它会闯入某个邻居的家；如果它不是最强大的，就有被吃掉的危险；即使如此，它也不准备重新建一个家。

昆虫的思维是多么特别啊！它既带有机械似的刻板，又带有人脑的灵活。它们到底有没有清晰的计划能力和达到目的的愿望呢？继众多的昆虫之后，狼蛛使我对此产生了怀疑。

第二章 纳博讷狼蛛的家

狼蛛拖着吊在纺丝器上的卵袋长达三周多。请读者回想一下前一章里讲述的实验，特别是软木球和线团被狼蛛当成自己的卵袋，愚蠢地接纳下来的事实。然而这个如此迟钝、对任何打脚后跟的东西都满意的母亲，非常忠于职守，将会令我们惊叹不已。

不管是从井底上来趴在井边晒太阳，还是有危险时突然回到地下，或者是安家前漂流四方，狼蛛都从没离开过那个给行走、攀登和跳跃带来许多麻烦的宝贝袋子。如果意外事故使卵袋脱落，它会非常惊慌地扑向那个宝物，怜爱地把它紧紧抱住，并准备去咬任何一个想夺去它的强盗。有时我自己就是强盗，因此我会听见它的毒牙尖与我的金属镊子摩擦，发出尖厉刺耳的声音，我的镊子往一边拉，狼蛛则向另一边拉。我还是让这个小家伙安宁吧，用纺丝器轻触一下，小球就复位了，蜘蛛大步流星地跑开，不过始终摆出一副威胁的架势。

夏末，所有已定居的狼蛛，不管年老的或年轻的，不论是被囚禁在窗台上的，还是自由地住在荒石园的小径上的，每天都能让我见到这种使人受益匪浅的情景。早晨，当阳光开始发热并照在洞穴上时，隐居者们便带着它们的袋子，从洞底爬上来待在洞口。整个气候凉爽的秋季，在城堡门口的太阳下睡一个长长的午觉，已成了它们的习惯，但是现在它们的姿势却与从前不同了。

以前狼蛛晒太阳是为了自己，那时它是趴在堡垒上，上半身伸出井口，下半身在井里，眼睛饱受阳光照射，大肚子却在暗处。带了卵袋的蜘蛛却相反，上半身在井里，下半身在上面。它用后足支撑，使那个装满了生命种子的白色小球，保持在洞口外，并轻轻地转动小球，使每一面都能照到带来生气的阳光。只要气温高，这种姿势就能保持半天。在三四周内，它们会极有耐心地进行日光浴。为了孵化蛋，鸟用羽毛丰厚的胸口罩住蛋，把蛋靠在温暖的心口上。狼蛛则是在洞穴门前翻晒它的卵，把阳光作为孵化器。9月初，封闭了一段时间的卵已成熟即将出壳，小球中间的接缝裂开了一条缝。前一章我已经介绍了这条接缝的来历。是不是母亲察觉到孩子在绸缎套子里躁动不安，及时地打开了小球呢？有这种可能，但也有可能像我们稍后将会看到的彩带蛛的卵袋一样，那个坚韧的袋子在母亲死去很久后才自动裂开。

一窝小狼蛛一下子全部从袋子里冒出来，立刻爬到母亲的背上，至于那个空无一物、已没有价值的破袋子，则被扔出了洞穴，狼蛛不再去注意它。小狼蛛密密麻麻地挤在一起，根据数量的不同，有时叠成两三层，把雌狼蛛的背全部覆盖起来。雌狼蛛在七个月[①]的时间里，将日日夜夜驮着它的孩子们。狼蛛驮着孩子的家庭情景，十分令人感动。

我时不时在大路上见到一群波希米亚人到附近的集市去赶集。新生儿在母亲胸前用手帕做成的吊床里啼哭，刚断奶的孩子跨在母亲的肩上，还有一个孩子抓住母亲的衬裙慢慢地走，其余的紧跟在后面，压后的老大在茂密的老树篱间东张西望，真是个无忧无虑的大家庭。阳光温暖，土地肥沃，他们身无分文却快活无比，就这样走啊走。

---

① 见卷八第二十三章注。——校注

但是，与狼蛛那有数以百计成员的大家庭相比，波希米亚家庭显得多么苍白！全部的孩子，从9月到次年的4月，一刻不离地待在耐心的母亲背上，在那里愉快地生活，让母亲驮着走。

这些小家伙很乖，谁也不乱动，不和邻居吵架，它们互相交错构成了一块完整的帷幔，一件粗布褂，在下面的母亲已面目全非。这到底是一只动物，一个毛团，还是附着在狼蛛身上的种子？乍看起来不易分辨。

这条盖在背上由活物铺成的毯子，还没平稳到不会经常掉下来，特别是当母亲从洞穴里爬到洞口给孩子晒太阳的时候，只要稍稍蹭到一点墙壁，就会有一部分孩子栽跟头。然而，事故并没有引起严重的后果。担心小鸡的母亲会去寻找迷路的小鸡，呼唤它们，把它们召集在一起。雌狼蛛可没有一般母亲们常有的担忧，它无动于衷，让那些栽下来的孩子自己爬起来，非常迅速地爬回它的背上。这些孩子的确会一声不吭，自己爬起来掸掸灰尘再骑上去。这些跌落的孩子，立刻抓住母亲那通常被当作爬杆的腿，以最快的速度向上攀，回到母亲的背上，顷刻间，那条由小狼蛛组成的盖毯又恢复了原状。

在这里谈母爱，我觉得似乎是奢谈。狼蛛对孩子的体贴几乎不会胜过植物，植物不懂什么情感，但是对自己的种子却关怀备至。在许多情况下，动物没有对下一代的关爱之情。对狼蛛来说，它的孩子没什么重要，它对待别人的孩子丝毫不比对自己的孩子差；只要有一大群孩子骑在背上它就满足了，管它是自己的还是别人的呢，根本谈不上什么真正的母爱。

我在别处已谈到过粪蜣螂的英勇行为，它守护着并非自己的建筑，里面也没有自己孩子的巢[1]。蛇以一种难以削减的热情，擦去别人蛋壳上的霉点，那些蛋的数量远远超过了平常一窝蛋的数量。它轻轻地擦拭蛋壳，把它们擦亮，挽救它们，用耳朵仔细地为它们听诊，了解胚胎的生长情况。它自己的蛋恐怕也不会得到比这更好的照顾。自己的孩子还是别人的孩子，对它来说都是一回事。

狼蛛也同样无所谓。我用画笔去扫一只狼蛛背上的孩子，让它们跌落在另一只背上布满了小狼蛛的雌狼蛛身边。那些摔下去的小狼蛛，小跑几步，抓住另一位母亲的腿，快速攀登，爬上了那位友善的母亲的背部。那位仁慈的母亲平静地让它们爬上来，这些小狼蛛插进其他孩子中，或者当背上堆得太厚时，它们就往前爬，从那位母亲的腹部爬到前胸，甚至爬到头上，使头部只露出两只眼睛。为保证大家的安全，不能把搬运工弄成独眼龙，尽管它们挤得密密麻麻，还是懂得这一点，不敢损害母亲小豆似的眼睛。那只狼蛛除了步足必须保证行动自由，还有身体下面怕蹭到地面，而没有被盖住以外，身体的其他部位都盖上了小狼蛛组成的毯子。

在已经超载的情况下，我又用画笔把第三只狼蛛的孩子强加给它，这群孩子也平平安安地被接受了。现在更挤了，它们层层叠叠地堆起来，大家都找到了位置。狼蛛母亲已经面目全非，没人知道它是谁了，人们只看见一只带刺的东西在行走，不时有孩子从上面掉下来，接着又不断地爬上去。

我发现它已经达到了保持平衡的极限，却还没有达到搬运工诚意的极限。如果背上还有地方可以让孩子坐稳，它还会不断接纳所遇到的孩子。我就此罢手，把随意取来的孩子们还给各自的母亲，

---

① 见卷五第七章。——校注

当然免不了会有换错孩子的情况，但这不要紧，在狼蛛眼里亲生子和养子是一样的。

我想知道假如不靠人工，在我不插手的情况下，宽厚的狼蛛母亲是否有时也会额外照顾别家的孩子，我还一心想知道，这个合法者和外来者的联盟将会怎样。对这两个问题的答案，我十分满意。

我在同一个罩子里放了两只背上背着孩子的老狼蛛。只要它们共同占有的罐子足够宽敞，两者都会尽量使自己的家离对方远一些。可是，它们之间的距离只有一拃，或更远一点，相互毗邻马上引起了排斥异己者可怕的嫉妒心。它们必须分开居住，以保证自己有足够的捕猎区。

一天早晨，我正碰上两个邻居在地面上争吵，战败者仰面朝天，战胜者用肚子顶着对手的肚子，用足抱住对方，使它动弹不得。双方都张开了毒牙，准备咬还没敢咬，因为彼此都非常害怕对方。双方相互威胁，僵持了好一阵之后，那只占据上位、较强的狼蛛，关合死亡机器，咬碎了躺在地上的那只狼蛛的头，然后慢悠悠地、小口小口地吸食那具尸体。

现在母亲被吃掉了，孩子怎么办？它们很容易安抚，并不在意那可怕的一幕，它们爬到胜利者的背上，平静地安顿下来，和那些合法的孩子混在一起。恶魔对此并不反对，把它们当作自己的孩子留下来。恶魔吃掉了母亲，却收容了孤儿。

我需要补充的是，在长达数月的时间里，直至孩子们独立，雌狼蛛将背着收养的孤儿们，视如己出，从此两个如此戏剧性地结合起来的家庭就成了一家。但我觉得，在这里用母爱和温柔这些字眼，似乎有些牵强。

狼蛛至少总该喂养在它背上麇集了七个月的孩子吧？当它捕捉

到猎物时是否请它们用餐呢？刚开始我相信是，并且想亲眼看看它们的家庭聚餐。我特别注意观察正在就餐的那些母亲，通常它们是在洞穴里用餐，避开了监视，但有时也会在露天的家门口；再说，在金属纱罩下喂养狼蛛和它的一家子，也是件容易的事，囚徒们根本不打算利用罐子里的土挖一口井，现在已经不是挖井的季节，一切都暴露在外。

当母亲把食物嚼了又嚼，榨干汁水，吞咽下去的时候，孩子们没有离开背上的营地，没有一个离开自己的位置，也没有一个流露出想下去分享便餐的表情。母亲根本没有邀请它们来吃东西，也没有特别为它们留一些。自己吃得饱饱的，孩子们却只有看的份，或者根本漠不关心。雌狼蛛大吃大喝的时候，孩子们能如此平静，表明它们的胃不需要食物。

在母亲背上养育的七个月时间里，它们是靠什么生存呢？人们会以为它们靠吸食母体分泌出的物质，就像寄生虫那样吸取寄主身上的营养，渐渐地将它榨干。

放弃这种想法吧，我从没看见小狼蛛把嘴靠在应该被视作乳房的母亲的皮肤上，再说，母狼蛛也没有被榨干和衰弱的迹象，它仍保持着非常丰满的体态。养育期后，它和以往一样大腹便便，非但没有瘦反而胖了，并为下一次生育吸足了营养。来年的夏天，它又将生下这么一大群孩子。

我还是要问，小狼蛛是靠什么维持生命的？应该不是来自卵的营养储备，这种特别的物质，应当节省下来生产丝这种非常重要的物质。那么，在这些小生命的活动中，应该是其他物质在起作用。

如果小狼蛛呆滞不动，它们完全节制饮食的现象也许就能够被理解，因为静止就不是生物。但是，尽管小狼蛛习惯于安静地待在

母亲背上，却不停地活动，而且攀登起来很敏捷。它们从母亲的背上摔下来能很快爬起来，马上顺着母亲的一条腿重新爬上去，显得非常敏捷和活跃。

回到原位置后它们就必须保持整体的稳定和平衡，必须伸出步足始终与邻居的步足钩在一起。实际上，完全的静止对它们来说根本不存在。

然而，生理学告诉我们：任何纤维活动都需要消耗能量，在很大程度上，动物也像工厂里的机器一样，一方面它要恢复消耗掉的体力，另一方面要维持可以转化为动力的热量。

我们可以把动物比作火车头，在工作中这头钢铁动物的活塞、传动杆、轮子和传热管，都不同程度地受到磨损，需要经常让它保持良好的状态。铸铁工和冷硬铸工帮它修复，经某种方式给它提供能融入整体并成为整体中一部分的“可塑性食品”。

但是即使它刚从制造车间出来，也还是没有自动力，为了使它能够运转，必须靠司炉为它提供产生能量的“食品”，往炉膛里添几铲煤，使它燃烧。煤燃烧产生热量，从而带动机器运转。

巧妇难为无米之炊，动物也一样。卵首先提供产生新生儿的物质，然后是可塑性食品这生物铸造工，使生物体长大到一定的程度，当它被磨损时就帮它修复。与此同时，司炉不停地工作。燃料这种能源在机体中只是临时停留，它在体内被烧光释放出热量，并由热量转化为动力。生命是一个火炉，动物机器靠燃烧食物来发热，从而能够活动，前进、冲刺、跳跃、游泳、飞翔，以无数种方法使机车设备运行。

我们回过头来看看小狼蛛吧，从出生直至脱离监护这段时间，它们根本没有长大。我见到小狼蛛出生七个月后，还和刚出生时一样大。卵提供了构成肌肉和骨骼的必要物质，此时，由于物质损耗得极少，甚至是零，只要小动物不长大，额外的可塑性物质就没有用处，那么，持续的节制饮食并没有任何困难。但是，它们仍需要能转化成能量的食物，因为在必要时狼蛛还得运动，并且很活跃。我思忖，当动物根本不吃一点食物时，能转化为动力的热能从何而来呢？

人们认为，没有生命的机器不仅仅是物质，因为人已经把自己的一部分生命注入了机器。因此消耗煤的钢铁动物，事实上就相当于在啃食积蓄着太阳能的古老的乔木状蕨蔟叶。

由血肉和骨骼组成的动物也不例外。它们相互吞噬，或者从植物身上提取养分。它们总是靠储存于草、水果、种子和其他食物中的太阳能来激发活力。太阳，是世界的生命，是至高无上的能量给予者。

太阳能是否能够像干电池强行给蓄电池充电那样，直接进入动物体内，使动物充满活力，而不必让动物通过肮脏而曲折的肠道，对食物这种中介物质进行加工来获得能量呢？我们吃葡萄和其他水果，归根结底是为了获得太阳能，我们为何不直接依靠太阳能来维持生命呢？化学，这个大胆的革命使我们可以合成食物，农场将被工厂代替。为什么物理科学不也来参与呢？它将可塑性物质扔进转炉加工，从而得到能量食物，这种食物已不再是有形物质，而是一种纯粹的还原物。物理学借助精巧的仪器，可以为我们输入太阳能，补充在运动中消耗的能量。那时生命机器是否就不需要像以往那样，艰难地依靠肠胃的帮助来获得给养呢？啊！一个可以把阳光当饭吃的世界该是多么奇妙！

这是梦想，还是对遥远未来的预测？对这个问题的可能性进行

论证，是科学家研究的最高深的课题之一，不过，我们还是先听听小狼蛛的证词吧。

在七个月中，它们没有吃任何食物，而且还在运动中消耗能量。为了补充肌肉的能量，它直接靠光和热来恢复体力，当卵袋还挂在母亲腹部末端时，母亲就在白天太阳最好的时候，把卵袋放在太阳下晒。它用两只后足把小球托出洞口，使它充分得到阳光，并轻轻地把小球翻来转去，为的是使每一面都得到带来活力的阳光。这唤醒了生命萌芽的日光浴，现在仍继续在维持稚嫩的新生儿的活力。

只要天气晴朗，雌狼蛛每天都背着孩子从洞穴下面上来，趴在洞口边，晒好几个小时太阳。小狼蛛在母亲的背上打哈欠伸懒腰，得到了足够的热量，储存了动力，充满了活力。

它们待着不动，但只要我对着它们吹气，它们就会站立不稳直打趔趄，好像一阵狂风刮过似的，它们迅速散开，又迅速聚拢。这证明这部小小的动物机器尽管没有消耗食物，但是在被迫的情况下，能够运动。当天暗下来时，母亲才带着吸饱了阳光的孩子回到洞穴里，阳光餐厅的能量宴席今天就到此为止了。即使是在冬天，只要天气好，它们也会每天出来，直到小狼蛛脱离监护，自己开始吃饭为止。

第三章 纳博讷狼蛛攀高的本能

3月过去了，在一个太阳高照的晴朗的晌午，小狼蛛们出发了。背着孩子的雌狼蛛从洞穴里出来，蹲在洞口的护栏上，好像对眼前发生的事无动于衷，听其自然，既不鼓励孩子们走，也不挽留，想走的就走，想留下的就留下。

当小狼蛛感到厌倦了阳光时，就会一组一组地离开母亲，一会儿一批，一会儿又一批。它们在地上疾走一阵，就来到网纱上，以一种特别的热情攀登，它们穿过网眼，爬到圆顶上，无一例外地待在高处，而不是在地上走动。小狼蛛全往圆网罩顶上爬，我真想不出这种奇怪的做法有什么意义。

还是罩子顶上那个垂直的环提醒了我，小狼蛛都往那里跑，它们一定认为那是健身房的横架。它们在圆环的空当里拉了几条丝线，又从圆环向周围的网纱上拉了几条丝。它们在这些索桥上练习走钢丝，没完没了地走过来走过去，那细巧的足不时地张开，伸出去好像是为了够到更远的地方。我终于想到，这些杂技演员可能希望达到比那个圆顶更高的高度。

我把一根树枝架在网罩上，高度比原先增加了一倍。晃悠悠的一群小狼蛛急匆匆地向上爬去，到达树枝的最高点，在那里拉了几根悬丝，丝的另一端系在周围的物体上，形成了几座吊桥。小家伙们迫不及待地上了吊桥，在上面不停地走过来走过去，似乎还想爬得更高些。好吧，我会让你们满意的。

我把一根三米长的芦竹接在细树枝上，这根长竿耸立在罩子

上，小狼蛛们往上爬去，一直爬到顶端。更长的丝从那里拉下来，有的荡在半空中，有的另一头系在周围的支撑物上变成了桥。走钢丝演员站在桥上，形成了一个花环，微风吹来，花环缓缓地晃动。当背光时，我看不见丝线，只能看见一行小飞虫在跳空中芭蕾。

突然，流动的空气把固定在顶上的丝扯断了，丝在空中飞舞，现在移民们吊在丝线上出发了。如果顺风，它们会在很远的地方着陆。在一两周内，根据气温和日照的变化，它们组成大小不等的小组陆续出发。如果遇上阴天，谁也不想走，启程的小狼蛛需要得到给它生机和活力的阳光的抚慰。

最后，全部的孩子都消失了，它们被索道车带走了。母亲孤身一人，孩子们的离去似乎并未引起它的伤感。它依然色泽光亮，体态丰满，表明这个母亲并未体验到太多的辛劳。

我还发现它捕猎的热情更高了，背着孩子时，它真是特别节俭。也许是因为寒冷的季节不易得到丰盛的食物，也有可能是背着孩子妨碍了它行动，使它攻击猎物时更加谨慎。

如今，天气晴朗加上行动自由，它恢复了活力，每当我在洞口让它喜欢的猎物发出响声时，它都会从洞底爬上来，从我的手上叼走美味的蝗虫。只要我有空照顾它，同样的情景每天都会出现，经过冬天的省吃俭用之后，大摆盛宴的时候到了。

狼蛛这么好的胃口显示，它还没到死的时候，如果食欲减退它就不会大吃大喝。我的寄宿者们充满活力地进入了第四个年头。冬天我见到过一些带着孩子的大个子母亲，以及一些个头儿小一半的母亲，它们是一家三代。

孩子们离开以后，在罐子里的老母亲还活着，它和以前一样健壮。一切迹象表明，它们虽然已经当了曾祖母，但还保持着生育能力。

事实印证了我的推测，秋季又到了，我的囚犯们又拖着一个袋子，跟去年那个一样大。雌狼蛛每天都会到洞口来晒它们的小球，即使别的卵已经孵化几周了，它们还是坚持这样做了很久。但是，它们不懈的努力并未奏效，没有小生命从绸袋里出来，里面没有任何动静。为什么？

因为，囚禁在罩子里的那些卵没有父亲。狼蛛厌倦了等待，并且明白了这些卵是不能孵化的，于是把卵袋推出洞外，再也不管它了。春回大地时，老狼蛛死了。它那些孩子如果出生了，这时应该已经长大，独立生活了。比起邻居圣甲虫来，咖里哥宇灌木丛中的狼蛛已经够幸福了，它们体验了长寿的滋味，至少活了五年。

我让母亲们去忙自己的事，回头谈谈孩子们的情况。看到刚获得自由的小狼蛛急急忙忙往高处爬，不能不使人感到几分惊奇。注定要生活在地面上的矮草丛里，然后长久定居在井里的狼蛛，现在却开始热衷于杂技。在进入它们平常居住的低洼地之前，它们需要高地。

蹬得高一些，再高一些，是它们的第一需要。我提供的三米长竿，相当粗糙，便于攀登，但尚未达到它们攀登本能所允许的极限。到达顶端的攀登者们，用足比比画画，试探高度，好像是为了抓住更高的细枝。我应该在更好的条件下重新开始实验。如果就暂时的爬高癖好而言，纳博讷狼蛛比别的蜘蛛更让人感兴趣，因为它们习惯居住在地下。然而就小蜘蛛分离时的景象而言，狼蛛却没什么特别的惊人之处，因为小狼蛛不是全体同时迁移的，而是在不同的时间，结成不同的小组离开母亲。

冠冕蛛分离时的景象更为壮观。冠冕蛛背上镶嵌着三个白色的十字，在11月初产卵，初寒时死亡，狼蛛的长寿与它无缘。它初春时从卵袋里孵化出来，从来活不到下一个春季。它的蓄卵袋丝毫也不像我们欣赏过的彩带蛛和丝蛛的那样精巧，既不是优美的气球状，或者说是基座为星形的抛物面，也没有用柔韧性强不透水的丝绸布料做的外套；既没有看起来像一片红色烟雾的羽绒被，中间也没有一个蓄卵的小桶，结实的布料和多层外套的艺术均未被采用。

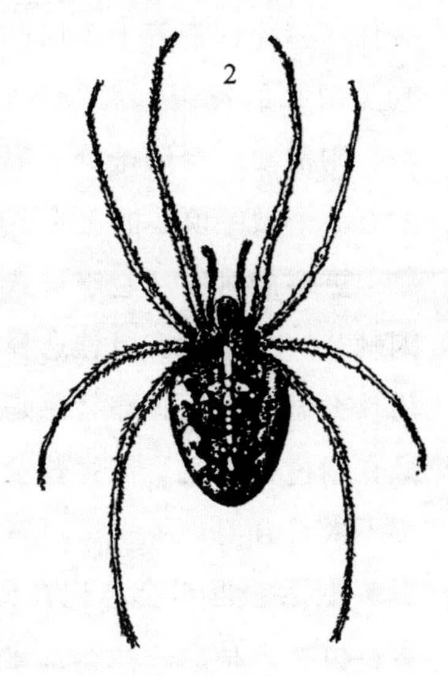

冠冕蛛

冠冕蛛的作品是一个白色的小丝球，编织得很稀，新生儿将毫不费力地钻出来，而无需母亲的帮助，因为那时母亲早已经死了；它们也不需要使小球及时开裂的特殊方法。它的卵袋差不多和普通的李子干一般大。

我从袋子的结构就可以推测出冠冕蛛的制袋方法。正如前一章里介绍的在大罐子里编织的狼蛛一样，冠冕蛛靠拉在周围物体上的几根丝支撑，先织一个浅浅的厚茶杯托，以后就不必修改了。操作方法可想而知，织工的腹部末端有节奏地晃动，从下到上，再从上到下，缓缓地移动，每次纺丝器都要把一根丝粘在织好的莫列顿呢上。

当茶杯托足够厚时，排卵者一次就把卵巢排空。卵被安置在托盘中间，湿乎乎地粘在一起。卵呈漂亮的橘黄色，粘在一块形成了球体。纺丝器又继续工作，给卵球戴上一顶帽子，外观与下面的底托一样。两个半球体的织物完美地合在一起，形成了一个球体。

擅长用防水布的彩带蛛和丝蛛，把它们产的卵放在高处，在没有任何遮掩的荆棘上，厚厚的袋子足以保护卵免受冬天的严寒，尤其是雨水的侵袭。而冠冕蛛的巢只套着一层无防水功能的呢子外套，则需要一个隐蔽处。冠冕蛛有时会到碎石堆里，选一些大一点的石头来做屋顶，把它的小球放在冬眠的蜗牛旁边。

更多的时候，它宁可选择冬季不落叶，树叶茂密，高一拃的矮荆棘丛。如果没有更佳选择，一块草皮也可以满足它的要求。不管用什么做隐蔽所，卵袋总是被放在靠近地面的地方，并尽可能地隐藏在细树枝中间。冠冕蛛所选用的场所，除了用大石头做屋顶外，都不太符合卫生要求。冠冕蛛似乎意识到了，作为补救，即使是在石头下，它也不会忘记在卵袋上盖一层茅草。用一束束干枯的禾本科植物，粘上一些丝就建成了庇护所，卵寄居的地方成了一间茅屋。我有幸在荒石园外小径边的一簇簇薰衣草下，找到了两个冠冕蛛的巢。我正打算去寻找蛛巢呢，我正好可以利用这个发现来研究冠冕蛛的迁徙。

我准备了两根高约五米的竹竿，竹竿从上到下缠着细细的荆棘束。一根竖在薰衣草丛中，紧挨着第一个蛛巢，我把周围的草除掉一些；周围茂密的植物可能会钩住被风带来的丝，使迁徙者偏离我为它们准备好的线路。我把另一根竹竿竖在荒石园中间，完全是孤立的，离周围的草木有几步远，然后我将裹着薰衣草的第二个冠冕蛛巢，原封不动地固定在缠着荆棘的高竿底部。

我期待的事情不久就会发生，5月中旬，被赐予攀登竿的两窝冠冕蛛的卵，先后破壳而出，从袋子中钻出。出卵的过程没什么值得一提，幼虫要穿过的那层卵壳是一个很稀的网。幼虫身体呈橘黄色，尾部带有黑色三角形斑，还很虚弱。只用了一上午，小蜘蛛全部都钻出来了。获得自由的小家伙们，渐渐地都爬到了周围的小树

枝上，在上面拉了几根丝，很快凑成一堆，挤在一起，形成一个核桃大的球形。它们在那里一动不动，脑袋扎成一堆，后半身露在外面，静静地打瞌睡。在太阳的抚爱下，它们成熟起来。它们的肚子里有的是万能的丝，正准备分散到广阔的大地上去。

我用一根草秸敲一下就会引起聚作一团的蜘蛛的不安，它们立刻醒过来，圆团慢慢地膨胀，扩散开，就像是受到离心力的影响，变成了一个透明的轨道包围面，成千上万只小足在乱动，丝线绷在轨道上。全体蜘蛛共同努力织出的一张纤细的网，裹住了散开的小蜘蛛。这是一种朦朦胧胧的美，在乳白色的帷幔上，微小的蜘蛛像橘黄色的星星一闪一闪。散开的状态虽然要保持长达几小时，但仍是暂时的；当天气变凉，大雨将临时，小蜘蛛立刻又会恢复成球形。这是一种保护的方法，阵雨后的第二天，我发现两根竹竿上的两窝小蜘蛛，同前一天的状态一样好，因为有那张网，再加上它们聚作一团，才安然地躲过了雨淋。在田间遭遇暴雨的羊也同样会聚拢，互相紧紧地靠在一块，共同用它们的背组成屏障。

在阳光和煦而宁静的日子里，经过一上午的疲劳之后，它们也照常会聚作一团。下午，攀登者聚集在更高处，以一根细树枝为顶点，在那里织一顶圆锥形的帐篷，它们抱作一团在帐篷里过夜。第二天，天又热起来的时候，小蜘蛛又继续排着像一串串念珠似的长队，沿着探险者已经拉好的绳索开始攀登。

每天晚上小蜘蛛们都聚成一团，躲在一顶新帐篷下。早晨，当太阳刚出来还不太热时，在两根竹竿上的小移民又一层一层地往上攀登。三四天后，它们到达了五米高的顶点，由于没有支撑物攀登便停止了。

在一般情况下，攀登应该更快些，因为小冠冕蛛可以利用灌木荆棘，在荆棘丛中，四周都有支撑点来支撑在风中波动的丝线。凭借凌空架起的索桥，分散就更容易了。每个移民按自己的时间出发，选择适合自己的时间去旅行。

我采用人工方法稍微改变了一些条件，那两根带荆棘的竿子，特别是插在荒石园中央的那一根，远离周围的灌木，小蜘蛛无法架桥，因为抛向空中的丝不够长。而杂技演员们急于离开，因此总是向上攀，从不肯下来，它们被竿子引着到更高的一站，寻找在下面一段没能找到的出路。这两根竹竿的顶端，也许不是虔诚的攀登者所能达到的极限。

我们等一会儿再来看看，它们为什么会有登高的癖好，这种本能在那些利用普通的荆棘来牵丝的圆网蛛身上，已经表现得很突出；在那些从不离开地面，而一旦离开母亲的背部，就立刻变得像圆网蛛一样，热衷于登高的狼蛛那里，表现得更加特别。

我特地观察了狼蛛。到了迁徙的时候，一种本能会突然在它身上表现出来，但几小时后又突然消失，不可逆转。成年狼蛛丧失了的登高本能，也很快就会被那些刚独立的小狼蛛忘却。它们无家可归，注定要长期在地上流浪。

不管是成年狼蛛还是年轻狼蛛，都不会毫无顾忌地爬到禾本科植物的顶上。成年狼蛛潜伏捕猎，埋伏在塔楼里，年轻狼蛛在稀疏的草地上围猎，它们都不需要织网，因此根本不需要高高的黏接点，它们从来不会离开地面爬到高处。

然而，当小狼蛛想离开母亲的城堡，以轻松快捷的方式到远方旅行时，就突然热衷于登高。它们狂热地爬到出生地的纱罩上，匆匆忙忙地爬到我为它们准备的竿子顶。它们也会爬到咖里哥宇灌木丛的荆棘顶上。

我已隐约地看出了它们的目的，因为在高处可以看见下面辽阔的空间，可以让随风飘摇的丝线带着自己飘荡。我们人类有气球，狼蛛也有它们的飞行工具。一旦旅行结束，这种绝技也就丧失了。登高的本能会在需要时突然出现，也会在用不着时突然消失。

第四章 蜘蛛的迁徙

果子里的种子一旦成熟就会传播，会撒在泥土表面，在土地上发芽，在广袤大地上繁殖。

在路边的瓦砾堆里长出了一株葫芦科植物，它的学名叫“弹性喷瓜”，俗称“驴瓜”。它的果实味道非常苦涩，有椰枣那么大，成熟时中间的果肉融化成液体，里面有种子在游动。具有弹性的果壁收缩时，里面的液体被挤到肉柄底部，然后慢慢倒流回来，被一个像塞子似的东西挡住。当塞子脱落，出口畅通无阻时，种子和果肉便会突然从出口喷出来。当没有经验的人去摇动那被烈日烤黄了的喷瓜植株时，一定会为叶丛里发出的响声，以及脸上遭到喷瓜机枪般的扫射，弄得不知所措。

花园里的凤仙花果熟透时，只要有人碰一下，就会突然裂成五个卷曲的瓣，里面的种子随之喷得老远。人们给凤仙花起的植物学名称“急性子”，就是影射这种蒴果突然爆裂的现象，它无法做到忍受触摸而不爆裂。

在潮湿的林荫下，生长着另一种和凤仙花同属一科的植物，由于它具有同样的特点，而得了个更形象的名称“别碰我凤仙花”。

蝴蝶花的蒴果裂开呈三瓣，中间凹陷成吊篮形，里面排列着两行种子，由于蒸发作用，果瓣的边缘卷曲起来，挤压了种子，将种子挤出来。

那些很轻的种子，特别是菊科类的种子有浮空器、冠毛、翼以及羽状冠毛，使它能飘在空中，甚至到远方旅行。因此，只要轻轻地吹一下，蒲公英的种子就会像羽毛一样飘起来，从干花托上飞走，缓缓地在空气中飘动。

除了羽状花冠之处，翼是最适合靠风传播的器官。借助状似薄鳞片的膜状边缘，黄色紫罗兰的种子能飘到建筑物的檐口上，飞到无法伸入的岩石缝里和老墙的墙缝里，只要先前长过苔藓的地方留下一点点土，它们就会在里面发芽。

榆树的翅果有一个大而轻的翼，中间镶着种子；槭树的翼果两个两个连在一起，看起来像一只鸟张开的翅膀；白蜡树的翼果像桨叶，要有暴风雨席卷才能完成遥远的迁徙。

昆虫有时也像植物一样有旅行工具，能够使大家庭迅速分散到乡间，以便每个成员都拥有一块地盘，使邻里间互不干扰。它们的工具和方法可以和榆树的翅果、蒲公英的羽毛、驴瓜的弹射器相媲美。

我专门观察了圆网蛛这种了不起的蜘蛛。为了捕捉猎物，圆网蛛垂直地在两棵灌木间拉开大网，使人想到捕鸟者用的网。我们地区最有名的是彩带圆网蛛，它身上有非常漂亮的黄、黑、银白相间的横纹，它那精美无比的卵袋是一个缎做的袋子，形状像个小巧的梨，梨颈顶端是一个凹陷的出口，嵌入出口的封盖也是丝绸做的，一些棕色的饰带像任意分布的经线，镶在袋子两极之间。

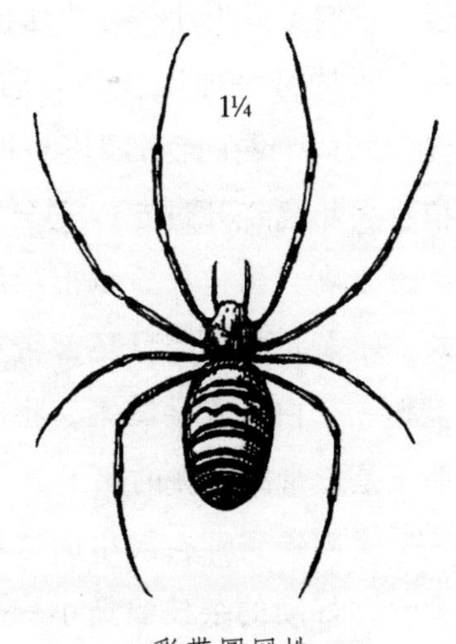

彩带圆网蛛

打开这个卵袋，能看见什么呢？我在前一卷里已经说过，现在再重述一遍。在那个和布一样结实而且防水性极好的外套里，有一条极精致的棕红色的羽绒被，一团像烟雾似的丝团。母亲为孩子准备了柔软的小床，恐怕世上再难以找到这样的关怀。在柔软的丝团中间，吊着一个顶针形状的小丝袋，上面盖着活动盖。袋子里装着漂亮的橘黄色的卵，大约有500枚。

从总体上看，这个优美的建筑难道不是一个动物果实，一个种子盒，一个类似植物蒴果的卵囊吗？只不过在圆网蛛的囊袋里，装的不是种子而是卵。这种差别主要表现在外观上，而不在实质上，卵和种子是一回事。

这颗动物果实被太阳晒熟后，是如何开裂的，特别是如何进行播种的呢？卵袋里有几百枚卵，应该分散到远方去，各自独占一块地盘，那样就不必担心邻里间的竞争了。这些脆弱的家伙，跑得很慢，它们是采用什么方法迁徙到远方的呢？

我从另一种比较早熟的圆网蛛那里，找到了第一个问题的答案。5月，我在荒石园里一棵丝兰上，发现了圆网蛛的孩子。这棵植物去年已经开过花，完全干枯了的花茎依然竖立在那里。花茎有一米多高，多枝杈，剑形的绿叶上爬满了刚孵化出来的两窝小圆网蛛。暗黄色的小家伙尾部带有一个三角形的黑色斑点，今后它们背上那三个白色十字图案，将昭示这些小家伙是冠冕圆网蛛的孩子，而不是彩带圆网蛛的孩子。

太阳照到荒石园中的这块地方时，两群小圆网蛛中有一群非常激动，好动的杂技演员小蜘蛛一只一只爬上花茎顶端。它们在上面走了一下又折回来，一片喧闹和混乱，因为这时吹来了微风，打乱了这群小蜘蛛的活动。我看不清它们后来的动作，它们陆续地一只一只地从花茎上出发了，猛地一跃，可以说是飞了起来，好像长着翅膀的小飞虫。

小蜘蛛很快从我的视野中消失了，我完全看不明白这种奇怪的飞行是怎么回事，因为在喧闹的露天，我无法进行仔细的观察，我需要平静的气氛和实验室的宁静。

我把那窝小蜘蛛装进一个小盒，马上盖起来，带回实验室里，放在离敞开的窗户两步远的地方，正对着窗户的一张小桌上。刚才所见的情景提醒我，小蜘蛛有爬高的癖好，因此我为它们提供了一捆半米长的细树枝作为爬竿。整群蜘蛛匆匆爬上树枝，一直爬到了顶端，一眨眼的工夫一个不落地全都到了高处。稍后我将会知道，它们聚在灌木制高点上的动机是什么。现在小蜘蛛盲目地在四处拉丝线，上上下下，就这样以树枝梢为顶点，以桌子边缘为底边，织出了一张薄薄的放射状的网，高度为两拃。这个网是一个工场，为出发做好准备工作。

那些小生灵在网上忙忙碌碌，不知疲倦地跑来跑去。在阳光照耀下它们变成了闪光的点，在乳白色的网上构成了一个星座，仿佛是要用望远镜才能看清的遥远天空中那无数星星的影像。无限小和无限大的物体看起来差不多，那是距离造成的。

但是，这团生机勃勃的模糊星云不是由固定的星星构成的，那些光点在不停地移动。小蜘蛛在网上不停地走动，好多蜘蛛摔下来吊在丝端，然后以自身的重量把丝从纺丝器里拉出来，再迅速地顺着那根丝重新爬上去，把丝捆扎成束，随后蜘蛛又摔下来再把丝拉长。其他的小圆网蛛只在网上跑，好像也在织一个网袋。

原来丝不是从纺丝器里流出来的，而是要用点力气拉出来；丝是拔出来的，而不是射出来的。为了得到一点细细的丝，蜘蛛必须移动，朝后拉扯，要么靠从高处跌下来，要么靠行走，就像制绳工倒退着编麻绳一样。正在操作网上进行的活动，是为下一步疏散做准备，旅游者在准备行囊。

不久，有几只圆网蛛在桌子和敞开的窗户之间小步疾跑。它们像在空中跑，可是在什么东西上面跑呢？如果能见度好，有时我可以看见在小家伙的身后有一条像光线似的丝线，它只显现了一下，闪闪发光，然后就消失了。仔细看时才能看见，蜘蛛身后确实有一根丝，但是朝向窗户的一面，什么也看不见。

我上下左右观察，什么也没有发现，我再变换不同的观察角度还是徒劳无获，没能发现任何可支撑小家伙行走的支撑物。小家伙们仿佛是在空中划桨，让人想到一只被绳子捆住脚的小鸟向前冲的样子。

但这只是一种假象：飞是不可能的，对蜘蛛来说，必须要有一座桥才能越过这片开阔地。我看不见这座桥，但我至少可以毁掉它。我用棍子在那只朝窗口跑的蜘蛛前面当空劈下去，不必再劈第二下，小精灵立刻停止前进，跌落下来，看不见的天桥断了。我的助手小保尔，也就是我的儿子，被小棍子的魔力惊得目瞪口呆。他尽管有一双雪亮的眼睛，也没能看见小蜘蛛前面有一个能让它在上面行走的支撑物。

相反，蜘蛛后面那根丝线却看得见。这种差别很容易解释，行进中的蜘蛛同时拉出一根保险带，以便保护随时有可能掉下来的走钢丝演员。在它的身后，有两根丝线，因此能看见；而在它面前的丝线是单根，因此几乎看不出来。这条看不见的丝线显然不是小家伙抛过去的，而是被一阵风带着拉过去的。有了这样一条丝，圆网蛛让丝荡在空中，不管风力多么微弱也能把它带走、拉长，就像烟斗里冒出的袅袅上升的烟圈。

这条飘动的丝不管触到周围的什么物体，都能固定在上面。天桥架好了，蜘蛛可以行走了。据说南美洲的印第安人，是借助藤蔓荡过山脉中的深涧，小蜘蛛却是踏着看不见的不可丈量的天桥跨越空间。

要把飘荡的丝头带到别处需要一股风，在实验室里敞开的门和窗之间就有一股风，它是如此的微弱，我几乎都没感觉到。然而，看到我的烟斗里冒出的烟，缓缓地朝一个方向飘旋，我恍然大悟，外面的冷空气从门口进来，房间里的热空气从窗口流出去，正是空气的流动带走了丝，使蜘蛛可以出发。

我关上门窗切断流动的空气，并用小棍把窗户和桌子之间的通路全都切断，之后，在静止的空气中，我再也没有见到出发者。没有空气的流动，丝线就拉不出来，迁移也变成了不可能的事。

不久蜘蛛又开始迁徙了，不过是朝着我没有想到的方向。火热的太阳照到了地板上，这里比其他地方热，产生了一股轻轻的向上气流。如果这股气流托起了那些丝，小蜘蛛们应该会爬到房间的天花板上去。

这种奇怪的上升现象确实发生了，不幸的是许多蜘蛛已从窗户出发，剩下的蜘蛛为数不多了，不足够做一次漫长的实验，我必须重新开始。

第二天，还是在那棵丝兰上，我抓来了第二窝小蜘蛛，数量与第一窝一样多。这群蜘蛛又重做了我昨天看到的准备工作，它们先织了三个放射状的网，这个网从移民们拥有的灌木梢开始，直达桌子的边缘，五六百只小家伙在这个车间里忙碌。

当这群小精灵忙忙碌碌地为出发做准备时，我也在做我的准备工作。我关上了所有的门窗，让空气尽量保持静止状态。我在桌子的脚边点起小煤油炉，把手放在蜘蛛织网的那个高度试了一下并不感到热，这个炉子很小，靠炉火热度引起的上升气流柱，应该能够把丝拉长并把小蜘蛛带到高处去。首先我必须弄清气流的方向和强度，蒲公英的毛可以做测量器，我在火炉上方与桌面平齐的高度，放掉抓在手里的蒲公英毛，蒲公英的毛缓缓上升，大部分都到达了天花板上。迁移者的细丝也应该可以，甚至应该更容易升上去。

一切就绪了，我们在场的三个人只看见一只小蜘蛛在向上爬，别的什么也没看见。小家伙用八条腿在空中疾走，缓缓地升高，随后其他的蜘蛛也从几条不同的路径跟着往上爬，也有的顺着同一条路向上爬。如果我们不知道谜底，肯定会被这种没有梯子魔幻般的登高惊得目瞪口呆。只用了几分钟时间，大部分蜘蛛都到了上面，紧贴在天花板上。

并不是所有的蜘蛛都上了天花板，我看到一些蜘蛛尽管尽力地迅速向上迈着步子，可是只到达一定的高度就停止，甚至倒退了。它们越是拼命往上走，下滑得越厉害，每下滑一次就抵消了已经走过的路程，甚至还倒退了一段，打滑的原因很好解释。

那条丝没有到达天花板，是飘动的，只有下端是固定的，只要丝的长度适当，尽管在晃动，还是可以支撑住小家伙的体重；但是随着蜘蛛上升，飘浮的线同时在缩短，有时会出现向上的浮力和向下的重力达到平衡的状态，这时尽管小家伙一个劲地爬，还是停滞不前。随后重力超过了浮力，丝便缩得更短，蜘蛛尽管一直在向前走，却倒退了。

通常它们能够到天花板。天花板高度为四米，小蜘蛛竟能在未吃任何食物之前，拉出一根至少四米长的丝来，这是它们的纺丝器生产出的第一件产品。制绳工和绳子，所有这一切都来自那个微乎其微的小卵球。小蜘蛛用它的纺织材料加工出的产品是多么精细啊！工厂加工铂线时必须把材料烧红，而小蜘蛛采用的方法却简单得多，它的拉丝厂采用阳光加热法拉丝，这是人们意想不到的。

别让所有的登高者都在登天花板中失败，如果无法找到停泊处，大部分蜘蛛也许会死去；因为不吃东西，它们无法再生产出另一根丝来。我打开窗户，一股来自煤油炉的热气从窗口流出去，我是从朝这个方向飞去的蒲公英毛那里得知的。飘浮的丝线肯定会被这股气流带走，并向吹着微风的窗外延伸。

我用小剪刀稳稳剪断几根丝；丝的底端是双股的，较粗能看得见。丝被我剪断后产生的结果很奇妙，吊在细丝上的蜘蛛突然被窗外的风带着穿过窗户，飞走并消失了。啊！多方便的旅行方式，如果那交通工具有一个舵，想在哪里就在哪里着陆该多好！听凭风摆布的可爱小家伙，会在哪里落脚呢？也许在几百步、几千步远的地方，但愿它们旅行成功。

疏散的问题已经解决，如果疏散不是靠人工的方法促成，而是在自由的田野里进行，又会是什么情景呢？显然，小圆网蛛们这些天生的杂技演员和走钢丝演员，是为了使自己的身下有足够宽的地方施展技艺，才爬到细树枝梢上去的。它们从各自的制绳厂里拉出的一根丝随风飘去，从太阳烤热的地面上升起的气流，缓缓地将丝向上托，这根丝上升飘摇起伏波动，使劲拉扯着固定的一头，最后挣脱了束缚，带着吊在上面的纱厂主消失在远方。

刚才带白十字的圆网蛛，提供了有关蜘蛛疏散的第一手资料，它们的手艺很一般。它用来蓄卵的容器只是一个很简单的丝球，与彩带蛛织的气球相比真是太寒碜了！我指望从彩带蛛那里得到最有价值的资料。秋天，我用饲养雌彩带蛛的方法，储备了一些小蜘蛛。为了不错过观察迁徙的主要过程，我把那个大部分是在我眼前织出来的气球分成两组，一半留在实验室里有小捆荆棘做支撑物的金属网罩下，另一半则放在室外的迷迭香树篱上，经受天气变化的考验。

这些充满期待的准备工作，并未让我看到预期的情景，我没有看到与居住环境相应的非常壮观的迁移。不过我还是记录下了一些不乏价值的结果，在此简要地叙述一下。

孵化是在临近3月时进行的，这时，我用剪刀把彩带蛛的圆形巢剪开，可以看到一些小蜘蛛已经从中间的小房间里出来，分布在周围的绒被上，而其余的橘黄色的卵还堆成一堆。小蜘蛛不是同时孵化出来的，孵化是断断续续进行的，要持续两周时间。这个花花绿绿的袋子丝毫无法让人猜到，下一批蜘蛛会在什么时候孵化出来。小彩带蛛的肚子是白色的，前半段像覆盖了一层粉，后半段是黑棕色，除了眼睛在前面形成的黑框之外，身体的其他部位是浅棕色。没有干扰的时候，这些小家伙在棕红色的绒被里一动也不动，受到惊吓时，它们会在原地懒洋洋地跺脚，或者犹豫不决摇摇晃晃地乱转悠。它们还需要再成熟些，才能到外面去闯荡。

小蜘蛛在裹着卵袋的精美丝团里成熟，并撑大了气球。这个丝团是个接待站，小家伙的肌肉能在那里变结实。所有的小彩带蛛一离开中间的小房间，就会钻进丝团里，要到四个月以后，当天气很热时才会离开。

小蜘蛛的数量很可观，我耐心地数了一下，有600只，这么多小蜘蛛全都出自一个不过豌豆大的袋子。蜘蛛是用什么奇妙的方法，把一大家子安置在里面的呢？那么多的腿挤在里面不会扭伤吗？

在前一卷里我们已经了解到，卵袋是个短圆柱体，底部呈弧形，是用一块密实得像无法穿透的屏障似的白色绸子制成的。卵袋上开着一扇圆形的门，门里嵌着一个用同样的布料做的盖子，柔弱的小家伙不可能穿过小盖子钻出来，这个盖子不是一种透水的毛毯，而是和外袋子同样结实的布料。它们有什么诀窍使自己解脱出来呢？

请注意，那个相当于盖子边缘的圆垫，突然弯曲形成折边，伸进袋口内，就像一个边缘突出的桶盖嵌在桶里，不同的是桶盖是活动的，而蜘蛛卵袋上的盖子是焊死的。在孵化期，这个圆垫会自动启封、翘起，让新生儿通过。

假如这个盖子是活动的，是随便嵌在里面的，假如这窝圆网蛛是在同一时间孵化出来的，那么可以想象，在小蜘蛛们的背部合力推动下，那扇门会被潮水般涌出的小家伙冲垮，就像水壶里沸腾的水将壶盖顶开一样。

但是，盖子和袋子的布料是一个整体，紧紧地粘在一起，而且蜘蛛是一小撮一小撮孵化出来的，一点力气也使不出来，因此盖子应该是自动开裂的，不是靠小蜘蛛合力开启的，而应该是像植物的囊袋那样自动裂开。

龙头花的干果熟透时会打开三扇窗子；海绿果会分成两个像香皂盒形的球冠；石竹的果瓣会部分裂开，顶端张开一个星形的洞口。每个种子盒上的锁都有自己的系统，只有阳光的爱抚，才能巧妙地控制它们的运转。

那么，另外一种“干果”，彩带蛛的卵盒，也有同样的开启原理，只要卵还未孵化，门就关得好好的，牢牢地固定在环箍里。一旦有小彩带蛛在里面动弹，想出来时，它就自动打开。

蝉喜欢的六七月来到了，这个季节，想从卵盒里出来的小圆网蛛也同样喜欢。要在牢固的球壁上开辟一条通道，很困难，盒盖必须自动开启。从哪里开启呢？

我马上想到是从顶端的盖子边缘开启。请回想一下前面章节里的资料，卵球颈部顶端是一个大火山口似的开口，上面盖着一个小碗似的盖子，那层布料和其他地方的一样结实。由于盖子是这个袋子的最后一道工序，我指望它没有被完全焊牢，可以裂开。

然而，我受了这个结构的蒙蔽。天花板是不可摇动的，在任何季节，我的镊子都不能把它撬开，除非把这个建筑整个毁掉。开启应该是在别的地方，在旁边的某一处；可是，没有任何迹象表明开启的位置，也无法让人预测到底是在何处。

说实在的，随后卵盖的开启不像机械般精密，裂痕很不规则，绸布像熟透的石榴皮一样，在强烈的日照下突然裂开。根据那些裂痕，我猜想，爆裂可能是因内部的空气经阳光加热发生膨胀所造成的。种种迹象表明，有一股自内向外的力起了作用，因为撕破的布是向外翻的，此外总有一团塞在袋子里的棕红色绒棉从裂口处喷出来，被爆炸弹出来的小蜘蛛在喷出的棉团上躁动不安。

彩带蛛的气球像炸弹，为了释放出里面的蜘蛛，它在炎炎烈日的照耀下爆炸了。要使它爆裂，需要暑天似火的骄阳。储存在温和的实验室里的气球，大都没有裂开，也没有小蜘蛛出壳，除非我插手；但是，很少的几个卵袋上出现了一个圆洞，好像是用钻头钻过的。很明显，这是隐居在里面的小蜘蛛钻的洞，它们轮流用大颚耐心地在气球的某一点上钻洞。

相反，迷迭香树篱上的气球暴露在烈日下，则在爆裂时喷出了棕红色的丝团和小蜘蛛。在自然日照下的田野里，当酷热的7月到来时，荆棘丛里那些毫无遮掩的彩带蛛卵袋，因内部空气压力的作用而爆裂了。要让蜘蛛自由，就必须把住所炸开。

一小部分蜘蛛随着淡黄褐色的丝团被喷出来，大部分仍在裂开的丝团袋子里。既然出口已经打开，想什么时候出去都行，不用着急，再说在迁移以前还有一项重要的任务要完成，还要换一层新皮。小蜘蛛并不是在同一天完成蜕皮，撤离卵袋要花好几天，随着旧皮蜕去，小蜘蛛一小批一小批地疏散出去。

出发者爬上附近的细树枝，在阳光的沐浴下进行疏散。它们采用的方法跟冠冕圆网蛛一样，纺丝器顺风射出一根细丝，细丝随风飘荡挣断束缚，带着制绳工飞走。同一天早晨，只有小部分蜘蛛出发，出发的场面显得好没气氛，一点也不热闹，因为它们不是成群结队地出走。

令我大失所望的是，丝蛛也不是大批地热热闹闹地一起迁移。我们再回忆一下它的作品，那个仅次于彩带蛛的杰作。美丽的卵袋呈钝圆锥形，有一个星形的圆盘封口，制作袋子的布料比彩带圆网蛛用的布料更结实，主要是更加厚实，因此，它就更加有必要自动破裂。

裂口出现在袋子的四周，离盖子不远。同彩带圆网蛛的气球一样，这个袋子的开裂也需要7月的炎炎烈日帮忙。它破裂的原理似乎还是空气受热膨胀，因为袋子里装的丝团也有一部分被弹了出来。

这一次小蜘蛛是在蜕皮以前倾巢出动，也许是因为轻微擦伤的表皮大可不必换掉。圆锥形的袋子远不如气球形的袋子宽大，挤成一堆的小蜘蛛，如果单独把腿从套子里拔出来，可能会扭伤，因此必须全部一起出来，再到附近的小树枝上安顿下来。

小蜘蛛们共同编织，一会儿就织好一顶透光的帐篷。这是个临时营地，它们大约会在那里住上一周，在这个用许多丝纵横交织而成的营帐里蜕皮，蜕下的旧皮就堆积在营地的地面上。刚蜕完皮的小蜘蛛在高处的秋千上养精蓄锐，随着它们不断地成熟，就该陆续出发了。它们一会儿走几只，一会儿又走几只，而且总是不辞而别。但是这里可没有乘坐气球一样的丝旅行的大胆飞行者，它们的旅行是一小段一小段完成的。吊在丝端的蜘蛛，在离地一拃高的地方垂直降落，一阵风吹得它晃来晃去，像个钟摆，有时把它吹到了附近的一根小树枝上，才完成了疏散的第一步。达到一个目标后，蜘蛛再下落，再像钟摆那样摆动，摆到摆长所能够到达的最远处。由于线总是不够长，它只能这么一小段一小段地前进，小丝蛛就这样旅行，直到找到一个满意的地方为止。

如果风力较强，远征的时间就可以缩短，摆丝一断，小蜘蛛就会被飞出的丝带到一定的距离外。总之，蜘蛛迁移的方法实质上都是一样的。在我们地区最精通织卵袋艺术的两位纺织女，辜负了我的期望，我耗费了许多精力饲养它们，却只得到这么一点点成果。我还能在哪里看到在冠冕蛛那里偶然见过的情景呢？我将在那些被我忽视了的普通蜘蛛那里，再次见到同样的甚至更加惊心动魄的场面。

第五章 满蟹蛛

让我领略到蜘蛛迁移壮观景象的蟹蛛，在分类学中被命名为满蟹蛛[①]。如果这个名称丝毫不能引起读者注意，它至少有一点长处，就是说起来和听起来很顺，不像一般的学术名词，听起来像打喷嚏而不像说话。既然用拉丁语给动植物命名是规矩，至少也得遵守古谐音。我们还是不要发出刺耳的咳痰声，那简直是把动物的名称像咳痰一样吐出来而不是念出来。

未来将如何面对那些以发展为借口，如潮水般迅速增长，却掩盖了真理的野蛮词语呢？未来会将这些词语抛弃在遗忘的角落里，而通俗、顺耳、形象传神的词永远不会消失。蟹蛛就属于这类名词，古人就用它来称呼包括满蟹蛛在内的那一类蜘蛛，它们身上表现出了蜘蛛和螃蟹的特征。

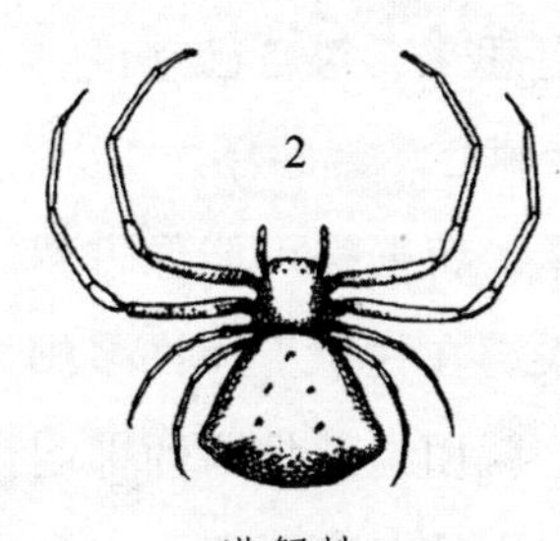

满蟹蛛

满蟹蛛像螃蟹那样横着走，也是前足比后足粗壮，只是它的两条前足上没有戴拳击套。体态似道黄蟹的蟹蛛不会织捕猎网。它不用绳圈也不用网，而是埋伏在花丛中等待猎物的到来，它会灵巧地掐住猎物的脖子。本章的主角满蟹蛛尤其爱好捕猎家蜜蜂，我在别处已经描写过家蜜蜂和刽子手之间的纠纷。

一贯爱好和平，只是想采些蜜的蜜蜂突然到来，它用舌头在花

① 满蟹蛛的学名为Thomisus-onustus。——校注

丛里探测，选一个花粉多的开采区，很快就沉浸在忙碌的收获中。当它把自己的花篮装满，肚子鼓起来时，满蟹蛛从花丛下的隐藏处蹦出来，包抄了那只忙碌的蜜蜂，偷偷地向它靠近，猛地跃起掐住它的脖颈。蜜蜂无助地挣扎，用螯针乱刺，可是攻击者仍不松手。

尽管蜜蜂拼命反抗，但由于颈部神经被掐住，脖子闪电般被咬住，顷刻间，可怜的蜜蜂蹬蹬腿死了。现在，刽子手自在地吮吸着受害者的血，然后不屑一顾地将吸干的尸体扔掉，再重新埋伏起来，伺机杀害另一个花粉采集者。

每每见到蜜蜂在健康快乐的劳动中被杀害，我总是感到非常愤慨，为什么辛勤劳动者要养活游手好闲者？为什么被剥削者要养活剥削者？为什么那么多善良的动物会牺牲在极其猖獗的掠夺中？整体的和谐之中存在着可憎的不和谐，尤其是那个凶残的吸血者，竟成了忠实于家庭的模范，这一切使思想家感到震惊。

那个恶魔爱自己的孩子，却吃别人的孩子。

受肠胃制约的动物和人都是恶魔。工作的神圣，生活的快乐，母性的温柔，临终的痛苦，这一切只对别人有意义，对自己来说，最重要的是猎物的肉要嫩，味道要鲜美。

根据它的名字θωμìζω[①]的词源学解释，满蟹蛛可能像古罗马执法官手下手执束棒的侍从官，专管把犯人绑在柱子上。许多蜘蛛为了制服猎物，以便随心所欲地把它吃掉，就用绳子把猎物绑起来，这个比喻挺恰当。可是，满蟹蛛的行为与它的名字不符，它没有捆绑蜜蜂，蜜蜂是因脖子被咬伤而突然死亡，而且也没有向刽子手做任何反抗。这个“蜘蛛教父”只用常用的方式进攻，没有尝试

① 这个词的意思为“我用绳子捆”。——校注

别的方法，它不了解那种毫无意义的阴险地用绳索进攻的方法。

那个烦琐累赘的名字“onustus”也不是最佳的选择，不能因为捕杀蜜蜂者挺着沉重的大肚子，就以此作为区别它的特征。蜘蛛几乎都有个大肚子，里面储存着丝，有些蜘蛛用腹中的丝制细丝线，所有的蜘蛛都用丝来织卵袋中的莫列顿呢。满蟹蛛也和其他蜘蛛一样，这个筑巢高手肚子里储存的，是给婴儿保暖的材料，但它并不是过分臃肿。

“onustus”一词，仅仅是影射它侧着身子走路和慢吞吞的步态吗？这个解释我同意，但还不尽满意。除了极度惊慌的时候，任何蜘蛛都步履稳健，小心谨慎。

总之，这个词是误用，是个毫无意义的修饰词。给蜘蛛取个合适的名称是多么困难啊！我们还是对昆虫分类者宽容些吧。词汇贫乏，再加上要编进目录的新词源源不断，让人无暇讲究音节的搭配。

如果术语什么也无法告诉读者，又怎能让读者了解它代表的事物呢？我看只有一种方法，请读者去参加在南方地中海地区常绿的矮灌木丛中，举行的五月节吧。蜜蜂的杀手很怕冷，在法国它几乎没离开过橄榄树的故乡。它偏爱一种叫岩蔷薇的灌木，这种植物会开大朵的玫瑰色花，皱皱的，昙花一现，只能保持一个上午，翌日凉爽的黎明又将有一朵鲜花盛开，灿烂的花季可持续五六周。

蜜蜂热切地来此采花粉，它们在雄蕊宽大的花药上忙碌，身上蹭上了黄色的花粉。蜜蜂杀手得知来了一大群蜜蜂，便躲在一片花瓣构成的玫瑰色帐篷下，准备伏击猎物。放眼望去四处的花上都有一些蜜蜂，如果发现一只蜜蜂不动了，伸直了腿和舌头，我就赶快过去，因为十有八九是满蟹蛛在那里，强盗刚作完案，正在吮吸死者的血。

蜜蜂的捕杀者是一只非常漂亮的小家伙，尽管那金字塔形的躯干上有一个累赘的大肚子，下端左右两侧各隆起一个驼峰状的乳突，但它的皮肤看上去比绸缎还要柔和。有些满蟹蛛的皮肤是乳白色的，另一些是柠檬黄的；有些讲究打扮的满蟹蛛，还在腿上戴了许多玫瑰红色的镯子，背上装饰着胭脂红色的曲线，胸部的两侧有时佩戴着一条淡绿色的细带。满蟹蛛的服装色彩虽不如彩带蛛的丰富，但是从简洁、精致和色彩的搭配来看，却优雅得多，即使是讨厌蜘蛛的没有经验的新手，也不得不承认满蟹蛛的优雅，他们会毫不惧怕地抓起一只看起来如此平和的满蟹蛛。

这个蜘蛛中的珍宝会做什么呢？首先是建造一个适合自己的巢。金翅鸟、燕雀等建筑师用植物的侧根、植物纤维、棉团等，在小树枝上建造贝壳形的巢。满蟹蛛也喜欢高处，为了建造它的窝，它在平时捕猎的岩蔷薇上，选择一根因炎热而枯萎的高枝，枝上挂着一些卷成小窝棚的枯叶。满蟹蛛就是在这里筑窝产卵。

满蟹蛛那像梭子似的肚子装满了丝，轻轻地上下摆动，把丝拉向四周。它织了一个袋子，袋壁和周围的干树叶合为一体，这个纯白、不透明的巢，一部分露在外面，一部分被树叶遮住。这个插在树叶夹角里的袋子，是圆锥形的，像丝蛛织的袋子，但体积略小一些。

当卵装进去后，它用白丝织一个盖子把容器的口密封起来，最后用几根丝织成的薄帘在卵袋上做一个床顶，用弯曲的叶尖做一个凹室，蜘蛛母亲就住在里面。

这个凹室不仅是疲劳的产妇产后休息的地方，还是一个掩体，一个监测哨。母亲坚守在那里，平趴着，直到孩子们大批迁移。由于产卵和消耗了很多丝，它变得很瘦，现在它只是为了保护它的巢而活着。

如果有流浪者从附近经过，它会飞快地从哨所里出来，抬腿赶走不速之客。当我用一根草去骚扰它时，它拼命地反击，用拳头击打我的武器，好像是在拳击。如果我为了做一些实验，想让它挪个窝，不费些工夫还办不到，它死死抱住丝织的地板，挫败了我的进攻，我怕伤着它，所以没有用力。这个顽强的家伙刚被引出来，立即又回到自己的岗位上，它不想离开自己的宝贝。

纳博讷狼蛛遇到有人试图夺它的小球时，会进行搏斗，满蟹蛛也一样。两者一样勇敢，一样忠诚，可又是同样糊涂，分不清是自己的还是别人的宝贝。狼蛛会毫不犹豫地接受替换给它的陌生小球，它分不清别人产的卵和自己产的卵，也分不清别人的织品和自己的织品。

母爱这个神圣的字眼也不宜用在这里，这里有的只是狂热的冲动，几乎是机械的爱，不存在真正的温柔。生活在岩蔷薇上的高雅的满蟹蛛，也不见得更聪明，当它被转移到另一个形状相同的巢里时，便在那里安家，并不再挪动，尽管袋子上排列规则不同的树叶，足以提醒它已不在自己家里，但只要脚下踩着丝，它就不会发现自己搞错了，它像监护自己的巢一样警惕地监护着另一个巢。

在母性的盲目上，狼蛛表现得更突出。它把我用锉刀锉成的软木球、纸团和线团当成了自己的卵袋，粘在纺丝器上，带着走来走去。为了了解满蟹蛛是否会犯同样的错误，我在封闭的圆锥形卵袋里放了一些蚕茧的碎片，把碎片更细更平的那一面朝上，但我的企图没有成功。离开了自己的家，被安置在人造袋子上的雌满蟹蛛，坚决不肯在此安家。它是否比狼蛛聪明呢？也许是，但不要因此而过多地赞扬它，因为那个巢模仿得极粗糙。

5月底，产卵期结束了，这时，平卧在巢顶上的雌满蟹蛛，不论是白天还是夜晚都不再走出掩体。看它那么消瘦、那么干枯，我想供应给它一些蜜蜂它会高兴的，我以前就这样做过。

我错误地判断了它的需要。在此以前它一直热衷的蜜蜂，已经不再有吸引力。在罩子里，能够轻易捕捉的蜜蜂在它身边嗡嗡叫，可是，卫士没有离开岗位，也不在乎这个好机会，它只靠母亲的忠贞，这种值得赞美却没有营养的食粮维持生命。

因此我只能看着它一天比一天衰弱，越来越干瘪。消瘦的满蟹蛛在死等什么？

它在等自己的孩子出世，这个垂死者对孩子们还有用。彩带蛛的孩子从气球里出来时早已成了孤儿，没人来帮助它们，而它们也没有力气把自己从袋中解放出来，必须靠气球自动爆裂，把小彩带圆网蛛和棉床垫一起乱七八糟地弹出来。

满蟹蛛的袋子外面大都加了一层树叶，它永远不会自己裂开，只要封条还贴着，盖子就不会自动打开。当孩子们获得解脱后，我发现盖子周围有一个大开的小洞口，像个天窗。是谁开的这扇天窗？它原先并不存在。

布料太厚太结实，不可能是里面关着的年幼体弱的小满蟹蛛扯破的。是母亲感觉到丝绵顶篷下的孩子急得跺脚，就把袋子捅破了。它拖着糟透了的身体坚持活了三周，就是为了要最后用大颚把卵袋咬开。这项任务完成后，它便安然地死去，并紧紧贴在它的窝上变成了干尸。

7月来临时，小满蟹蛛出世了。预料到它们有表演杂技的风俗，我在它们出生的那个罩子顶上，安了一把很细的树枝。它们真的全都钻过网纱，聚集在荆棘顶上，很快在那里用交错的丝织了一个宽畅的临时营地。头两天，它们躲在里面还算安静，接着开始在物体与物体间架起天桥来。我必须利用这个好机会。

我把一束爬着小蜘蛛的荆棘，置于打开的窗户前一张小桌子上的向光处，小蜘蛛即刻开始大迁移，但是缓慢而又混乱。小满蟹蛛们有些犹豫，有的向后退，有的吊在丝的一头垂直地跌下来，然后丝向上收，又把吊在空中的满蟹蛛带了上去。总之，动静不小，效果甚微。

事情拖了很久，大约11点，我忽然想到，应该把载着急于出发的小蜘蛛的荆棘，放在烈日烤晒的窗台上。被太阳晒了几分钟之后，情形完全不同了，小移民爬到小树枝的顶上，活跃地动个不停。这里简直就像个令人目眩的制绳车间，几千条腿从纺丝器里往外拉丝，缆绳制好后，甩出去任由风把它带走。当然我并未看见缆绳，只是猜想。三四只蜘蛛同时出发，然后分道扬镳，各随其愿。从足的敏捷动作，我知道蜘蛛都在往上爬，顺着一个支撑物向上攀登。尽管如此，在攀登者们身后的那根丝还是能看得见，因为这是一条复线。之后到达某一个高度时，出现了停滞不前的现象，小家伙荡在空中，在阳光照耀下闪着光，缓缓地晃动，随后突然飞起来。

出了什么事？外面刮起了微风，飘荡的丝断了，小昆虫出发了，被它的降落伞带走了。我看着它远去，它像一个光点，闪现在离我二十步远的那片墨绿色的柏树林上。它上升，越过柏树林，消失了；其他蜘蛛也跟在后面，有的飞得高些，有的飞得低些，朝不同的方向飞去。

现在蜘蛛群已完成了准备工作，大批疏散的时刻来到了。就在这时，从荆棘顶上不断地投射出出发者，像发射出的子弹一样升起，像绽开的花束，最后放出来的是焰火，一束同时放出的焰火。这个比喻很确切，就连发出的光也相似。在阳光下，骤然发出耀眼光芒的小蜘蛛就像是焰火。多么荣耀的出征，多么隆重的入驻仪式！小家伙们抓紧飞丝，飞向了极高的境界。

或远或近，迟早它们都必须降落。唉！为了生活必须降落，常常必须降落在很低的地方。带冠毛的夜莺把路上的驴粪捣烂，从里面索取食物。它在天上飘荡，扯着嗓子一直唱是找不到燕麦粒的，必须下来，求食的本能要求它这么做。小蜘蛛因为同样的原因也必须着陆，降落时因为有降落伞的保护，削弱了重力作用，避免了摔伤的危险。

后来的情况我就不知道了。在有能力捕捉蜜蜂以前，小满蟹蛛能抓到多少小飞虫呢？它会采用什么方法呢？是否靠施展诡计与小飞虫较量呢？它最终会在哪里过冬呢？我都不了解。春天到来时，我还会和满蟹蛛见面的，那时它已经长大，并潜伏在蜜蜂采花粉的花丛中。

第六章 圆网蛛织网

捕鸟网是人类使用的巧妙而卑劣的手段。用网绳、小木桩和四根棍子，挂上两张土色的大网，一左一右地放在光秃秃的空场地上，便做成了一个捕鸟网。捕鸟者躲在灌木丛中，操纵一根长绳，适时拉动这两张网，使它们像百叶窗似的突然闭合。

两张网中间放着媒鸟：小朱顶雀、燕子、翠雀、黄鹂、鹀和雪鹀。这些鸟儿听觉灵敏，听到同胞从老远的地方经过，便立即发出啁啾的召唤声。其中一种叫作桑贝[①]的媒鸟，特别善于勾引。它不停地跳跃，拍动翅膀，仿佛很自由的样子，其实这个苦役犯是被一根细绳子牢牢地系在木桩上的。如果它精疲力竭，因徒劳地企图飞走而陷入绝望，这个苦役犯便会趴下，拒绝执行勾引的任务。可是捕鸟者躲在隐蔽处，不用挪动位置就可以使它重新活跃起来。一根长长的细绳子拉动装在枢轴上的活动吊杆，小鸟被这鬼玩意掀动，飞起来，又掉下来；绳子每拉一下，它就飞一下。

秋天的上午，阳光和煦，捕鸟者在静静地等待。突然，笼子里一阵骚动。燕雀发出一声声召唤："潘克！潘克！"空中有新伙伴来了。这些幼稚的家伙受召唤而来，降落到危机四伏的空场地上。埋伏者迅速把绳子用力一拉，网闭合了，所有的鸟都被抓住了。

人类的血管里流淌着猛兽的血。捕鸟者立即跑去进行屠杀，他用大拇指压迫囚虏的心脏，把它憋死，然后打开它的脑袋，用绳子

---

① 原文为Sambé，此处系译音。——译注

穿着它们的鼻孔，12只一串地拿到市场上去卖。

就卑劣手段的巧妙而言，圆网蛛的网堪与捕鸟者的网相媲美。如果耐心地研究，我们可以发现高度完美的蛛网的主要特点，它甚至比人类的网还高明呢。为了吃几只苍蝇，需要多么卓绝巧妙的技术啊！圆网蛛因吃的需要而具有的捕猎法，其巧妙居各类蜘蛛之冠。如果读者读了下面的叙述，肯定会跟我有同感。

首先，我必须目击结网的情况，看它如何施工，看了再看，因为一个如此复杂的建筑物的施工说明书，只能一个片段一个片段地阅读。今天观察一个细节，明天观察第二个细节，我将获得一些新的知识；观察的次数多了，每一次，某个事实证实了某个观点，或者让我从预料之外的角度去考虑问题，那么，我们现有的知识就会越来越丰富。

虽然每次沾上的只是薄薄的一层，雪球还是越滚越大。在科学观察中所得到的真理正是如此，真理是靠耐心，一点一滴地积累起来的，点点滴滴的收获要花费大量时间，但收获的取得至少无须远赴他处，非得靠碰运气寻求不可，连最小的花园里都有圆网蛛这些纺织高手。

在荒石园里，我精心准备了最有名的几种圆网蛛，我观察了其中的六种。它们的身材都很高大，都是才能卓绝的纺织姑娘，它们是彩带圆网蛛、圆网丝蛛、角形圆网蛛、苍白圆网蛛、冠冕圆网蛛和漏斗圆网蛛。

在气候宜人的季节，随便什么时候，我都可以观察它们，密切注意它们的工作。有时是这只，有时是那只，到底观察哪只，视当日的情况而定。前一天没有看清的，我可以在第二天，或者在以后随便什么日子，在更有利的条件下观察，直至完全弄清所研究的事

情为止。

每天傍晚，从一株迷迭香到另一株迷迭香，我一步一步地沿着花径边走边看。如果时间拖长了，我就在灌木丛下坐下来，选择光线明亮的地方，面对着纺织厂，孜孜不倦地注意观察。每次这么兜一圈，我都能得到某个细节，补充原有概念中的某个空白。

对于这六种圆网蛛，用不着一一赘述各自的工作步骤，稍后我将选择某些细节做必要的叙述。这六种蜘蛛的工作方法相同，织出的网相似。根据它们所提供的资料，我在此就其共同点做一综述。

我的观察对象是不太肥壮，跟秋末冬初时相差很远的小圆网蛛，蓄丝的肚子几乎只有梨子的种子那么大。我们可不要因为纺织姑娘这么小，就错误地估计它们的织网能力。它们的才能并不是与年俱增的，发育老熟的虽然肥大，但织网还不如它们呢！

对于观察者来说，小圆网蛛还有一个宝贵的优点：它们在白天，甚至在阳光下干活；而老圆网蛛则只在深夜才织网。前者慷慨地把纺织厂的秘密告诉我，后者却把秘密掩盖起来。在7月末，太阳下山前两小时，小圆网蛛的工作开始了。

这时荒石园里的纺织姑娘离开了白天的隐蔽所，选择好工作岗位，在各处开始干了起来。它们数目众多，我可以任意选择中意的对象。现在我就停在这只圆网蛛面前吧，它正在为自己的建筑物奠基呢。

它没有任何明确的次序，便在迷迭香的绿篱上，大拇指到小拇指的范围内，从枝丫的一端跑到另一端，用后步足的梳毛[1]从丝袋里拉出一根丝固定在上面。从这个准备工作中，我丝毫看不出它有什

① 梳毛：位于第四步足跗节背侧，由栉状刚毛排列而成，用以抽出体内的丝。——校注

么精心的计划。它充满热情，仿佛随意地来回走动，它一再地爬上爬下，用多道缆绳，把分散在各处的系着点加固，做出一个杂乱无章的框架。

我能说这是杂乱无章吗？也许不能。圆网蛛的眼光比我更内行，它能够辨认出工地的总体布局，然后据此建造用绳索纺织的建筑物，这个框架非常不合规则，却非常适合蜘蛛的计划。圆网蛛要求的是什么呢？是能够把网镶上去的框架。它刚刚建造的框架正符合所要求的条件；这个框架划定了一块可自由通行的平面垂直空地。这就是它所需要的一切。

不过框架存在的时间很短；每天傍晚它都要彻底翻修，因为猎物会在一夜之间把它都毁掉；这种蛛网比较娇嫩，经不住被捕住的猎物绝望的挣扎；它不像成年圆网蛛的网，是由比较牢固的丝编成，能够保持一段时间；所以圆网蛛必须更加精心建好网的框架，这一点我们稍后将会看到。

一根特别的丝横穿过这个随意划出来的空地，它才是网络的第一个部件。这根颤悠悠的长丝，与任何可能妨碍它延伸的枝丫，隔开了一段距离，从而与其他的丝区别开来。在这根长丝的中央，绝对会有一个大白点；它是插在未来建筑物中心的标杆，是指引圆网蛛在令人诧异的混乱中，按部就班地工作的基点。

纺织捕虫网的时刻到了，蜘蛛从中心位置的白色基点出发，依靠那根横穿的丝桥，迅速到达周边，到达围绕着空地的不规则的“框架”。然后它猛地一跳，从周边返回中心；又开始来回走动，往左往右，往上往下；它攀登，下沉，又上升，落下，通过完全想不到的斜角，总是返回到中心点的标杆上。每走一次，它就铺下了一道“辐射丝”；一会儿在这里，一会儿在那里，总之，在我们看

来，是非常杂乱无章的。

蜘蛛随心所欲地织网，必须坚持不懈地观察，我才能最终看出个究竟。蜘蛛通过一根已经铺好的辐射丝，到达空地的边缘，把丝固定在框架上，再循原路返回中心。

在这种折线式的行程中所产生的丝，一部分绕在框架上，这条丝线比起从周边到中心点的距离长得多。当它回到中心点后，便调整线的长度，适度地拉线，把线固定住，把多余的线头都聚集在中心的基点上。每拉出一根辐射丝，对多余部分都做同样的处理，结果基点越来越大，它最初是一个点，最后成了一个线团，甚至成了有一定体积的小坐垫。

稍后我们就会看到，蜘蛛这个精打细算的家庭主妇，会把这个存放节余线头的小坐垫变成什么样子。眼下我们看到圆网蛛在每铺一根辐射丝后，都用步足对小坐垫进行加工，用小爪调整坐垫的位置，将它黏结起来。这种孜孜不倦的精神，不由得不引起我的注意。所有的辐射丝就这样有了一个牢固的共同支撑物，就像车轮的毂。

建筑物最终所具有的规则性似乎证明，这些辐射丝就是按照它们在蛛网上的先后次序编织出来的，而且越来越近，根根紧邻。虽然它编织的方式最初显得杂乱无章，可事实上它确实非常合理。

圆网蛛在一个方向铺了几根辐射丝之后，便跑到对面，从相反的方向也铺几根辐射丝。突然改变方向非常符合逻辑，显示蜘蛛十分精通使绳索平衡的方法。如果绳索一直维持在一个方向，由于缺乏与之抗衡的辐射丝，它们的张力就会使蛛网变形，甚至由于没有稳定的依托而毁坏整个蛛网。所以在继续铺设辐射丝之前，需要铺一组反向的辐射丝。朝任何方向绷紧的系统，都必须用另一个反方向绷紧的系统来与之相对抗，力学是这样说的。蜘蛛是用绳索结网的大师，它无须学习，它正是这样实践的。

你如果认为，这种看来杂乱无章的织网程序，会产生出混乱的作品，你就错了：所有的辐射丝距离相等，形成了十分有规则的太阳形图案。辐射丝数随各类圆网蛛而有所不同，角形蛛的蛛网有21根辐射丝，彩带蛛有32根，丝蛛有42根。这些数目虽然不是绝对固定不变的，但差异很小。

但是，我们中有谁无须长时间的摸索，无须测量仪器，便能一下子把圆面分成那么多开度相同的扇形面呢？圆网蛛捧着沉重的丝袋，在被风吹得摇摇晃晃的丝线上蹒跚行走，无须小心翼翼，便把这微妙的扇形面划分完成。我们的几何学家说它的方法荒谬，可是它却能做到这样的划分，能以杂乱无章的方式进行井井有条的工作。

可是，我们也不要过分夸大它的本领。这些角度只是大致相等，看起来好像符合要求，却经不起严格的测量。不过，数学的精确性是多余的，我对它所取得的成绩已经赞叹不已。圆网蛛这么奇怪地成功处理了困难重重的问题，它是怎么做到的呢？我再次思忖。

铺设好辐射丝后，蜘蛛神态傲然地踞在中心区，歇在最初的瞄准点，坐在那由切断的丝线头所构成的小坐垫上。现在，它又在忙一桩细心的工作：用一根非常细的丝线，从中心点出发，绕着一根根辐射丝编织非常密的螺旋丝。在老蜘蛛的蛛网上，中心区有一巴掌大；而在小蜘蛛的蛛网上，中心区非常小，但总有这么一个中心区，我把它叫作“休息区”，原因下面再说。

螺旋丝线在逐渐增粗，第一根丝几乎看不出来，第二根丝就清晰可见了。蜘蛛大步斜走，移动位置，稍稍转了几圈，逐步离开了中心，把丝线固定在穿过的辐射线上，最后来到框架的下部边缘。它刚刚画了一个螺旋圈，圈的宽度迅速增大，从一个圈到另一个圈的平均距离为一厘米，甚至幼年圆网蛛的网也是如此。

“螺旋”这个字眼令人想到一条曲线，但千万别误会。圆网蛛的网中根本没有任何曲线，只有直线和直线的组合。我们在网中看到的，是一条多边形的线，这种线在几何学中列入曲线之内。这种多边形的线是临时性的，随着真正的捕虫网织成，它注定要消失。我把这种多边形的线称为“辅助螺旋丝”。

蜘蛛使用螺旋丝的目的是提供横梁，提供编织过程的梯级；尤其是在边缘地区，那里辐射丝彼此相隔太远，更需要合适的支撑物。它的另一个作用，则是指引蜘蛛进行接下来的精密操作。

但是在此之前，它还必须注意一件事。由于支撑枝丫不规则，辐射丝所占据的空地也不规则。在一些隐蔽的角落，枝丫突出，靠得很近，会破坏所要编织的网的秩序。圆网蛛需要一个合适的空间，能让它有规则地一步步把螺旋丝安放上去。而且它还不能留下空隙，让猎物能够找到逃逸的出路。

蜘蛛对这类事十分在行，它很快就发现，这些隐蔽的角落必须填补好。于是它先在一个方向，然后在另一个方向，来回运动，在支持辐射丝的枝丫上放上一根丝，这根丝在有缺陷处的侧面边缘，猛然弯折了两次，画了一道“之”字形曲线，类似被称为“希腊方形”的回纹饰。

所有角落都布满了“之”字形充填丝；现在，编织捕虫网的时刻来到了，前面所做的一切，都不过是铺路而已。圆网蛛紧抓住辐射丝和辅助螺旋丝，朝与放置辅助螺旋丝相反的方向走去；它先是离开中心，现在则向中心走近；它每走一次，圈子就密一些，数目就多一些。最后，它从离框架不远的辅助螺旋丝底部走开了。

之后的活动，观察起来很艰难，因为蜘蛛的动作太迅速，太急剧，而且不连贯。一连串突如其来的急奔、摇晃、跳跃，让人的目光应接不暇，很不舒服。我必须坚持不懈地反复观察，才能稍微弄明白它的工作进程。

两条后步足是纺织工具，不断地活动。我根据它们在这个纺织厂中的地位，把圆网蛛走路时朝向绕线中心的那只步足称为内足，而把位于绕线外面的那只步足称为外足。

外足把细丝从纺丝器中拉出来，递给内足；内足以优美的动作把细丝放在身后的辐射丝上。同时，外足负责了解距离，它抓住已经放好的最后一个圈，把丝线将与辐射丝连接的那个点，拉到合适的距离。丝线一碰到辐射丝，就靠自己的黏性，固定在辐射丝上。这一过程中没有慢吞吞的动作，连接处也没有接头，焊接是自动进行的。

当它以狭窄的度数转过身来，纺织姑娘就接近了刚刚作为依托的辅助横线。最后，当横线彼此离得太近时，它们就该消失了，因为横线妨碍了作品的匀称。于是蜘蛛便抓住一行梯级作为支撑，随着它的行进，把已经没有用的横线收回来，聚拢成为一个小球，放在下一根辐射丝的连接点上。蛛网上就这样留下了一系列丝粒，它标志着已经消失的螺旋丝曾经行经的路程。

已经毁掉的丝线仅有的残余就是这些点，要光线正好照到才能分辨出来。要不是这些丝点分布得非常有规则，令人想到已经消失的螺旋丝，我还以为它们只是灰尘微粒呢。直至整个网最后毁掉，丝点一直都存在，都能辨认得出来。

就这样，蜘蛛不停地转着圈子，逐渐向中心接近，把丝线焊接在穿过的每根辐射丝上。整整半个小时，老蜘蛛甚至一个小时，都要花在这种螺旋圈上。丝蛛的网有50来圈，彩带蛛和角形蛛的网有

30来圈。

最后，在离中心一定距离处，在我称之为休息区的边缘，蜘蛛突然结束了纺织螺旋圈，而余下的空间还够它转好几圈呢。稍后我们会看到它突然停止转圈的原因。这时，圆网蛛，不管是哪一种，也不管是年幼的还是年老的，都扑向中央的小坐垫，把它拉出来，卷成小球，想必它是要把小球扔掉。

完全不是，它秉性节约，不会这样挥霍。它把这个先是作为原始标杆，然后成为一团丝球的小坐垫吃下去了；它把可能要吞到丝库里去的丝垫，放到消化器里去溶解。它吃下去的东西是啃不动的，靠胃很难消化，但它毕竟很宝贵啊，丢掉太可惜了。把小坐垫吞下去，织网工作便结束了，于是圆网蛛立即稳坐在网的中心，头朝下，摆出等待捕猎的姿势。

我刚刚看到的这个纺织厂，它的运作令我思索。我们生来便习惯使用身体的右半部分，关于这种不对称现象的原因我们还不清楚。我们的右半边身子比左半边有力、灵活，手的表现尤其明显。语言为了表示右手得天独厚的明显优势，便用"轻巧""灵活""敏捷"这些字眼来形容。

动物是不是也惯用右手，或都是左撇子，还是左右都无所谓呢？我已经看到蟋蟀、螽斯等许许多多拉着琴弓的昆虫，它们的琴弓就在右前翅上，而发音器官则位于左前翅，它们也是习惯使用身体的右半部分[1]。

当我们用脚跟原地旋转时，如果不是有意，我们总是以右脚跟为支持点，从比较壮实的右边转到比较无力的左边。带螺壳的软体

① 见卷六第十一、十四章。——校注

动物的涡纹，几乎全是从左到右生长。在众多水生动物和陆地动物中，除了几种外，几乎全是自右向左旋转的。

稍微弄清楚在二元结构的动物中，哪些惯用身体的右半部分，哪些惯用左半部分，不是没有意义的。不对称现象是不是普遍的呢？有没有某些中性动物，身体两边都同样灵活，同样有力呢？是的，有这样的动物，圆网蛛就是其中之一。它具有一种很令人羡慕的特性，左边身体同右边身体一样灵活。我下面的观察将提供证明。

我通过坚持不懈的观察得知：为了架设捕虫的螺旋丝，任何圆网蛛都可以随意朝四面八方转动。至于是什么原因决定它朝哪个方向转，其中的秘密我还不明白。但是一旦决定了，即使有时发生某些变故打乱了它的工作进程，这个纺织姑娘也不会改变转动的方向。我曾看到过这样的情况：突然，一只小飞虫陷入了已经织好的那部分网中，蜘蛛立即暂停织网，向猎物跑去，将它捆绑起来，然后回到停止作业的地方，按原先的次序，继续编织螺旋丝。

刚开始干活时，圆网蛛一会儿朝这个方向转，一会儿又朝着那个方向转，所以在向中心铺设螺旋丝时，它一时用右边身子，一时用左边身子。然而，我前面说过，它总是用后面的内步足，用对着中心点的那只步足来织网，在某些情况下，它用右步足，在另一些情况下，它又用左步足来安放螺旋丝。铺丝的操作是非常精细的，它必须恪守间距相等的原则，而蜘蛛的动作又非常迅速，所以它必须相当灵活。只要看到它今天用左步足，明天用右步足，所有的运作都那么精确，那么谁都会深信，圆网蛛是非常卓绝的左右手都十分灵活的动物。

第七章 我的邻居圆网蛛

圆网蛛的才能并不因年龄不同，而在基本特征上有什么变化。幼年圆网蛛怎么织网，老年圆网蛛虽然积累了一年的经验，但也是这样织网。在它们的行会中，没有徒弟，也没有师父；从铺第一根丝起，每只蜘蛛都已经通晓它的技术。我们已经知道了新手的情况，现在来考察一下年长者，看看随着年龄的增长，造物主有没有对它们提出更多的要求。

进入7月，我想看什么就有什么可看。一天傍晚，暮霭沉沉时分，在荒石园里的迷迭香上，新的居民正在编织蛛网时，我在门前发现了一只大腹便便、高傲漂亮的蜘蛛。这个胖妇人是去年出生的，它那威风凛凛的富态样，在这个季节是罕见的。我认出它是角形圆网蛛，它身穿一身灰衣，两根暗色饰带勾勒在身体两侧，在后部汇聚成尖状。在短时间内，它从左右两侧把下腹胀得鼓鼓的。

这个邻居，现在成为我关注的对象了，只要它不在太晚的时间干活，我就可以观察它。兆头很好，我看到这个大腹便便的妇人拉出了一批丝，表明它有可能顺遂我的心愿，我不必牺牲太多的睡眠时间。果然，7月一整月和8月的大部分日子里，每晚8点到10点，我都可以追踪织网过程；因为蛛网每晚在捕捉飞虫时多少都有毁坏，到了第二天，破得太厉害了，就必须重新编织。

在盛夏的两个月里，当炎热的白天结束，夜色沉沉，晚上有一丝凉意时，我手提提灯，可以毫不困难地追踪这个邻居织网。它置身于一排柏树和一丛月桂之间，端坐在适合我观察的高处，面向夜蛾常常光临的小径。看来这位置很理想，因为在整个夏季，圆网蛛虽然几乎每天傍晚都要把它的网翻新，却并不改变位置。

黄昏结束时，我们全家准时去拜访它。看到它在颤动的绳索上，大无畏地做出惊险的杂技动作时，大人小孩都惊叹不已。完全符合几何规则的网结成了，我们都十分赞赏。在提灯的灯光照射下，一切都闪闪发光，蛛网变成了美妙的圆花饰，就像是用月光编织成似的。

如果我想弄清某些细节，在荒石园里待晚点回家，全家人虽然都已经躺下，却没有睡着，一直在等我。“今晚它干了些什么？”家人问我，“它抓到夜蛾了吗？”我便讲述事情的经过。第二天，家里人就不那么急着去睡觉了，大家都想把整个过程看完，直到结束。啊！这些天真的人，这么美好的夜晚就在蜘蛛的工厂前度过了。

我把角形蛛的伟绩，一次次地记载下来。通过这些大事记，我首先了解了构成建筑物框架的丝线是怎样纺成的。圆网蛛整天都蜷缩在柏树的绿叶中，到了晚上约8点钟时，它庄严地从隐居地出来，来到树杈梢。在这高高的岗位上，它首先要花点时间根据现场的情况制订计划，考察天气情况，了解夜里天气会不会晴朗。

然后，它突然把八只步足伸得开开的，身体悬挂在从纺丝器里拉出来的丝桥上，呈垂直线坠下。就像搓绳工有规则地后退，把绳子从麻里抽出来一样，圆网蛛通过下坠，抽出丝，它的体重就是拉力。

但是下坠并没有因重量所产生的引力而加速，而是受纺丝器的调节。它一边下降，一边收缩，或扩张或闭合纺丝器的纺管。随着速度缓缓地减慢，这条充满活力的垂直的丝拉长了。借着提灯光我可以十分清楚地看到秤砣，但并不总是能看到丝。这时，这只大腹便便的蜘蛛把步足伸展在空中，好像没有任何依托似的。

到了离地面两法寸处，它突然停住，纺丝器不再运作。蜘蛛抓住刚刚拉出来的丝，回转身，又一边纺织一边从原路往上爬。但是这一次体重不再能给它帮助了，它又用别的方式来拉丝：后面的两只步足交替迅速运转，把丝从丝袋里拉出来，又逐渐把丝抛弃掉。

蜘蛛回到了出发点，到了两米多的高度。这时它拥有一根双股丝，结成环柄状，在风中软弱无力地飘浮。它把丝的一端固定在适当的地方，等待另一端被风吹起来，把环柄黏结在附近的细枝上。

也许要等待许久，才能得到所期待的结果，圆网蛛没有失去耐心，可我却等得不耐烦了，便给了蜘蛛一点帮助。我用麦秸挑起飘荡的环，把它放在一根高度适中的细枝上。由我插手搭起来的丝桥，就像蜘蛛自己放置的一样，可以使用。圆网蛛感到丝粘住了，便从一端到另一端跑了好几趟，每跑一趟都在丝桥上加一股线。不管我有没有予以合作，框架的主要部件悬挂缆就这样铺设好了。丝桥非常细，但根据它的结构，我把它称为丝缆。它看起来很简单，但它的两端却如开花似的分解成枝状，角形蛛来回多少次，便有多少个分叉。这一股股分叉的丝，黏着点各不相同，使丝缆两端固着得更加牢靠。

悬挂缆比整个网的其他部分都牢靠得多，所以它能够存在很久。经过夜间的捕猎，网一般都会损坏，第二天傍晚几乎都要重新编织。清理废墟之后，角形蛛就在原地重起炉灶，只有丝缆除外，因为重织的网要悬挂在这根丝缆上。

铺设这根丝缆相当困难，因为铺设成功与否，并不纯粹取决于蜘蛛的技艺，还必须等待气流把细丝带到灌木丛中去找到依托。有时一丝风都没有，有时丝线挂到了不合适的地方，架这根丝线往往要花费很长时间，却没有把握取得成功。所以当架设好又牢固、方向又好的悬挂缆后，除非发生了极其严重的事件，圆网蛛一般是不会更换悬挂缆的。每天傍晚，它从丝桥上走过，再走过，用新的丝来加固。

当圆网蛛无法充分下坠，不能把丝的环固定在远处，从而得到双股丝时，它便使用另一种办法。就像我前面看到的那样，它坠下，然后又爬上来；不过这一次丝的一端像蓬松的画笔，细叉没粘在一起，就像从纺丝器的莲蓬头里洒出来一样。然后这根像狐狸尾巴的浓密细丝，仿佛用剪刀剪断似的延伸开来，整根丝拉长了一倍，现在长度已经足够，蜘蛛把一端固定起来，另一端则随着分散的细叉随风飘荡，以便轻易地粘到灌木丛上。

不管以什么方式，铺设好丝缆后，蜘蛛便有了一个基地，可以随时接近或者离开作为依托的枝丫。这根丝缆是它拟建工程的上限，从丝缆的高处，它变换降落点，往下滑一点，然后又沿着下降时抽出来的丝往上爬，从而产生了双股丝。当蜘蛛在大丝桥上行走时，双股丝一直延伸到系着丝桥的细枝，把丝自由的一端或高或低地固定在细枝上。这样便从左边和右边产生了几个斜向的横线，把丝缆和枝丫连在一起。

这些横线又支撑着其他各个方向都有变化的横线。当横线的数目相当多时，蜘蛛用不着靠下坠来抽丝了；它从一根绳索到相邻的绳索，一直用后步足拉丝，一步步把丝架设好；由此就产生了一系列直线的组合，组合没有任何秩序，但均保持在接近垂直的同一平面上。一个非常不规则的多边形空地便这样划分出来，网就编织在空地中，而网本身非常有规则。

这个杰作是怎样做出来的，无须赘述，幼蛛已经清楚地告诉了我们。圆网蛛都是以中心瞄准点作为标杆，铺设等距离的辐射丝；

都有辅助螺旋丝，这些临时的框架用完即丢；也都有圈围紧密的捕虫螺旋丝。我就说到此吧，因为别的一些细节引起了我的注意。

铺设捕虫螺旋丝是非常微妙的操作，因为工程要求有规则性。我很想知道：在喧嚣的吵嚷声中，蜘蛛会不会迟疑不决，犯下某些错误？它能不能镇静沉着地工作？它是不是需要在安静的环境中思考？我已经知道，我在它身旁和灯光并没有使它怎么激动，提灯骤然射出的光并没有使它在工作中分心。就像在黑暗中转动纺车一样，它在光线照耀下继续转动，既不加快，也不放慢。这对于我打算进行的实验，是个好兆头。

8月的第一个星期天，是村里的主保圣人节。星期二是庆祝的第三天，晚上9点要放烟花欢送节日。烟花正好在我家门前的大路上燃放，离蜘蛛的工作地点只几步路远。当人们敲着鼓，吹着号，手持树脂火把，后面跟着一群顽童来到时，这个纺织姑娘正好在铺设大螺旋丝。

比起放烟花的热闹场面，我更希望了解蜘蛛的心理学。我手持提灯，密切注视着角形圆网蛛的行动。人群的喧哗声，鞭炮的爆炸声，金色烟火在空中发出的噼啪声，烟花的呼啸声，火花如雨般落下，白的、红的、蓝的光突然闪亮，这一切都没有令这个女工不安，它有条不紊地织网，就像平常在寂静的夜晚一样。

蜘蛛刚刚在休息区边缘猝然结束大螺旋丝的铺设工作，便把用节余的丝头做成的中央坐垫吃掉了。但是在吃这一口标志织网结束的消夜之前，蜘蛛目中只有彩带蛛和丝蛛，还要对工程进行检查和盖章，它要从中心到休息区下部边缘，铺一条紧贴的白色“之”字形带子，有时在上部还要铺第二条形状相同但稍短的带子，但并不是非有不可。

从这些古怪的印章，我很自然地看出来，这是用来加固网的设备。年幼的圆网蛛最初是不使用这种加固办法的，它们在目前对未来无忧无虑，还不知道节约丝，所以虽然网损坏不大，还可以使用，但它们仍然每天傍晚都要重新织网。太阳落山时，它们的家中按惯例都有一张崭新的网。既然工程明天还要重做，加固不加固都不大重要。

可是到了秋末冬初，成年蜘蛛感到产卵期接近，便不得不节约。因为不仅仅卵袋需要花费大量的丝，而且由于成年蛛的网面积大，也需要很多丝，所以它尽量节约，使网用得久些，以免在织卵袋时丝储存用光了。

出于这个原因或我尚不知道的原因，彩带蛛和丝蛛认为有必要建筑持久的工程，用一根横穿的带子来巩固它们的捕虫网。而其他圆网蛛织卵袋不需要太多的花销，它们的卵袋只是个简单的小丸子，所以没有用来加固丝网的“之”形带，它们同幼年蜘蛛一样几乎每天傍晚都重新织网。

我的胖邻居角形蛛在提灯光照耀下，将要告诉我重新织网的工作是怎样进行的。暮霭沉沉时，它从隐居地小心翼翼地走下来，离开柏树叶子，来到捕虫网的悬挂缆上。它在那里待了一会儿，然后下到网上，大把大把地把废网收拢来。螺旋丝、辐射丝和框架，全都耙到步足下面。只有一件东西没有耙掉，那就是悬挂缆，这个结实的部件是以前的建筑物的基础，在稍做加工之后，还要用于编织新网。

收拢来的废网成了一粒小丸子，蜘蛛像吃猎物那样津津有味地把丸子吞下去，一点也不剩，再次表明圆网蛛对于丝是多么节约。我前面看到，蜘蛛在织好网后，把中心的瞄准点吃下去，那只不过

是微不足道的一口而已，而现在它们品尝的才是丰盛的食物，整个蛛网。这些旧网的材料经过胃的精制，又变成液体，将用于别的用途。

场地清扫干净后，角形蛛便在留下来的悬挂缆上，开始编织框架和网。把旧网被钩破的地方补一补，往往都能再用，修补旧网岂不是更简单吗？是的，情况似乎如此；但是，蜘蛛会像家庭主妇缝补内衣那样补网吗？问题就在这里。

补上裂开的网眼，更换断掉的丝线，把新旧部分衔接得天衣无缝，最后把毁坏的部分收拢起来，网又如同新的一样。这工作真是太有意义，太了不起。那么，蜘蛛有没有这样清醒的意识呢？有的人未经认真观察便断言它有，可是我没有这么大胆，我要先进行了解，通过实验，才能够弄清楚蜘蛛是否真的会修葺它的网。

我的近邻角形蛛在晚上9点才刚刚织好网。夜晚天气极好，树梢纹丝不动，正适合尺蠖蛾出来巡游，捕猎一定会大有收获。当大螺旋丝已经铺设完毕，圆网蛛即将把中央的小坐垫吃掉，然后安居在休息区时，我用小剪刀把蛛网剪成两半。辐射丝收缩回来，网上出现了一个可以放进三个手指头的空洞。

蜘蛛躲在丝缆上看见我这么做，并不太惊慌。我剪完后，它平静地走回来，在剩下的那半张网上，它停在曾经是整个圆面的中心。但是由于有一侧身体的步足没有地方支撑，它很快便知道这个捕虫网已经损坏了。于是它拉了两根丝横穿在缺口上，仅仅两根，多一根也没有；没有依托的那些步足现在伸到这两根丝上，然后蜘蛛再也不动了，开始专心致志地等待捕虫。

当我看到蜘蛛放置这两根丝把裂缝的边缘连上时，我希望能够看到缝补的工作。我心想蜘蛛即将在缺口的两端拉上许多丝，即使增添的这部分跟网的其余部分并不完全相符，至少它会把空缺部分填满，而缀补起来的网面跟合乎规则的网一样能有效地使用。

然而，事实并不像我所希望的那样，这位纺织姑娘整个晚上再也没干什么事，它就用这张被剪破的网将就着捕虫，第二天我发现这张网还像我昨晚离开时那样原封不动，丝毫没有任何缝补的迹象。

横拉在缺口上的那两根丝，不能视作是试图进行修葺的证据。由于身体一侧的步足没有地方依托，蜘蛛要去打探捕猎情况时，便从裂缝中穿过去。在来回的路途中，就像其他圆网蛛那样，它留下了一根丝。但这并不是因为它自己试图进行修补，而只是由于它不安地来回走动所带来的结果罢了。

也许被试者认为没有必要再花费气力，因为网被我剪了后，完全可以使用。这两个半张网还跟原先的面积一样大，可以捕虫。只要蜘蛛待在某个中心位置，伸出来的步足能找到必要的依托就行了；而拉在裂隙两边的那两根丝，差不多已足够支撑它的步足。我的办法不行，必须想个好一点的法子。

第二天，在把前一天的网吞下后，蜘蛛又织出了新网。当工作结束，圆网蛛一动不动地待在中央区时，我用一根麦秸小心翼翼地不破坏辐射丝和休息区，只拨动螺旋丝，把它拉出来。螺旋丝晃动着，一截截断了。捕虫螺旋丝毁了，网就没用了，尺蠖蛾从那里飞过也抓不到了。面对这场灾难，圆网蛛干了些什么呢？

它什么也没干，它一动不动地待在我手下留情的休息区里，等待捕捉猎物；它在那已经不起作用的网上，白白地等待了一整夜。早上，我发现网仍然像昨晚那样。饥而生巧，然而饥饿却没有使蜘蛛下决心稍稍修复残破的大本营。

也许这对它的谋生手段来说要求太高了。在铺好大螺旋丝之后，纺丝器里的丝可能已经用完，不可能再连续不断地吐丝了。我

希望发生某种情况能够说明，它不修补不是由于没有丝的缘故，我坚持不懈地终于等到了。

在我密切注视着蜘蛛绕大螺旋丝时，一只猎物落入了残破的陷阱。角形圆网蛛立即中止织网，奔向这个冒失鬼，把它用丝捆绑起来，就在那里美餐。就在这场搏斗中，纺织姑娘亲眼看到网的一角被撕破了。一个大窟窿将会影响网的作用，面对这个讨厌的窟窿，蜘蛛会怎么办呢？

修补破网此时正是时候，否则它就永远不会去修补了。事故就发生在这个时候，就发生在蜘蛛的脚下，它肯定会知道的；另外，纺织厂正在充分运作，纺丝器里不会没有丝。

本来这种情况是非常有利于织补的，可圆网蛛根本没有去补网。它把猎物吮了几口就扔掉了，然后跑到因捕尺蠖蛾而中断了工作的地方，继续铺大螺旋丝，撕破的部分仍然保留着原样。由机械齿轮控制的织布梭，没有回到破损的布上，蜘蛛就是这样织网的。

这并不是由于心不在焉，也不是由于某只蜘蛛的疏忽，所有的蜘蛛都有类似的不修补的现象，彩带蛛和丝蛛尤其值得注意。角形蛛几乎每晚都把网整个翻新；而彩带蛛和丝蛛却越来越少修补自己的网，虽然网破得很厉害，却仍然使用，继续用一张烂得不像样子的破网捕猎。或许只有当旧网破烂不堪时，它们才会下决心织一个新网。

可是，我好几次把这些废墟的样子记下来，第二天我看到它仍然是那个样子，甚至破得更厉害。圆网蛛从来没有进行修补，完全没有。我们的理论出于某种需要，对蜘蛛的织补能力赞美有加，可是我对于它们的名声却感到很遗憾：蜘蛛完全不会补网。它尽管摆出沉思的样子，却不会做一丝必要的思考，在因事故而产生的窟窿上补上一块布。

其他一些蜘蛛不会编织大网眼的网，比如家隅蛛，在它们织出来的绸缎上，丝线随意交叉，形成了连续不断的布匹。家隅蛛在我家的墙角铺了一块宽大的丝布，固定在墙角的突出地方。业主的豪宅就在侧面的角落里，它是一根丝管，一个洞口呈锥形的长廊，蜘蛛躲在里面监视外面的情况，而别人却看不到它。这块布的其余部分，精细度超过了我们最柔软的平纹细布。其实，它并不是捕猎工具，而是一座平台，尤其是在夜间，家隅蛛在那上面巡逻，密切注视领地里的一切。真正的捕猎器是一堆张在丝布上的乱绳子。它编织捕猎器的规则跟圆网蛛不同，因此编织方式也不一样。它的网上没有黏稠的线，只有简单的线圈，铺得密密麻麻的，猎物怎么跑都跑不掉。一只小飞虫扑到这个错综复杂的陷阱里，就被逮住了，它越挣扎就越捆得紧。被缠住的虫子掉到丝布上，家隅蛛便跑过去把它卡死。

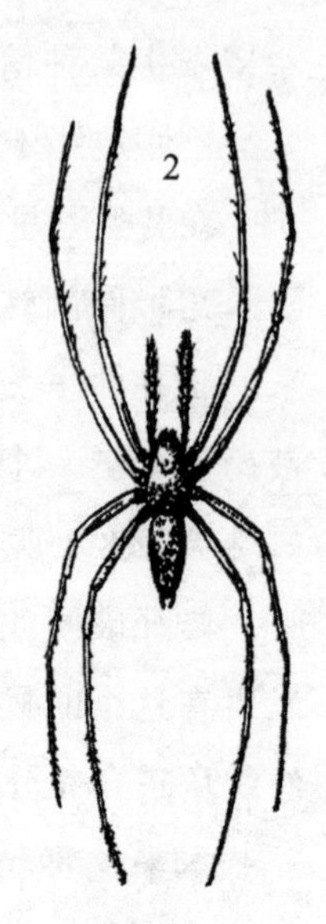

家隅蛛

现在，我做一点实验吧。我在家隅蛛的丝布上开了一个圆洞，有两个手指那么宽。这洞整天都张得大大的，但是到了第二天，破洞总是被盖住了。一片非常细的薄纱把缺口盖了起来，缺口黑漆漆的，跟四周不透明的白布形成了对照。这薄纱是这么薄，我看不出，必须用一根麦秸才能感觉得出来。当麦秸碰到薄纱引起丝布摇动时，我才能肯定遇到障碍了。

显然，家隅蛛在夜里修补了它的网，给撕破的布料缝上了补丁，这是圆网蛛所没有的才能。如果没有进一步研究出另一个结

论，我恐怕就要称赞家隅蛛的本事真是太卓越了。

家隅蛛的网是个监视哨和开发地，也是一张捕猎网，昆虫被上面的吊索抓住并掉到丝布上来。这块场地不断会有猎物掉到上面，却非常不牢固，因为墙上脱落的细泥灰会把它弄破，所以屋主必须不断加固丝网，每天夜里都要在上面加一层丝。

每次从管状隐蔽所出来或回去，它总要把系在身后的一根丝牵在所经之地，搭在表面的线的方向便是证明：这些线随着散步者的心意或直或弯，但全都汇聚于管的入口处。无疑，它每走一步路就给丝布添上一根线。松毛虫也是这样，夜间从丝屋里出来进食或者返回去休息时，它们总要在住宅的表面纺上一点丝线，每次出征都要使房屋的围墙加厚一点[①]。

松毛虫们在我刚剪了一长条缝的丝袋上走来走去，根本不注意这条裂缝，它在裂缝上进行织补，就像在完好无损的丝袋上添丝一样。它们对于事故毫不在意，过去在没有被开膛破肚的房屋上怎么做，现在也怎么做。裂缝渐渐地弥合了，它这样做不是有意识的，而仅仅是纺织习惯使然。

对于家隅蛛我也可以作如是观。它每晚在平台上散步，给平台加一层新丝，而不管上面有没有空洞。它并不是有意在被撕破的布上补一块，而只是继续做习惯的工作。如果这个洞终于堵住了，这满意的成绩也只是永远不变的工作方法的结果，而不是有意识的行为。

如果蜘蛛真的想修补它的网，那么它就应该将所有的注意力都放在那块撕破的地方，把所有的丝都用在那上面，一次就要织出一块跟其余部分没多大差别的布来。然而，实际情况并不是这样。我

---

① 见卷六第二十章。——校注

发现了什么呢？几乎什么也没有，只是一块几乎根本看不见的薄纱而已。

显而易见，蜘蛛在破洞上的所作所为，就跟它在别处一样，不多也不少。它没有把丝都花在破洞上，它厉行节约，以便有丝织在整张网上。随着新的一层层纱加固蛛网，缺口便渐渐地堵住了，不过花费的时间很长。两个月后，我开的天窗还能隐隐约约看得出来，在这块布没有光泽的白色上还露着一个黑点。

可见，不管是地毯女工还是纺织姑娘，都不会修补它们的作品。而我们的缝衣女工，即使是最没有本领的，由于有理性这个神圣的微光，所以都能够补好袜子的破后跟；可这些织网的能工巧匠，却没有这样的理性。我只好抛弃掉这种错误而有害的想法：蜘蛛网检查员的职业可能还是有用的。

第八章 圆网蛛的黏胶捕虫网

圆网蛛的螺旋丝网非常巧妙，在清凉的早晨，我特别留意观察彩带蛛或者丝蛛的网。

稍微注意就看得出来，组成捕虫网的丝跟构成框架的丝不一样。它们在阳光下闪闪发光，其中的结节像一串小颗粒编成的念珠。用放大镜直接观察不大可能，因为稍有微风，网便颤动不已，于是我把一块玻璃片放在网下，把网抬起来，取下几段要进行研究的丝，水平地固定在玻璃上，然后用放大镜和显微镜来观察。

眼前的情景令我目瞪口呆。这些丝在肉眼可见和不可见的末端，是一圈圈非常密的螺旋丝；丝是空心的，是一根非常细的管子，里面装满了好像溶解的阿拉伯树胶般的黏液，黏液从丝的端头流出来，呈半透明的液体状。放在显微镜载物台上用玻璃片压住，螺旋卷便延伸成从一端到另一端都扭卷着的细带，在中间有一道暗线，这是空腔。

穿过卷曲的管状丝的管壁，丝内所含有的黏液一点点地渗出来，使整个网都有黏性，而且黏度令人惊诧。我用一根细麦秸轻轻地碰了碰一段丝的三四节，虽然接触很轻，麦秸还是立刻就被粘住了。我把麦秸抬高，丝就被拉了过来，长度比原来长一两倍；最后由于绷得太紧，丝脱落下来，但它并没有断，只是缩回原样。丝拉长时，螺旋卷松开，缩短时又重新卷曲起来。最后黏液渗到丝的表面，使丝成为黏合物。

总之，这螺旋丝是物理学中前所未见的一种纤细如发的细管。

它卷成螺旋状以具有弹性，可以经受猎物的挣扎而不会被拉断。丝管里储存着大量的黏质物，以便通过不断的渗出，当丝的表面因暴露在空气中而减弱了黏附力时，能够恢复黏附力。真是太奇妙了！

圆网蛛不是在一般的网上，而是在带黏胶的网上捕猎。那黏胶十分奇妙，什么东西碰上去都跑不掉，甚至连蒲公英的冠毛轻轻擦过都要被粘住。可是圆网蛛整天跟它打交道，却不会被粘住，是为什么呢？

我们首先回忆一下，蜘蛛在捕虫网中央有一个区，黏性螺旋丝不进入这个区域，在离中心一定距离处就突然停止了。中心区在整个大网中的面积有掌心大，由辐射丝和辅助螺旋丝的开端构成，不具有黏性。你用麦秸试着探测一下就会知道，麦秸在中心区内的任何地方都不会被粘住。

圆网蛛只是驻守在这个中心区，这个休息区内，几天几夜地等待猎物的到来。它和网的这部分尽管接触得这么密切，待的时间又这么久，却没有被粘住的危险，因为构成中心区的辐射丝和辅助螺旋丝，没有黏性的涂料和管状扭卷的螺旋卷，只是一种实心的普通直线丝。可是，猎物往往是在网的边缘被粘住的，这时蜘蛛就迅速过去，把它捆绑起来，制止它挣扎。那么，蜘蛛就必须在网上行走，可我没有发现它有丝毫的为难，黏性丝也没有因为蜘蛛步足的移动而被提起来。

我小时候，每个星期四我们都成群结队地到麻田里去抓金翅雀，在给细竹竿涂上黏胶之前，我们都要先在手指上抹几滴油，免得手被粘住了。那么，圆网蛛了解油脂物的秘密吗？

我用纸沾了一点油擦了擦麦秸，再把麦秸放到螺旋丝上，现在麦秸不会被粘住。原理找到了。我从一只活的圆网蛛身上取下一只

步足，把它放在麦秸上让它跟黏丝相接触，可是它就像在非黏性丝上一样没有被粘住。圆网蛛在任何情况下都不会被粘住，我早就应当料到的。

我现在再做的一个实验，结果却彻底改变了。我先把这只步足放在油脂物的最佳溶解剂硫化钠中浸泡一刻钟，然后用一支浸着液体的画笔，仔细清洗这只步足。洗好后，步足就像别的东西，例如没涂油的麦秸一样，和捕虫网的螺旋丝牢牢地粘在一起了。因此，我认为圆网蛛之所以不会被黏性螺旋丝粘住，肯定是因为身上有一种脂肪物质。这种看法对不对呢？硫化碳的作用似乎可以肯定，何况这样的物质在动物体内十分常见，所以我找不出理由来否定，仅仅是由于分泌物，也会在蜘蛛身上轻轻涂上这样的脂肪物质。我们在手指上擦一点油，以便摆弄用来粘金翅雀的竿子，同样，蜘蛛身上涂着一种特殊的分泌物，是为了在网上任何地方活动而不怕被黏性丝粘住。

但是，在黏性丝上不宜久待。跟这些丝接触久了，就会引起黏附，从而妨碍蜘蛛的行动，而蜘蛛必须完全保持敏捷，以便在猎物还没有挣脱掉之前就向它冲去，所以它长时间等待的中心区是绝没有黏性丝的。

圆网蛛只在这个休息区里，才一动不动地待着，伸开八只步足，时刻准备发现蛛网的晃动。它就餐也是在这里，如果抓到的猎物是肥美的佳肴，往往要吃很长时间。它一般先把猎物捆绑好，咬了咬后，再把俘虏拖到网的中央，以便在没有黏性丝的地方慢慢享用。圆网蛛准备了一个没有黏胶的中心区，作为自己的捕猎哨所和餐厅。

关于这种黏胶，由于数量少，不大可能研究它的化学特性。我从显微镜下看到，从断丝中流出一股略带粒状的透明液。下面的实验将进一步告诉我关于这种液体的情况。

用一块玻璃片穿过蛛网，我采集到了一些固着成平行线的黏胶丝，然后把玻璃片放在一层水上面，用一个罩子罩起来。在充满湿气的环境中，不一会儿蛛丝伸展开来，在一种可溶于水的套管中逐渐膨胀，变成了流体。这时丝管的螺旋形消失了，蛛丝的管道里出现了一种半透明的圆珠，出现了一些极细的小粒。

24小时后，丝里面的胶液没有了，丝变成了几乎看不见的细线。这时，我如果在玻璃片上滴一滴水，便可以得到一种像溶解的阿拉伯树胶似的黏性分解物。显然，圆网蛛的黏胶是一种对湿度非常敏感的物质，在湿度饱和的环境下，它大量吸水，然后通过丝管渗出来。

这些资料足以说明蛛网的编织情况。成年的彩带蛛和丝蛛，在大清早天还没亮之前便忙着结网。如果天气变得多雾，它们便会搁下没有完成的工程。雾天并不会妨碍它们构建总的框架，架设辐射丝，甚至绕辅助螺旋丝，这些部件不会因湿度过大而受损坏；可是它们不会在雾天编织黏胶捕虫网，因为捕虫网被雾浸湿便会溶解成黏性的碎片，由于受潮而失去效用。如果天气条件合适，已经开始编织的网将在第二天夜里织好。

虽然捕虫丝对湿度的高度敏感有些不方便，但它的好处却更大。这两种圆网蛛在白天捕食，要在烈日照射下经受酷热，而这时正是蝗虫乐于出没的时候。在炎热的盛夏，除非有专门的预防措施，否则粘虫网将会变干，萎缩成僵硬而没有活力的细丝。然而事实却正相反，即使在最炎热的时刻，粘虫网也始终很灵活，有弹性，而且黏附力还越来越强。

怎么会这样呢？这纯粹是由于它对大气湿度的高度敏感。空气中永远都会有湿气，湿气会慢慢浸入黏性丝里，随着原先的黏度逐步消失，它会按要求稀释丝管里浓稠的胶汁，并让胶汁渗到管外来。在调制粘鸟胶的技术方面，有哪个捕鸟者能够跟圆网蛛比试高低呢？为了捕捉一只尺蠖蛾，需要多么巧妙的技术啊！

不仅如此，它的生产热情还十分高涨！了解一下蛛网圆面的直径和绕的圈数，你就能轻易地计算出黏胶螺旋丝的总长度。我发现，角形蛛每当重新织网时，一次就要生产20米黏性丝。丝蛛更灵巧，生产30来米。我的邻居角形蛛，在两个月中，每晚都要重新织它的捕虫网，它共生产了1000多米充满黏胶、紧紧卷曲呈螺旋状的管状丝。

但愿有一个比我拥有更好的工具、视力比我强的解剖学家，向我们解释这出色的拉丝厂是怎样工作的。丝质的东西怎么会铸造出细微的管子，这管子怎么会充满黏胶并且卷成螺旋形；这同一所拉丝厂怎么又会提供普通的丝，用来加工成框架、辐射丝和螺旋丝，还提供彩带蛛丝袋里那棕红色的烟，以及装饰在丝袋上的横条黑色饰带？蜘蛛的大肚子这个奇怪的工厂，生产出了多少产品啊！我看到了产品，却无法了解机器是怎么运作的。我就把这个问题留给解剖学家和生物学家去研究吧。

第九章 圆网蛛的电报线

在我所观察的六种圆网蛛中，只有彩带蛛和丝蛛，即使在炎热的阳光下，也始终待在它们的网上，其他的一般只在夜间露面。它们在离网不远的灌木丛中有一个简单的隐蔽所，一个由几片挂着蛛网的叶子构成的埋伏地。它们白天通常都一动不动，集中精力驻守在那里。

使圆网蛛感到不便的强烈光线，却给田野带来了欢乐。此时蝗虫比任何时候都跳得更欢，蜻蜓比任何时候都飞得更轻捷。另外，带黏胶的捕虫网虽然夜间被撕破了些，但通常还可以使用。如果有哪个莽撞者被粘住了，藏身在远处的蜘蛛，会知道意外的收获吗？别担心，它会即刻赶来的。它是怎样得到消息的呢？我来解释一下吧。

网的颤动比亲眼看到猎物更会使它警觉起来，我用一个简单的实验来说明。我在彩带蛛的黏胶网上，放上一只刚刚因硫化碳中毒窒息的蝗虫，死蝗虫就摆在守在网中心的蜘蛛附近。如果实验对象是白天躲在树叶中的蜘蛛，死蝗虫就搁在网中心或近或远处，怎么放都可以。

不管怎么放，开始时都毫无动静，即使蝗虫就摆在它前面不远处，蜘蛛也一直不动。它对猎物无动于衷，似乎一无所觉。终于我不耐烦了，便用一根长麦秸稍稍拨动一下死蝗虫。这一下，彩带蛛和丝蛛立刻从中心区跑过来，别的蜘蛛也从树叶中下来，全都奔向蝗虫，用丝把它捆起来，就像对待活猎物那样。可见需要网发生震动，才会使蜘蛛决定进攻。

也许是因为蝗虫灰灰的颜色，看得不清楚，引不起蜘蛛注意的缘故吧，于是，我又用对我们的视网膜以及可能对蜘蛛的视网膜来说最鲜艳的红色做实验。由于蜘蛛吃的野味中没有一种穿红外衣的，我便用红毛线做了一个小包裹，一个像蝗虫大小的诱饵粘在网上。

我的妙计成功了，只要包裹不动，蜘蛛就没什么感觉；可当我用麦秸拨动包裹，它就匆忙跑来。

有一些头脑简单的蜘蛛用脚尖碰碰这玩意，就像对待一般猎物那样，用丝把这个没有发出其他信息的包裹捆起来，甚至按照事先让猎物中毒的惯例，咬了咬这个诱饵。只是到了这个时候，它才发现上当了，于是受骗者便走开了。我把占住蛛网的东西扔掉很久后，它们才会回来。

有一些却很狡猾，它们跟别的蜘蛛一样，向红毛线诱饵跑过来，用触肢和步足探了探，立刻发现这玩意没有价值，便不浪费它们的丝去做无用的捆扎。我那颤动的诱饵骗不了它们，经过短暂的检查，便被扔掉了。

可是不管是狡猾的还是幼稚的，所有的蜘蛛毕竟都从远处，从设在枝丫中的埋伏地跑来了。它们是怎样得到消息的呢？肯定不是靠视觉。在发现错误之前，它们必须用脚抓住这东西，甚至还要咬一咬，它们是极端近视的。这个没有生命的东西，不会使网颤动，即使在一巴掌那么近的距离，蜘蛛也看不见；何况在许多情况下，它是在漆黑的夜间捕猎，这时它的眼力再好也没有用。

如果近在咫尺时眼睛都算不上是好向导，那么需要从远处侦查猎物时，该怎么办？它必须有一个远距离传递信息的仪器。我要找到这种仪器毫不困难。

随便找一只白天躲在隐蔽处的圆网蛛，在它编织的网后面注意观察，我会看到有一根丝从网的中心拉出来，以斜线往上拉到网的平面之外，直到蜘蛛白天所待的埋伏地。除了中心点外，这根丝同网的其他部分没有任何关系，跟框架的线也没有任何交叉。这条线毫无阻碍地从网中心直通到埋伏地，平均长度为一肘[①]。角形蛛高踞于树上，它的线长度有两三米。

无疑，这根斜丝是一座丝桥，有紧急事务时蜘蛛能够急忙来到网上，巡查结束后又能够返回驻地。这座丝桥其实就是我看到的它来回行走的路。但是仅此而已吗？不，因为如果圆网蛛只是为了在隐蔽所和网之间有一条快速的通道，那么把丝桥搭在网的上部边缘就行了，这样路程会更短，而且斜坡也不那么陡。

另外，为什么这根线总是以黏性网的中心为起点，而绝不在别处呢？因为这个中心点是辐射丝的汇聚处，是一切震动的中心点。一切在网上动荡的东西都把颤动传到这里来，所以只要一根从这个中心点拉出来的线，就可以把猎物在网上任何地点挣扎的信息输送到远处。这根超出网平面的丝不只是一座桥，它首先是个信号线，是根电报线。

我们看看实验的情况吧。我放了一只蝗虫在网上，被粘住的昆虫拼命地挣扎；蜘蛛随即热情地跑出住所，从丝桥上下来，奔向蝗虫，按惯例把它捆绑起来，对它施行手术。稍后它用一根丝把蝗虫固定在纺丝器上，把它拖到自己的隐蔽处，慢慢地饱餐一顿。直到这时，都没有任何新情况，事情的经过一如既往。

我让蜘蛛自己忙去，过几天我再来插手。我打算给它的还是一只蝗虫，但这次我没有碰任何东西，只是用剪刀轻轻地把信号线剪

---

① 肘，法国古长度单位，从肘部到中指端，约半米长。——译注

断了。猎物放到了网上，我成功了！蝗虫拼命挣扎，晃动了网，可蜘蛛却一动不动，似乎完全无动于衷似的。

可能有人会认为，圆网蛛一动不动地待在住所里，是因为丝桥断了，没办法跑过来。快醒悟过来吧！它有百十条路可以走到它该到的场所，网由许多丝系在枝丫上，走起来都很方便。可是圆网蛛哪条路都不走，它一直集中精神、一动不动地待在家里。

为什么？因为它的电报线坏了，它没有得到颤动的信息。它看不见粘住的猎物，猎物离它太远，它不知道。整整一个小时过去了，蝗虫一直蹬着腿，蜘蛛一直无动于衷，而我一直在旁边观察。圆网蛛终于警觉起来，它脚下的信号线被我剪断了，它感觉到这线不再绷得紧紧的，便过来了解情况。它随便踏着框架上的一根丝，毫不困难地进到网中，于是它发现了蝗虫，立即把它捆起来。然后又去架设信号线，取代我刚才剪断的那根线。通过这条路，蜘蛛拖着猎物回了家。

我的邻居、粗壮的角形蛛，它的电报线有三米长，更好地给我保留了要观察的情况。早上我发现它的网上面什么也没有，差不多完好无损，证明夜间捕猎的情况不好，蜘蛛一定饥肠辘辘了。用一只猎物作为诱饵，我能不能让它从高高的隐蔽所下来呢？

我把一只优质的猎物——一只蜻蜓粘在网上；蜻蜓绝望地挣扎，整个网直晃动。躲在高处的蜘蛛离开藏在柏树叶中的隐蔽所，顺着它的电报线大步流星地来到蜻蜓那里，把蜻蜓捆绑起来，然后立即带着俘虏从原路上去，线端的俘虏在它脚后跟上晃动。它在绿色的休息地安安静静地美餐。

几天之后，我重新进行实验，但事先把电报线剪断了。我选了一只粗壮的蜻蜓，猎物拼命动弹，可一点用也没有；我耐心地等待也一样是徒劳，蜘蛛一整天都没有下来。它的电报线断了，它不知道树下三米处发生的事。粘住的猎物一直在原处，它不是无视猎物的存在，而是不知道有猎物在那里。晚上，当夜深人静时，角形圆网蛛离开它的茅屋，来到已成为废墟的网上，发现了蜻蜓，于是就地把蜻蜓吃掉，然后又把网修葺一新。

我有机会进行观察的另一种圆网蛛，虽然保留着信号线的基本机制，却大大加以简化。它就是漏斗圆网蛛。它生长在春季，特别擅长在迷迭香花朵上捕捉蜜蜂。

它在一根长着叶子的枝丫梢，用丝做了一个海螺壳式的窝，大小和形状就像一个橡栗的壳斗。它就待在那里，大肚子放在圆圆的窝里，前步足支在边缘上，时刻准备跳出去。它很惬意地待在那里，等待猎物到来。

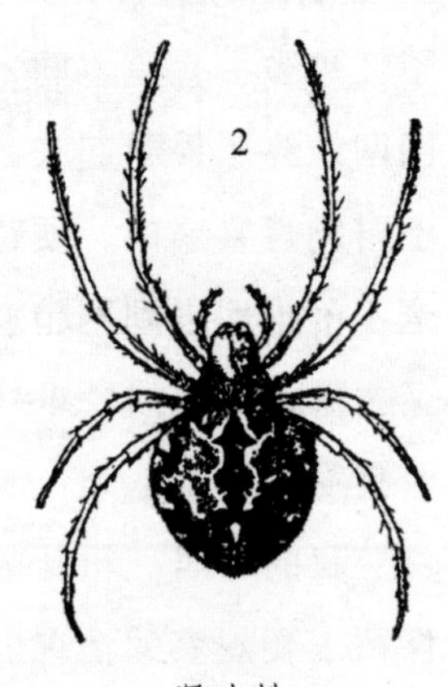

漏斗蛛

它的网也遵循圆网蛛的惯例，是垂直的，十分宽，总是离蜘蛛待着的小窝盆非常近。另外蛛网由一个角形的延伸物与住所相连；在这个角中总有一根辐射丝，漏斗蛛就坐在它的漏斗里，步足始终搭在这根辐射丝上。辐射丝来自网的中心，从网的任何地方传来的颤动都会聚在那里，所以这根辐射丝能够把信息及时地传递给蜘蛛。它既是粘虫网的一部分，又通过颤动将信息传递给蜘蛛，因此漏斗蛛就不需要多一根专门的线。

其他的蜘蛛则相反，它们白天住在一个远离蛛网的隐蔽所，不能没有一根专门的线与蛛网保持联系。实际上，所有的蜘蛛都有这根电报线，不过只是到了喜欢休息和长时间打瞌睡的年龄时才有。

年幼的圆网蛛非常警觉，也不会打电报的技术。再说它们的网存在的时间短暂，到了第二天，几乎什么都没有了，所以没有类似的装置。在一个破烂不堪、几乎什么都逮不到的网里，是没有必要安装报警线的。只有年老的蜘蛛在绿荫下沉思和假寐，才需要一根电报线来了解网上发生的事情。

为了避免持续警戒而过分辛苦，为了安闲自在地休息，甚至为了背对着网也能够了解发生的事件，埋伏者的脚一直踩在电报线上。关于类似的问题，下面观察到的情况将使我们更加明白。

一只肚子非常肥大的角形蛛，在两棵月桂树中间织了一个将近一米宽的网。阳光照在这个陷阱上，蜘蛛早在黎明前就离开了，躲在白天的庄园里。顺着那根电报线，我能轻易地找到它的庄园。那是一个用几股丝连起来的枯叶做成的隐蔽所，这个藏身屋非常深，蜘蛛除了圆圆的屁股外，整个身子都看不见，它的肥屁股把隐蔽所的大门挡得严严实实的。

蜘蛛上半身埋在草屋的深处，肯定看不到它的网。即使它不是近视，视力良好，它也绝对无法看见猎物。在这日照非常强烈的时刻，它是否不捕猎了呢？完全不是的，我们再看看吧。

妙极了！它的一只后步足伸到树叶盖的屋子外面来，而报警线就连着这只脚尖。谁要是没有看到过蜘蛛脚上牵着电报线的姿势，就不会知道它最奇妙的技巧。一只猎物来了，步足接收到震动的信息，打瞌睡的家伙立即惊醒，急忙跑过来。它被我亲自放在网上的一只蝗虫愉快地惊醒了，并急匆匆跑来。它对猎物感到满意，而我因为刚才了解到的情况比它更满意呢。

机会十分之好，我将向柏树的居民了解更多的情况。第二天，我切断了电报线，这条电报线有两只手臂那么长，像昨天一样，蜘蛛从窝里伸出后足搭在它上面。然后我把两只猎物——蜻蜓和蝗虫放在网上。蝗虫的带刺长腿猛踢蹬，蜻蜓的翅膀直打战，几片离网很近的树叶，由于跟蛛网框架的丝线连在一起，都被震动得摇晃起来。

震动虽然发生在离蜘蛛非常近的地方，却丝毫没有引起蜘蛛的注意，它根本没有因此而转过身来，打听一下发生了什么事情。一旦它的报警线不再起作用，它就什么事情都不知道了。它一整天一动不动。晚上将近8点，它出来重新织网时，才终于发现了它至今都不知道的意外收获。

我再补充几句。门铃绳拉一拉就会把晃动传送过去，而蛛网多次被风吹得直摇晃，网架的许多部分被空气涡流震得拉过来，扯过去，它们一定会把晃动传送给报警线的。可是蜘蛛没有从它的茅草房里出来，对于蛛网的震荡，它根本不当一回事。可见它的仪器比门铃绳更好；它是一部电话机，跟我们的电话机一样，能够把声音的颤动传输过来。蜘蛛用一只足抓住它的电话线，用足聆听；它感觉得出最秘密的颤动，它分辨得出哪种颤动是来自俘虏的，而哪种颤动只是由于风吹的缘故。

第十章 蛛网的几何学

我现在着手写的这一章很有意思，可写起来却困难重重；并不是因为题材难懂，而是因为它要求读者具备一些几何学知识。几何知识是非常有用的食粮，却完全被人们忽视了。我不是写给几何学家看的，一般说来他们不太关心生命本能的事；我也不是写给昆虫学家看的，他们对于数学定理漠不关心；我是为一切对昆虫有兴趣的聪明人而写。

怎么办？把这一章取消掉，那会忽略蜘蛛技巧中最引人注目的特点；如果用学术公式给予应有的说明，那么这寥寥几页纸根本不够。因此我采取折中的办法，既不令人望而生畏地描述事实，也不完全只字不提。

我们注意看看圆网蛛的网吧，首先可以看到等距离的辐射丝，以及从一根丝到另一根丝所产生的角，尽管数目众多，在丝蛛的网中超过了40个，但所有角的角度明显相等。我还看到蜘蛛以多么奇特的方式达到了目的：把要织网的空地划分成许多开度相同的扇形面，扇形面的数目每一个蜘蛛几乎都一样。一种可以说是没有秩序、狂热而随意的操作，却产生了类似用圆规量出来的圆网。

我们也看到，在每个扇形面内构成螺旋圈的横线彼此是平行的，而且越靠近中心，间距越缩小。这些横线和连接横线的辐射丝所构成的角，一边是钝角，一边是锐角，由于横线平行的缘故，这些角的角度在同一扇形面内是恒定的。

根据这个特点，可以看出这是对数螺线。几何学家把从称为

“极点”的中心辐射出来的一切直线，或扇形面辐射线，以常数的辐射角值斜切，所得出来的曲线称为“对数螺线”。所以圆网蛛所走的路程，是一条内切于对数螺线的多边形线。如果辐射丝的数目无限，就会与对数螺线混淆在一起，便可能使直线部分变得非常短，并把多边形线变成曲线。

虽然我很想揭示为什么对数螺线会引起科学家的诸多思考，可我现在只局限于做一些陈述，读者可以在高等几何的论文中找到对这个问题的说明。

对数螺线绕着它的极点画出数目无限的圈，它越来越接近极点却总到达不了，它每绕完一圈就更接近中心，却永远无法到达。当然，这种特性超出了我们感官所能感觉出来的范围。即使借助于最精密的仪器，视力也无法持续注视那些没完没了的圈圈，结果很快就会放弃继续去注意这种看不见的分割。这是一种想象不出会有极限的绕圈，只有经过精心培育的、比我们的视网膜更加敏锐的理智，才会十分清晰地看出肉眼无法看到的东西。

圆网蛛尽量遵循无限绕圈的规律，螺旋圈越靠近极点彼此越加紧密。到了一定的距离，螺旋圈突然停止了；但这时接着这根丝的，是还存在于中心区的辅助螺旋丝，而且人们还会惊奇地看到，辅助螺旋丝向着极点绕的圈越来越密，几乎觉察不出来，当然不是高度的精确，只是近似精确而已。圆网蛛尽其工具之所能，越来越接近绕向它的极点，它是精通螺线规则的行家。

我继续叙述这种奇怪的曲线的某些特性，不过不做解释。我们设想一根可以弯曲的线绕在对数螺线上，如果把它拉开来，一直拉紧，那么它自由的一端就会卷成跟原先完全一样的螺旋状，只是曲线改变了方向。

杰出的几何学定理的发现者雅各布·伯努利[①]，他的坟墓上便刻有对数螺线和由此线所产生的延长线，作为他的荣誉头衔，并有一段铭文："我原样复活我自己。"对于这个出色地飞向来生的大问题，几何学很难找到更好的表达。

我还知道另一个同样著名的有关几何学的墓志铭。西塞罗[②]在西西里担任财政大臣时，在湮没一切的荆棘和乱草堆中，寻找阿基米德的坟墓。他通过废墟中一个刻在石头上的几何图形，找到了学者的墓。这图形是画成球形的圆柱体。因为阿基米德是第一个了解圆周与直径的近似比率的人，他由此求出了圆周和圆面积以及球面积和球体积。他揭示出球的面积和体积，是圆柱体的面积和体积的三分之二。这位叙拉古[③]学者讨厌浮夸的铭文，以自己的定理作为墓志铭而自豪。几何图形跟字母一样清楚地标示出了人物的姓名。

对数螺线还有一个特性，它让曲线在一条不确定的直线上绕圈，它的极点不断移动位置，但一直保持在同一条直线上。无休止绕圈的结果却是一条直线，持续变化产生出来的却是一无所变。

然而，这种特性如此奇怪的对数螺线，是否仅仅是几何学家随心所欲地把数字和面积结合而形成的想法，从而想象出一个神秘的深渊，然后把他们的测试方法运用其上呢？这是否是在遇到重重困难的夜间，所产生的一个纯粹的梦想，一个让我们的智力有用武之地的荒谬之谜呢？

---

① 雅各布·伯努利（1667—1748）：瑞士数学家，对微积分的创建做出了贡献。他解决了等周边问题，还发现了对数螺线的性质。——译注

② 西塞罗（前106—前43）：罗马政治家、律师、作家。——校注

③ 叙拉古：位于西西里岛，阿基米德的出生地。——校注

不，这是一个为生命服务的真理，是动物建筑师经常使用的一种草图。尤其是软体动物，总是按照这条很有学术价值的曲线在贝壳上绕螺旋斜线。这种动物了解这条曲线并身体力行，从宇宙玄黄直至今天，它们的曲线都画得那么好。

对于这个问题，我们不妨研究一下菊石，它是真正的圣骨。它们记载着昔日大水消退后，海洋里的烂泥刚刚形成陆地时，生命的最高表现方式是什么样子。把这化石顺着生长的方向切开磨光，可以看到漂亮的对数螺线，按住宅的一般标准画出来，住宅是一座珍珠宫殿，一根水管穿过，从而隔出无数的房间来。

今天，花纹贝壳的头足纲软体动物的最后代表——印度的海鹦鹉螺，仍然信守古代的遗训，因为它没有找到比远古祖先更好的办法。它移动了水管的位置，置于中心而不是放在背上，但它仍然像

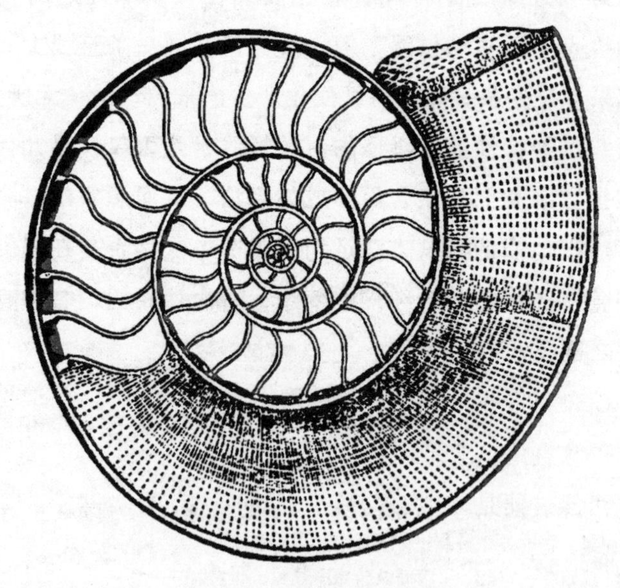

中生代化石菊石上的对数螺线

混沌初开时的菊石那样，根据对数的规则绕它的螺线。

可是别以为这种具有深奥学术性的曲线，只有软体动物的这些王子才会画。在长着青草的沟渠里，那些扁平的贝壳动物，不比扁豆大的小不点扁卷螺，在精通高等几何学方面，可以跟菊石和鹦鹉螺相媲美。例如，涡虫扁卷螺的对数螺线就非常精美。

长形贝壳动物虽然也受同样的基本法则支配，结构却更复杂。我手边有几种来自新喀里多尼亚[1]的锥尾螺，锥非常尖，约一拃长，表面光滑，完全裸露，没有任何褶襞、结节、珍珠带这些通常的装饰品。建筑物精美绝伦，简朴就是它的装饰品。我在那上面看到有20多个圈，一圈比一圈细，最后消失于纤细的顶端，一条细线把它们截止住了。

在这个锥体上我用铅笔随意画出一条母线，我的视力并没有受过几何测量的训练，但根据我所看到的，我发现螺旋线以一种恒定值的角度切断这条母线。

从这个实验结果，我可以得出结论：锥体的母线投射到与贝壳轴线相垂直的平面上，变成了半径，而从底部转圈上升至顶部的细线，彼此辐合成为一条平的曲线，这条以恒定不变的角度与半径相交的平曲线不是别的，只能是对数螺线。反过来，我们可以把贝壳的条纹，视为这种螺线在一个锥形表面上的投影。

更妙的是，我们可以设想一个与贝壳的轴线相垂直，并从顶端通过的平面，再设想一条绕在螺旋线上的线。我们把这条线退出来但一直拉得直直的，它的末端不会脱离平面，而是在平面上画出一条对数螺线，这便是比伯努利的“我原样复活我自己”更为复杂的

① 新喀里多尼亚：太平洋西南部岛屿。——译注

变体：锥形对数曲线变成了平面对数曲线。

在别的长圆锥形贝壳动物，如锥螺、长辛螺、蟹瘦螺以及在扁圆锥形贝壳动物马蹄螺、蝾螺身上，也存在类似的几何学。卷成涡形的小球般的软体动物也不例外。所有这些，乃至于普普通通的蜗牛，都是按对数规则建造螺壳的几何学家；这条著名的螺线就是软体动物绕它们的石匣子的总平面图。

这些黏糊糊的动物怎么会掌握这样的科学呢？有人对我们说：软体动物是从幼虫衍生来的。有一天，阳光照得幼虫心花怒放，便解放出来，摇晃着尾巴，欢快地把尾巴拧成螺旋形，便突然找到了未来螺旋形贝壳的平面图。

这便是今天人们非常严肃地传授的东西，仿佛这就是科学取得胜利的证明。可是我还必须了解一下，这种解释在何种程度上可以被接受。蜘蛛是绝对不会接受这种说法的。蜘蛛不是幼虫的亲戚，没有可以卷成螺旋状的附器，可是它却会织出对数螺线。它用这著名的曲线只造出某种框架，框架尽管十分简陋，却清楚地证明它的建筑物是多么理想。蜘蛛工作所依据的原理，跟带卷曲外壳的软体动物所依据的原理是一样的。

软体动物为了建造它的螺塔，要花上整整几年，它绕的螺线精美绝伦。而圆网蛛织网至多只有一个小时，造网快，所以作品就必然粗糙一些。软体动物画的螺线十分完美，圆网蛛仅仅画曲线的草图，从而缩短了时间。

可见圆网蛛精通菊石的几何术，它画出蜗牛特有的对数线。是什么东西指引它这么做的呢？人们无法像谈到企望变成软体动物的幼虫时那样，说蜘蛛有什么东西也会产生蜷曲动作。蜘蛛自己身上必然有潜在的螺线草图。我们往往设想偶然的机会有许多，但偶然的机会绝对不可能教会它高级的几何学；即使是人类的智慧，如果事先没有经过充分的教育，很快也会在高等几何学中变得晕头转向。

能不能认为圆网蛛的这种技艺，单纯是身体结构的作用呢？我们很自然地想到了步足可以随便伸缩，发挥圆规的作用。步足弯得多些少些，伸得长些短些，便可以机械地决定螺线横穿辐射丝的角度，它们能在每个扇形面保持横线的平行。

对此我可以提出不同意见，证明工具并不是作品的唯一调节器。如果步足的长度决定了丝的布置，那么如果纺织姑娘的脚长一点，螺旋彼此的间隔就要更宽一点。事实上，彩带蛛和丝蛛向我们显示的正是如此，前者步足长，蛛网上的横线就比步足短些的丝蛛的横线间隔大。

但是，别的圆网蛛告诉我们，不能过分相信这条法则。角形蛛、苍白圆网蛛和冠冕蛛，比起细长的彩带蛛来是矮胖子，然而它们那带黏胶的螺旋线的距离却与彩带蛛不相上下，而且后两种的旋转螺旋丝的距离甚至更大。

我还能证明，身体结构并不能保证作品一成不变。在编织黏胶螺旋丝之前，圆网蛛先编织第一道纯属辅助性的螺旋丝作为支撑点。这螺旋丝是不带黏胶的普通丝，从中心出发到达边缘，圈的宽度迅速增大。这是一种暂时的建筑物，当蜘蛛铺设黏胶螺旋丝时，它只剩下中央部分。第二个螺旋丝是捕虫网的基本部分，它以紧密的圈从边缘向中心推进，这种螺旋丝只用黏性的横线编织。

这样，由于机制的突然改变，便有了方向、圈数和相交角完全不同的两种螺旋线，两者都是对数螺线。不管步足长还是短，我都看不出有任何机制能够说明这种变化。

那么，这是不是圆网蛛预先考虑好的办法呢？它是不是做了计算，用眼睛或者别的什么对角度进行了测量，对平行性进行了检查呢？我倾向于认为根本不是这样，一切都是与生俱来的，圆网蛛并没有刻意去想办法，就像花朵并没有设法把叶子、枝丫布置好一样。圆网蛛做出了高度精确的几何学计算，但这一切，它并不知道，也没有去留意，它是靠本能的推动做出来的。

石子扔出去后掉到地上，便画了一道曲线；枯叶被风刮得掉下来，也是顺着类似的曲线落到地上。不管是石子还是枯叶，都不是有意使自己掉下来，可是它们却顺着抛物线这个巧妙的轨迹落下来；抛物线的圆锥面和一个平面相交的切线，给几何学家提供了思考的范例。一个原先只是通过思辨而得出的图形，由于石子落到垂直线之外而成为现实。

对抛物线再做同样的思考，设想它在一个无限的直线上滚动，那么这条圆锥曲线的焦点是顺着什么路径移动的吗？理论回答说：抛物线的焦点画出一条悬链线，这条线形状非常简单，但其代数符号却需要采用一种神秘的数来表示，这个数无法进行任何列举，而这条线不管划分得多细都无法表示出单位来。我们把这个数称为e数，其数值是如下无限长的级数：

$$e = 1 + \frac{1}{1} + \frac{1}{1\times2} + \frac{1}{1\times2\times3} + \frac{1}{1\times2\times3\times4} + \frac{1}{1\times2\times3\times4\times5} + \text{ect.}$$

这个级数是无限的，因为自然数的级数是无限的，如果读者有耐心对这个级数的前几项进行计算，他将会得出：

e=2.7182818……

根据这个奇怪的数字，你现在还会认为这纯粹是出于想象吗？根本不会，每当地心引力和扰性同时发生作用时，悬链线就在现实中出现。当一条悬链弯曲成两点不在同一垂直线上的曲线时，人们

便把这曲线称为“悬链线”。这就是抓住一条软绳子两端而垂下来的形状，就是一张被风吹鼓起来的船帆外形的线条，就是母山羊下垂的乳房装满后鼓起来的弧线。而这一切都需要e数。

一小段线头里有多么深奥的科学啊！我们不要对此感到惊奇。一个挂在线端的小铅丸，一滴沿着麦秸淌的露水，一洼被微风轻拂吹皱的水面，总之，随便什么东西，当必须加以计算的时候，都要用上大量的数字。我们要有海格立斯的狼牙棒，才能够降伏一只小飞虫。

诚然，我们的数学研究方法十分巧妙；可是我们不能过分赞赏发明这些方法的强劲大脑，因为大脑在面对极微小的现实情况计算时，是多么缓慢且辛苦啊！难道我们从不想以更简单的方式去得出正确的东西？是否有那么一天，智慧能摆脱掉公式的沉重负担？为什么不可以呢？

现在，这个奇怪的e数又出现了，写在蜘蛛的一根丝线上。我在一个浓雾弥漫的早晨，观察了一张夜间刚刚织好的网。由于雾水的缘故，黏胶丝上面有水滴，水滴的重量使黏胶丝弯曲变成了一根根悬链线，一个个透明的宝石念珠，这些精致的念珠排列得整整齐齐，以秋千的曲线垂下来。太阳穿透晨雾时，整个网便闪闪发光，绚丽多彩，变成了光彩夺目的枝形烛台。e数真是辉煌异常。

几何，亦即面积上的和谐，支配着一切。几何存在于松果鳞片的排列中，也存在于圆网蛛的黏胶网上；蜗牛的螺旋上升斜线里有几何，蜘蛛网的念珠里有几何，行星的轨道里也有几何；几何无处不在，不管在原子世界里还是在无限辽阔的宇宙中，几何都是非常高明的。

这种普遍的几何学就像一个万能的几何学家，他用神奇的圆规把一切都量过了。我对菊石和圆网蛛的对数做了解释，而我更喜欢这样的解释，而非幼虫卷起尾巴的说法。也许这种解释不大符合今天流行的理论，但它具有更高的价值。

第十一章 圆网蛛的交配与捕猎

圆网蛛的婚礼尽管很重要，可关于这种本性粗野、在神秘的夜间爱情很容易变成悲剧的婚礼，我只想简单说一说。我只见到过一次圆网蛛交配，而我能有观察的机会还得感谢我的胖邻居角形蛛，我经常手持提灯去拜访它。我就叙述一下事情的经过吧。

8月的第一个星期，将近晚上9点，天空晴朗，炎热无风。我的胖邻居还没有织网，它一动不动地待在悬挂缆上。在工作应当热火朝天的时候，它却不干活，我感到惊讶不已。会有什么不寻常的事情发生吗？

确实有不寻常的事发生。我看到一只雄蜘蛛从附近的灌木丛中跑来，爬上了缆绳。这个侏儒，这个矮小瘦弱的家伙，向大腹便便的胖女子致意。它待在偏僻的角落里，怎么知道这里有一只已到婚龄的雌蜘蛛呢？在蜘蛛之间，这类事情是在夜晚寂静无声中进行的，没有呼唤，没有信号，不知它们是怎么了解到的。

过去，我见到大孔雀蛾是闻到神秘的气息，从方圆几公里外跑到我的实验室，来拜访罩在玻璃罩下面的女隐士[①]。今晚的侏儒，另一种夜晚的朝圣者，丝毫不差地越过乱七八糟的树叶，径直朝那位走钢丝的女杂技演员走去。因为有可靠的指南针指引方向，每个雄蜘蛛都能够走到雌蜘蛛身边去。

雄蛛走上悬挂缆的斜径，小心翼翼地迈步前进。它走到一定距

① 见卷七第二十三章。——校注

离处就停下来，是犹豫不决吗？它会更走近吗？时机成熟了吗？都不是的，雌蛛举起步足，于是来客害怕起来，走下了悬挂缆。过了一会儿，不安的心情消失了，它又爬上来，走得更近点。可是，它又突然逃走了。它就这么来来去去，每一次都更近些。这种忐忑不安地来回走动，是热恋者的爱情表白。

坚持就是胜利，现在它俩面对面站着了：雌蛛一动不动，神情严肃，而雄蛛则十分激动。它居然敢用脚尖触触那大腹便便的胖姑娘。它做得太过分，这个大胆的家伙。它被吓得一跳，顺着挂在安全带上的垂直线猛地落了下去。这一切发生在顷刻之间。现在它又上来了，它知道女方对它的再三恳求让步了。

雄蛛用脚，尤其是用触肢挑逗大腹便便的女友，而女友的回答则是奇怪地蹦跳开去。雌蛛靠前跗节抓住一根丝，接连向后翻了几个跟斗，就像体操运动员在吊杆上翻跟斗一样。通过这动作，雌蛛把大肚子的下部呈现在侏儒面前，使它能够用触肢尖适时地稍微碰一下。别的再也没有什么，事情结束了。

远征的目的达到了。这个又瘦又小的家伙便匆匆地逃逸，仿佛有复仇女神在追赶它似的。它如果待着不动，可能就会被吃掉。在僵硬的绳上的体操动作没有再重演，我接连窥伺了几个夜晚，都没有再见到这位先生。

它走了，新娘从悬挂缆上下来，织好网，摆出捕猎的姿势。必须吃东西才会有丝，有丝才能捕到猎物，才能织出置卵的卵袋，因此甚至在激动的新婚之后，新娘也没有休息片刻。

在黏胶捕虫网上，圆网蛛如此耐心地等待，真令人钦佩。它头朝上，八条腿张得开开的，占据着网的中心位置，这是辐射丝传来信息的接收点。如果前后发生震动，便是猎物上钩的信号，圆网蛛

甚至用不着看就知道，它立即跑了过去。

之前，网上没有任何动静，蜘蛛仿佛整个身心都沉浸在狩猎之中。可是一旦出现什么可疑动静，它就会让网颤动起来，这是它威慑不速之客的办法。如果我想亲自惊动它，我只要用一根细麦秸逗弄圆网蛛就行了。我们打秋千的时候，需要有人帮忙摇晃。被惊吓的蜘蛛要想去吓别人，它的办法更妙。它不用别人推，而是用自己的编网机使自己摆动起来。没有跳跃，没有明显的用力，蜘蛛身上什么也没动，可是整个网却颤动起来。多奇怪啊，静止却产生了摇动。

一会儿，它又平静下来，恢复原来的姿势；它坚持不懈地思考如何获得活猎物这个严重的问题。我吃吗？我不吃吗？某些得天独厚的动物没有维生之忧，它有丰富的食物，用不着为了果腹而奔波。比方说用作钓饵的蛆吧，它怡然自得地在煮烂的游蛇肉汤中游泳。颇为可笑的是，别的一些，往往是天赋最好的动物，却只能依靠技巧和耐心才能有一顿晚餐。

呵，我的圆网蛛，你就是这种动物；为了晚餐，你每天晚上必须非常耐心地等待，可惜有时却一无所获。我同情你的不幸，因为我跟你一样，为每日的口粮操心，我也编织我的网，编织捕捉思想的网，思想这个东西比尺蠖蛾更难以捕捉，而且还没有尺蠖蛾那么慷慨。我们要相信，生命中最美好的东西不是存在于现在，更不是存在于过去，而是存在于未来，未来充满了希望，我们等待吧。

整个白天，阴霾密布，好像一场暴风雨就要来临。我的邻居对气象变化非常敏感，却无惧暴雨的威胁，仍然从柏树丛中出来，准时地重新结网。它猜测得很准确，夜间会是好天。那高压锅般令人憋得透不过气来的密云裂开了，月亮从云层的破洞里好奇地俯视着大地。我拿着提灯也凝神静观。一阵北风吹散了满天乌云，天空一片晴朗，寂静笼罩着地面。尺蠖蛾开始长途旅行，忙起夜间的事情来。好极了，逮住了一只，而且是最漂亮的，圆网蛛有晚餐吃了。

这一切发生在朦胧的灯光下，我无法准确地观察。最好的观察对象应该是从不离开蛛网、主要在白天捕猎的圆网蛛。彩带蛛和丝蛛是荒石园里迷迭香的房客，它们将在明亮的光线下，向我们展示这场悲剧不为人知的细节。

我亲自把我挑选的一只猎物放在粘虫网上，它的八只脚都被粘住了。如果它抬起或者缩回一个跗节，那恶毒的丝也会跟过来，稍稍拉长螺旋圈，既不会放松，也不会扯断，始终应付着猎物绝望的抖动。就算猎物挣脱了一只脚，也只不过是使其他的脚粘得更紧罢了，而且这只脚很快又会被粘住的。它根本无法逃脱，除非猛地用劲蹬破捕虫网，可是即使是强壮有力的昆虫，也并不总是能够办得到的。

由于震动，圆网蛛得到了消息，便跑来了；它围着猎物转圈，远距离侦查，在发起进攻前了解一下要冒多大危险。圆网蛛是根据被粘住的猎物有多大的劲，来决定将采取什么样的捕捉办法。我姑且先假设这是一只不大的猎物：尺蠖蛾、衣蛾，或者随便什么双翅目昆虫吧。

面对着俘虏，蜘蛛稍稍收缩一下肚子，用纺丝器的尖端碰碰这只昆虫，然后用跗节旋转俘虏。松鼠关在笼中转轮上，敏捷的动作也没有蜘蛛这么优美，这么快速。一根黏胶螺旋丝的横线是这个小机器的轴，轴快速地转动，就像一根烤肉叉似的。看着它旋转，眼睛真过瘾啊！

它为什么要这样转呢？原来是这样的：纺丝器由于短暂的接触

拉出了丝头，现在需要把丝从丝库里拉出来，慢慢地绕在俘虏的身上，给它包上一块裹尸布，不让它有任何力量抵抗。我们拉丝厂里所使用的方法如出一辙：纺纱筒在发动机带动下转动，它一边转动把金属丝从一个狭小的钢板孔里拉出来，一边把一端变得细小的丝卷到纱筒上去。

圆网蛛也是这样工作的。它的前步足是发动机，被俘虏的昆虫就是转筒，丝器的孔就是钢板孔。要精确而且迅速地把俘虏捆绑起来，这是最好的办法，花费的丝不多，效率又高。

下面我们将看到的办法使用得比较少。蜘蛛迅速扑向猎物，猎物不动而蜘蛛自己绕着猎物转，一边转一边拉出丝来，从网的上面和下面穿过去，逐步把丝的锁链放好，把猎物捆绑起来。黏胶丝的弹性很强，圆网蛛可以在网上连续地穿过来穿过去，不会把网弄坏。

现在假设捕到的是只危险的野味，例如一只修女螳螂，它挥动着带弯钩和双面锯的腿；一只黄边胡蜂，它狂怒地伸出凶残的螯针；一只强壮的鞘翅目昆虫，它披着角质的盔甲所向无敌。这些都是圆网蛛很少见过的不同寻常的野味，我特意把它们放在网上。我使用诡计放上去的这些野味会被接受吗？

圆网蛛吃这些东西，不过很谨慎。当它看出接近这种野味有危险时，便不面对面，而是背朝着它，用自己的纺丝器向它瞄准。这时候，它的后步足从纺丝器里发射出来的，不是孤零零的一根丝，而是整个炮台同时开炮，发射出真正的带子，一片轻纱；后足把轻纱撒成扇形，抛到被粘住的猎物身上。圆网蛛注视着猎物的蹦跳，两腿把捆绳撒在猎物的前身、后身、腿上、翅膀上，让它全身都戴着镣铐。丝带像雪崩似的撒下来，再凶猛的昆虫也会被制服的。螳螂试图张开那对有锯齿的臂膀，黄边胡蜂挥舞着匕首，鞘翅目昆虫挺着腰，拱起背，一切都是徒劳。一阵丝雨又撒下来，猎物们什么劲都使不出来了。

从远距离撒下大量的丝带，会很快就用光工厂的库存，而采用滚筒的办法则会节约些；但是要采用节俭的办法，就必须走近猎物，用步足转动滚筒；而这样太危险，蜘蛛不敢这么办，所以它只能在没有危险的地方，不断地撒着丝；看起来它似乎没有丝了，其实它的丝多着呢。

不过蜘蛛好像也很担心这样过分的花费，所以只要情况允许，它很乐意在撒下丝带使猎物不能动弹后，恢复使用滚筒的办法。我曾见到它在身体圆嘟嘟、很适合转动的胖象虫身上，突然改变手段。在撒了几把绳索后，它走近猎物，把肥胖的猎物转动起来，就像转动小小的尺蠖蛾似的。

可是修女螳螂腿长翅膀大，旋转就行不通了。因此，即使纺丝器里的丝会用光，它也要一直撒绳索，直至猎物被彻底制服。捕猎这样的昆虫花费是非常大的，的确，除非我亲自插手把修女螳螂放在网上，我从没有见到过圆网蛛跟这么可怕的猎物搏斗。

现在不管是弱小的还是强有力的猎物，都已经被捆绑好了，接着便是施展置敌于死地的战术。蜘蛛永远都是采取这种战术：轻轻咬咬被捆扎起来的俘虏，并不留下任何明显的伤口；然后走开，让蜇伤发挥作用。这一切都发生在顷刻之间，蜘蛛很快又回来了。

如果是小猎物，例如衣蛾，它就在现场，就在抓到它的地方把它吃掉。如果猎物的块头比较大，要吃好久，甚至好几天，那就需要一个餐厅用餐，不必担心会被网粘住。为了到餐厅去，蜘蛛先把猎物向第一次转动的反方向旋转，以摆脱旁边那些原先给旋转提供转轴的辐射丝。辐射丝是基本部件，必须保持完好无损，只在必要

时才会牺牲几根横线。

离开辐射丝后，扭起来的绳索又恢复原状。浑身被捆绑的猎物摆脱了黏胶网后，蜘蛛便用一根丝把它挂在身后，就这样拖着它穿过捕虫区，来到蛛网中心的休息区，把它挂在那里。这个休息区既是监视站，也是餐厅。如果圆网蛛怕光并拥有电报线，那么它正是通过这条电报线，把猎物拖到夜间隐蔽所的。

蜘蛛正在美餐，我思忖刚才它轻轻地咬蜇被捆绑的猎物，究竟起什么作用。蜘蛛把俘虏咬死，是不是为了避免在用餐时，它不合时宜地乱踢乱蹬，发出讨厌的抗议呢？

我有好几个理由对此表示怀疑。首先，进攻并不引人注目，完全像是普通的接吻。另外，蜘蛛并不挑拣部位，碰到哪里就咬那里。那些高明的杀手都非常精明，它们攻击颈部或者喉咙，伤害脑神经节这个神经中枢。施行麻醉手术的昆虫是优秀的解剖学家，它们毒害运动神经节，知道这种神经节数目有多少，在什么位置。圆网蛛完全没有这种惊人的学问，它把钩子随便插入什么地方，就像蜜蜂把螯针随便蜇在哪里一样。它并不特意挑选某个部位，只要能够咬到，咬哪里都无所谓。

所以，它的毒汁一定毒性剧烈，才会不论注射到哪里，猎物马上就像死尸般失去生机。我不敢相信抗毒性非常强的昆虫会立即死去。

再说，圆网蛛主要靠吸汁液而不是靠吃肉维生，它真的会要一具尸体吗？活的生物由于血管的波动，血液在流动，比起血液已经凝固的死生物，它吮起来不是更方便吗？因此，我认为即将被蜘蛛吸干液汁的猎物很可能并没有死，要证实很容易。

我在好些蜘蛛网上放上了各种蝗虫。蜘蛛跑来了，把猎物裹起来，轻轻地咬了咬后便走到一旁，等待蜇破的伤口里毒汁生效。我把蝗虫取出来，小心地去掉那丝质的裹尸布。蝗虫并没有死，根本没有死，甚至可以说它没有受到任何伤害。我徒劳地用放大镜在被解救者身上寻找，我没有发现任何伤痕。

它是不是丝毫没有受到伤害呢？我真想肯定，因为它在我手指间激烈地踢蹬。可是我把它放到地上，它却走得不灵活，跳不起来。也许这是因为被捆在网上而极度不安，所产生的暂时性生理障碍吧，很快就会消失的。事态的发展会是如此吗？

我将那些蝗虫放在玻璃罩下，一叶生菜可能会减轻它们的痛苦。然而，生理障碍没有消失，一天过去了，到了第二天，还是没有一只蝗虫去碰这些莴苣，它们的食欲完全没有了，动作更不灵活了，仿佛无法抑制的麻木现象使它们动不起来。第二天，它们死了，都死了，彻底地死了。

圆网蛛的轻蜇不会立刻杀死猎物，而是使猎物中毒而全身无力，从而在猎物彻底死亡、血液停止流动之前，自己有充分的时间安全无虞地去吸吮它的血液。

如果猎物体积很大，这顿饭要延续24小时，也用不着担心，因为直到吃完以前，俘虏都存有一线生命，圆网蛛有的是时间把液汁吸得一干二净。这又是一种高超的屠杀手段，与那些麻醉大师和高明杀手所使用的办法很不相同。圆网蛛并不了解俘虏的身体构造，没有任何解剖学技巧，它只随便刺一下，其他的事就由注入的毒汁去处理。

不过也有一些非常罕见的例外，咬蜇很快就会置猎物于死地。我的笔记本里，记载着角形蛛跟我们地区最强壮的大蜻蜓搏斗的情形。我亲自把圆网蛛不常抓到的这种庞然大物粘在网上。

网剧烈地颤动，看来猎物要从绳缆上挣脱掉了。蜘蛛从绿叶

丛中的住所一跃而出，大胆地奔向这个巨人。它向猎物射出一束丝后，没有采取任何预防措施，就用步足勒住它，把它制服，然后把弯钩插入猎物的背上，咬的时间长得令我惊奇。这次不是我常见的那种轻轻的接吻，而是深深地蜇进了肉里。然后，蜘蛛走到一旁去等待毒汁生效。

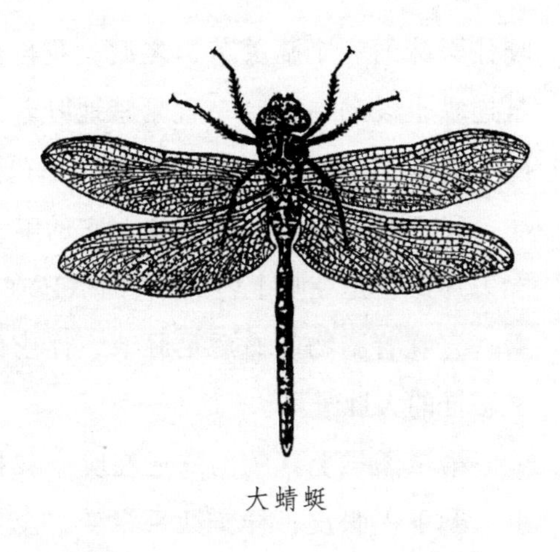
大蜻蜓

我立即把这只蜻蜓取下来，它死了，真的死了。我把它放在桌上，让它休息24小时，它没有再动弹一下。可是，我用放大镜也找不到它伤在哪里，可见蜘蛛的武器尖端极细。虽然如此，它只要多刺一会儿，就足以把庞然大物杀死。比较起来，响尾蛇、角蝰、洞蛇等臭名昭著的杀手，它们在猎物身上远达不到这么惊人的效果。

这些圆网蛛对于昆虫来说是那么可怕，我却毫无畏惧地摆弄它们。我的皮肤不适合它们咬，如果我一定要它们咬我，我会怎么样呢？什么事也没有，荨麻的一根毛对我来说，比置蜻蜓于死地的匕首更加可怕。同样的毒汁在不同的机体上会起不同的作用，它对于这种机体是可怕的，而对于另一种机体却不起什么作用；会使昆虫致命的，对于我们却很可能是无害的。不过我们不要滥用这个原则。狼蛛是另一种捕捉昆虫的狂热分子，我们如果跟它亲近，就要付出昂贵的代价。

看圆网蛛就餐很有意思，我曾见过一次，那是下午3点钟左右。一只彩带蛛刚刚抓了一只蝗虫，高踞在网中央的休息区里。它一口咬住野味的一个腿关节，之后，我再也没有看见它有任何动作，甚至连嘴也没动一下，一直紧紧地叮着第一次蜇咬的地方，双颚没有前伸后缩，没有吃一口就停一下，好像在连续地长吻。

我不时前去看望圆网蛛，它的嘴一直没有改变位置。我最后一次去拜访它是在晚上9点，它的嘴还在老地方。整整六个小时，它的嘴一直吮着猎物的右后足胫节，俘虏的液汁就这样源源不断地流到了恶棍的大肚子里。

第二天早上，圆网蛛还在吮。我把蝗虫从它嘴里拿走。这只蝗虫只剩下一张皮，样子几乎没变，全身却被吸干了，好几个地方还透了窟窿，可见夜里圆网蛛改变了吮法。为了抽出不流动的内脏和肌肉，必须把僵硬的外皮戳破，这里一个洞，那里一个窟窿，然后整个猎物被圆网蛛放在螯肢间撕来撕去，最后成了一小团渣滓，被吃得又饱又胀的蜘蛛扔掉了。如果我不提前把蝗虫拿掉，这个猎物最终的结局就会是这个样子。

不管是把俘虏蜇伤还是杀死，圆网蛛总是随便咬一个地方。对于它来说，由于猎物种类不同，这是卓越的方法。我曾见到不管偶然的机会让它碰到什么，蝴蝶还是蜻蜓，苍蝇还是胡蜂，金龟子还是蝗虫，它都千篇一律地采用这个方法。如果我让它吃螳螂、熊蜂、像普通的鳃金龟大小的绒毛害鳃金龟，以及它的同胞可能从未吃过的猎物，不管是大块头还是小个子，是柔软的还是带硬壳的，是步行虫还是会飞的，它全都接受。它是杂食动物，对一切都来者不拒，如果有机会，甚至连同类都要吃。

如果需要根据猎物的组织结构来动手术，它就必须具备解剖学的百科知识，可是，本能从本质上来说是无法适应普遍情况的；它的科学总是局限于狭窄的领域。节腹泥蜂对象虫和吉丁的结构知道

得一清二楚；飞蝗泥蜂彻底了解距螽、蟋蟀、蝗虫；土蜂对花金龟和蛀犀金龟的蛴螬非常熟悉。其他昆虫麻醉师也是如此，一物降一物，超出这个范围，它们就一无所知。

各种杀手甚至各具专门的爱好。关于这个问题，我们回忆一下食蜜蜂的大头泥蜂[1]，以及满蟹蛛这种吃蜜蜂的漂亮蜘蛛。它们知道致命的一击有的是在颈部，有的是在脑部，而这些是圆网蛛所不了解的；但是也正由于这种才能，它们是专家，它们的领域只限于家蜜蜂。

动物跟我们有些相似，只有独专一行才会精通某种技艺。圆网蛛是杂食动物，不得不博闻广识，所以不采用学术精深的方法，而作为补偿，它蒸馏出一种不管咬到什么部位，都可以麻醉甚至杀死对手的毒汁。

在知道猎物种类极其不同之后，我思忖，圆网蛛怎么能够毫不犹豫地分辨出这么多不同的形状，比如说吧，它怎样区分形状如此不同的蝗虫和蝶蛾？如果说它具有非常广泛的动物学知识，那又完全超出了它那可怜的智慧范围。那家伙会动，所以必须把它逮住。总之，很可能，蜘蛛的智慧就止于此。

---

① 见卷四第十一章。——校注

第十二章 圆网蛛的产业

一只狗找到一根骨头，它躺在阴凉处，两爪抓住骨头，仔细地观察。这是它不可侵犯的财产，是它的产业。圆网蛛编织的网，也是一份产业，而且比狗骨头更有资格称为产业。狗依靠偶然的运气和嗅觉的帮助，只是发现了一个东西而已，既不需要投资也不需要技巧。蜘蛛则远胜于那个意外地发了横财的业主，它是自己财富的创造者。它从自己的肚子里提取物质，靠自己的才干建立产业结构。如果说世上存在神圣的产业，那么就非它莫属了。

思想者的工作更不简单，他编织出一部类似蛛网的书，用思想传授知识，令我们感动。为了保护类似狗骨头的东西，人类特地发明了宪兵。但是，为了保护书，我们只有可笑的办法。如果我们用灰浆把石头一块块垒起来，那么就有法律保护这堵墙。而通过书面文字建造的思想大厦，任何人都可以进行剽窃，轻易地从中吸取精髓，只要可能，甚至占据整个大厦。一个兔窝是一个产业，思想的成果却不是。如果动物会觊觎别人的财产，我们也会觊觎别人的财产。

我们的寓言家说："最强者的理由是最好的理由，性情和顺的却一无是处。"[①]为了符合诗句、节奏、韵律的要求，这位老先生说得夸张了些，他脑子里并不是这么想的；他意思是说，在狗与狗的争吵或其他动物间的纠纷中，最强者总是尽得好处。他完全明白，成功并不能证明优秀。那些成功者，人类的头号公敌，使"力量胜

① 见拉·封丹的《寓言集·狼与小羊》。——译注

于权利”这个野蛮的格言成为法律。

我们在这个社会里是长着变色皮肤的幼虫，微不足道的小毛虫，而这个社会正非常缓慢地走向“权利胜于力量”。这一崇高的转变何时能够完成呢？为了摆脱野兽般的残暴行为，难道还要等待堆积在南半球的海洋倾泻到我们这边，大陆的面貌发生了改变，大小冰期重新开始吗？也许的确如此，因为道德的进步过于缓慢。

不错，我们有自行车，有汽车，有能操纵的汽艇，以及其他让我们摔断骨头的奇妙发明；但这一切都不能使道德提高一个层次。甚至可以说，随着我们进一步征服物质，道德更加退步了。我们最先进的发明无非就是，像用镰刀割麦子似的用机关枪和炸药快速杀人。

想看看最强者的理由的真谛吗？那么就同圆网蛛一道生活几个星期吧。圆网蛛是蛛网这个合法财富的所有者。现在我想提出第一个问题，它能不能通过商标认出自己的织物，跟同胞的织物区别开来呢？

我把相邻两只彩带蛛的网相互对换。它们一来到陌生的网上，都各自跑到中心区去，头朝下坐在那里，不再动了，对邻居的网就同对自己的网一样满意。不管是白天还是晚上，都没有搬家迁回自己家去的事发生，两只蜘蛛都认为是在自己的领地里。这一点我早就料到了，因为这两个作品太相似。

于是我打算让两只不同类的蜘蛛换个网。我把彩带蛛放到丝蛛的网上，把丝蛛放到彩带蛛的网上。现在这两种蜘蛛的网是不相同的，彩带蛛的黏胶螺旋圈比较密，圈数也较多。蜘蛛被置于陌生的环境中接受考验，它们会有什么反应呢？

在蜘蛛的脚下，一只觉得网眼太宽，另一只觉得太窄，对于突如其来的变化，它们大概会感到不安，惊慌失措地逃跑吧。根本没有，它们没有任何惶惑的表现，一直驻守在中心区，等待猎物的来临，好像没有什么异常的事发生。更妙的是，只要这张不寻常的网没有损坏得不能再用，它们都不会去重新编织一张符合自己体系的网。

所以圆网蛛不可能认出自己的网，它们会把别人的，甚至是异族蜘蛛的网当作自己的网，下面我们将会看到混淆所产生的悲剧。

我想每天在手边都有研究对象，不必碰运气乱找，便把在田野里发现的各种圆网蛛捉来，放在荒石园里的灌木丛中。于是，一道既挡风又朝阳的迷迭香树篱，就成了许许多多蜘蛛的家园。

我原先是用纸袋来运输圆网蛛，现在我将这些蜘蛛取出来放在树丛里，让它们随处去安居。一般来说，我把它们摆在哪里，它们几乎整个白天都一直待在那里不动，直到黑夜来临才去寻找合适的地方织网。

不过，有的蜘蛛可没有那么耐心，它们原先可能是在一条小沟的灯芯草之间，或者在红豆杉小矮林里拥有一张网，可现在没有了；那么，它们是去找回原来的财产，还是去抢劫别人的呢？这对于它们来说，完全是一回事。

我看到一只彩带蛛朝一只几天前定居在我家的丝蛛的网走去。丝蛛在网中间它自己的岗位上，表面上镇静自若地等待侵略者。转眼间，一场肉搏开始了，它们在进行殊死的战斗。丝蛛处于劣势，彩带蛛用绳索把它捆起来，拖到没有黏胶的区域，心安理得地把它吃掉了。尸体被吮吸了24个小时，直到榨干最后一滴汁，变成一个小丸子被扔掉。靠残酷手段夺取的网成了侵略者的产业，只要还没破到不能用，彩带蛛就一直凑合着使用。

这样的行径似乎有辩解的理由。这两只蜘蛛不是同类，而在不同类动物之间，为生存进行斗争，残杀是习以为常的。可是，如果

两只蜘蛛是同类，又会怎么样呢？我们很快就会看到。由于无法指望会发生自发的侵略行动，我便亲自把一只彩带蛛放在另一只彩带蛛的网上。侵略者立即展开疯狂的进攻，一时间胜负未分，但终于侵略者占了上风。战败者是姐妹，但仍然被胜利者毫无顾忌地吃掉了，它的网成了胜利者的产业。

最强者的理由充分暴露出了狰狞面目：吞食同类，夺其财产。从前人类就是这么干的，他们拦路抢劫，弱者成了强者的盘中餐。现在民族之间和个人之间仍在互相劫掠，不过不再人吃人罢了；自从人类尝到小羊排的味道更好之后，吃人就被废除了。

但是，我们也不要过分给圆网蛛抹黑。它并不靠残杀同类维生，它并不主动去掠夺别人的财产。只有在特殊的情况下，它才会做出这种卑劣的行径。我把它从它自己的网上拿走，放到别人的网上。从这时起，我的网和你的网之间就没有任何区别，脚碰到的东西就将成为自己真正的产业。侵略者如果是最强的，就会把原来的占有者吃掉，一劳永逸地消除弱者的抗议。

除了由于我的插手所引起的混乱外，这种混乱是我制造事端的必然结果，圆网蛛非常珍惜自己的网，看来也尊重别人的网。它只在自己的网丢了之后，才会去抢同类蜘蛛的网。当然，白天它不会去抢劫的，因为白天不织网，这个工作是留到晚上进行的。可是，当它被剥夺了赖以生存的东西，而且觉得自己最强大的时候，它就进攻邻居，把对方开膛破肚吃下去，并占有其财产。我们就原谅它吧。

现在我去观察与普通蜘蛛的习性不一样的蜘蛛。彩带蛛和丝蛛彼此的形状和颜色大不相同。彩带蛛肚子圆圆的，像橄榄，腰间缠着鲜艳的白色、深黄色和黑色的带子；丝蛛肚子凹陷，围着一块白丝布，边缘上有月牙形的边饰。如果只从外形和衣着来看，我们根本不会把这两种蜘蛛紧密地联系在一起。

但是，天赋的主要特征则凌驾于外形之上，我们进行分类时，即使十分讲究外形的细节，也要充分考虑天赋的主要特征。这两种蜘蛛虽然外形迥异，但生活方式非常相似。它们都喜欢在白天捕猎，从不离开它们的网；它们的网上都有“之”字形的曲线，两张网几乎一模一样，因此彩带蛛在把丝蛛吃掉后，照样使用丝蛛的网。而如果丝蛛强大，它便剥夺彩带蛛的家产，并把彩带蛛吞噬掉。当最强者的权利了结争议后，每个人在别人的网上都那么惬意。

现在我们来看看冠冕蛛，它纤发蓬松，呈棕红色，背上大大的白点摆成三个十字。它主要在夜间捕猎，害怕阳光，白天便躲在附近的小灌木丛里阴暗的隐蔽所中，靠一根电报线跟捕虫网相联系。它的网在结构和外形上，跟前两者的网几乎没有区别。我如果恶作剧地让一只彩带蛛去拜访，会发生什么呢？白天，阳光普照，由于我的插手，三个十字受到了侵犯。网上空荡荡的，业主在树叶丛中的茅屋里。电报线一震动，被侵犯者立即跑来，在它的领地上大步巡视，一看到危险，它便急忙回到自己的隐蔽所，没有对入侵者采取任何行动。

至于彩带蛛似乎并不太高兴，如果它是被放在同族或者丝蛛的网上，那么一旦把对方扼死结束战斗后，它就会占据网的中心区。可这一次，网上空无一蛛，没有任何东西阻止它占据中心区这个主要战略要点，可是它仍然待在我原来摆放它的地方，并没有改变位置。

我用一根长麦秸轻轻地刺激它，如果是在自己的家里遇到这样的烦恼，彩带蛛就会像其他蜘蛛那样，激烈地抖动它的网来恫吓侵略者。可是现在什么都没发生，尽管我一再挑逗，可蜘蛛并不跑开，仿佛被吓呆了。原来是出现了可怕的情况，另一只蜘蛛正在屋顶观赏风景的平台上窥伺着它呢。

它这么害怕也许还有别的原因。当我用麦秸终于使它走了几步时，我看到它抬脚有点困难。它步履蹒跚，拖着脚，甚至把支撑丝弄断了。这不是走钢丝杂技演员轻捷的步伐，而是笨手笨脚者迟疑的脚步。也许这里的黏胶网比它自己的网黏性强。胶的质量不同，而它鞋上的油不符合这张网的黏性要求。

很长的时间，事态没有任何改变，彩带蛛在网的边上一动不动，冠冕蛛则躲在隐蔽所里，两只蜘蛛看来都十分不安。太阳下山了，黑夜之友重新开始工作，它从绿荫丛中的小亭走下来，不理睬外来者，径直顺着电报线走到网的中心区。冠冕蛛的出现使彩带蛛吓得要命，便纵身一跳，消失在浓密的迷迭香丛中。

我用不同的蜘蛛进行了多次实验，得出的结果都一样。彩带蛛对别人的网不放心，即使不是由于网的结构不同，至少也是因为黏性不一样，它原来胆子很大，如今却胆小得不敢向冠冕蛛进攻。冠冕蛛则静静地待在树丛中白天的庄园里，或者匆匆瞥外来者一眼，就向自己的庄园奔去，在那里等待夜晚降临。在黑暗的掩护下，它产生了勇气和积极性，于是重新出现在舞台上，而它只要一出现，必要时只要推搡几下，就能把入侵者赶跑，胜利属于权利受侵犯的人。

从道德伦理上来说，这种情况可以令人满意了，可我们不要因此而称赞蜘蛛。如果说外来者尊重被侵犯者，它这么做是有重要理由的。首先，它必须跟一个躲在碉堡里的对手作战，而它却不知道碉堡里有什么埋伏。其次，被占领的网使用起来不方便，因为黏胶跟它非常熟悉的胶网黏性不同。为了一个不一定有价值的东西而冒生命危险，这是笨上加笨。蜘蛛很清楚，它才不干呢。

但是一只被剥夺了网的彩带蛛，如果遇到的是另一只彩带蛛或者丝蛛的网，由于它们编织黏胶螺旋网的方式都一样，那么它就没什么犹豫的，它会凶残地咬破业主的肚子，把这产业据为己有。

野蛮人说，力量压倒了权利，或者不如说，在野蛮人中没有什么权利可言。动物世界都是为了吃食而乱哄哄地你抢我夺，除了力不从心之外，没有任何约束。只有人类可以从本能的底层露出头来，规定出权利，并随着意识的觉醒，缓慢地创造出权利来。这神圣的烛光虽然还摇曳不定，但年复一年在增长，它将成为光辉灿烂的火把，在人类社会里结束动物的原则，并总有一天会彻底地改变社会的面貌。

第十三章 数学忆事：牛顿二项式

圆网蛛织网的问题的确很有趣。若不是怕人厌倦，我真愿意把值得写的事都写下来。也许我的简略描述已经有些超量，因此我必须给读者一些补偿。我是否可以说说我是怎样汲取丰富的代数知识，以看清对数网，并成为蜘蛛网丈量者的？你想听吗？这可以让你搁下昆虫的故事，稍稍休息一下。

我隐约看见读者表示了同意。以前我的乡村学校带着几分宽容，接待了一些雏鸡和小猪的来访，为什么我那孤独而艰苦的学校就没有这样的趣味呢？我就说说我的学校，也许能使其他求知欲强烈如我一样贫困的人，鼓起勇气来。谁知道呢？

我没有条件在老师的指导下学习。也许我不该抱怨，自学有自学的好处，它不会把人框定在一个固定的模子里，而是由你充分地发挥创造性。野果如果能成熟，味道自然和温室中结出的果子不同，它会在懂得品尝者的唇上留下苦中带甜的味道，有苦味的对比，甜味显得愈加浓烈。

如果可以，我真愿意重新开始面对总是不太理解的书本顾问；我宁愿再独自熬夜，对抗顽强的黑暗，直至一抹曙光绽放在黑夜的上空；我愿重新踏上从前走过的艰辛历程。通过学习，把我获得的点滴知识传授给别人，是我唯一的愿望，它始终激励着我，永不放弃。

我从师范毕业时，数学知识最为贫乏。开一个平方根，证明球体的面积，对我来说是科学的顶点。偶尔打开一张对数表时，那可怕的、有一大堆数字的对数，让我感到头晕目眩。我只不过才抵达算数的洞穴边缘，就被某种掺杂着敬畏的恐惧感慑住了。关于代数，我一点概念都没有。我知道这个名词，在我知识贫乏的脑子里，这个词是个深奥莫测的疑团。

再说，我根本无心去探究这个难懂的词，它像一道还未经品尝就被人断定为难以消化的菜肴。与其去琢磨它，还不如去读维吉尔美丽的诗，尽管我才刚开始读到那首诗！我怎么也想不到，我竟会长期醉心于令我畏惧的代数研究。一个偶然的机会，我第一次上了代数课，是授课而不是听课。

有一位年龄与我相仿的年轻人来找我，请我教他代数。他打算学桥梁工程，正在准备一场考试。他来找我，把我这个老实人当成了学识渊博者。啊！天真的求救者，我和他的估计可差远了！

他的要求使我大为震惊，经过思考我很快镇静下来。“教代数，”我心想，“真是太荒谬了，我可是一无所知啊！”我考虑了好一会儿，拿不定主意。是该答应他还是拒绝他呢？我在心里不断地自问。

干脆答应吧！教游泳的英勇方法就是勇敢地跳进海里，我就带头跳进代数的深渊吧，也许在濒临淹死的危险时刻，会产生一股力量助我摆脱危险。虽然我对别人所求之事一窍不通，但是无关紧要。我就这样勇往直前，一头扎进黑暗中，我将边学边教。啊！这大胆的想法一下子将我投入了一个我不曾想要闯入的领域；20岁的自信，真是无与伦比的力量啊！

我回答道：“就这么说定了，你后天5点来，我们就开始。”

这24小时的期限隐藏着一个计划，我有一天的缓冲时间。星期四到了，天气又阴又冷，像这种坏天气，将烤火炉的炉膛上搁满焦炭是件乐事。我一边烤火一边思考。

得了，小伙子，你正冒着很大的风险啊！你明天该怎么办呢？如果有本书，必要的话啃它一夜，你还可以勉勉强强备一课，好歹先把那让人发愁的时间填满，然后再看着办，一天一天地应付。

可是这本书你没有，跑书店也无济于事，代数论著可不是日用品，让人家进货至少要半个月。可我明天要上课，我已经答应人家了呀。再说，我收入微薄，只剩滚进抽屉角落里的那点钱了，我数了一下有12个苏，这点钱不够买一本书。

我该反悔吗？哦，不！我想到了一个办法，这办法的确不太正派，而且近乎偷窃。庄严神圣的代数，请原谅我的小过错吧，我现在就向你坦白。

我工作的中学里，生活有点像修道院。由于收入微薄，大多数教职员都住学校的宿舍，在校长的餐桌上吃饭。自然科学课的那个老师，作为领导层的大人物，住在城里。他的宿舍也和我们一样有两个小间，外加一个露天平台。做化学实验时，令人窒息的气体从平台上散布到室外，他觉得大半年时间在他的屋里上课更方便。冬天学生在壁炉的炉膛前上课，那里有黑板、储气罐，壁炉上有玻璃圆底烧瓶，墙上挂着弯管；此外还有一些柜子，我隐约看见里面有一排书，那是老师上课时查阅的权威论断。

我心想，在那些书里应该会有一本代数书。向书的主人借不大可能成功，那个同事会以居高临下的姿态接待我，会把我雄心勃勃的计划当成笑话。我将遭到拒绝，我敢肯定。未来会向我证明我的猜疑是有道理的，到处都有思想狭隘、小心眼、爱妒忌的人。

这本书，如果我去借他会拒绝，那就把它拿来好了。今天是假日，那个老师是不会来的，我的房门钥匙几乎和他的一样。

我走过去，侧耳倾听，警惕地环顾四周。我把钥匙轻轻地插进锁孔，犹豫了一下，又继续更用力按下去，行了，门开了。我仔细搜查柜子，里面的确有一本代数书，厚达三指宽。

我两腿直发抖。啊！可怜的撬锁者，如果你这样被人赃并获，可怎么得了啊！然而，一切顺利，我赶紧重新关上门，带着窃来的书回家去。

现在，这本神秘的书归我俩了，书名是用阿拉伯文写的，有点秘籍的味道，与天文观测集和炼丹术如同亲兄弟。你将向我展示什么呢？我先随便翻翻，将目光停留在某一景点之前，应该先了解一下全景。书一页一页翻过去，我对它一点也不感兴趣。翻到其中一章，我停了下来，它的标题是：牛顿二项式。

这个标题吸引了我。这二项式会是什么呢？尤其是有世界影响的伟大英国科学家牛顿的二项式，会是什么呢？天体力学和它有什么关系呢？我读下去，想弄个明白。我胳膊肘撑在桌上，拇指托着耳根，全神贯注地阅读。

让我吃惊的是，我竟然看懂了。那里面有一些以各种方式组合在一起的字母和普通的符号组合，轮流变换着位置，就像文章里有排列、组合和置换。我拿着笔排列、组合和置换。我相信做这种练习是很好的消遣，这是一种用笔算结果来证明逻辑预测，并有助于完善思维的游戏。

我心想："如果代数不比写作难，真是上帝的恩赐啊！"至于牛顿二项式，我必须摒弃幻想，它像可口的奶油蛋糕之后，即将端上桌的难以消化的烘饼。我完全想象不出未来的困难会是什么滋味，当我继续往前走，坚持不懈地与之搏斗时，会陷入怎样的险境。

在炉火前，在排列组合中度过的下午，多么美妙啊！夜幕降临了，我心里基本有底了。7点，校长餐桌的开饭铃声响起时，我下了

楼，像一个刚被接纳入教的教徒，心中充满了喜悦；交织成科学诗篇的A、B、C簇拥着我。

第二天我的学生来了，黑板和粉笔都准备好了，但老师却准备得不够充分。我勇敢地开始讲二项式。我的听众对字母组合挺感兴趣，却一点也没觉察出，我这骇人听闻的变革家，本末倒置地把课程的终点当作起点来讲。我举一些小问题使讲解更富于情趣，需要思考的时候就停下来，积蓄力量以发起新的冲击。

我们一起研究，为了让他有所发现，我谨慎地将自己的思路告诉他。题目解出来了，这是学生的胜利，也是我的胜利。但我无法明言，在我的内心深处，有个声音告诉我："既然你能让别人理解，就说明你懂了。"不论他还是我都觉得时间过得很快，过得非常愉快。年轻人满意地离开了，我也一样满意。我隐约发现了一种特别的学习方法。二项式巧妙而简单的排列，足以让我自行决定是否真的从头开始攻读代数书。我用两三天的时间临阵磨枪。加减法不用说，一看就觉得简单；乘法可就难多了。有个公式证明负负得正，这个悖论可让我尝到了苦头！

看来是书上对此解释不清，或者更确切地说，是书上的方法太抽象。我读了一遍又一遍，苦思冥想，不明白的还是不明白。这就是书本通常有的缺点，它只能告诉我们印在纸上的内容，什么也不会多说。假如你不懂，它也不会给你任何建议，不会尝试走另一条将你引向光明的路。有时哪怕只是多说一句话，就足以将你重新领上正确的道路，可它却不说，而一味坚持自己的写作方式。

听讲课可就强多了！讲话时可进可退，可重复，围绕着难点用各种方法加以解释，直至使不明了的问题变得明了。而我却偏偏缺少权威人士的教导，缺少这种无与伦比的灯塔指引，在凶险的符号规则的沼泽里，我正在被淹没，却没有希望得到救助。

我的学生想必感觉到了。我凭着自己隐约想到的一点线索，试着做了一番解释。“你听明白了吗？”我问道。这等于白问，却有益于节省时间。连我自己都不懂，我相信他也不懂。他答道：“不懂。”也许这老实人在谴责自己的脑筋，对这些卓越的真理顽固不化。

“我们试试别的方法吧。”我重新用各种方法证明，学生的眼神是我的晴雨表，告诉我一次次冲锋的进展情况。终于他露出一丝满意的眼神，我成功了。我刚才击中了要害，找到了进攻点。负负得正把它的秘密告诉了我们。

我们就这样继续学习，他是被动的接受者，毫不费力地获得思想；我却是艰苦的开路先锋，为了获取真理的声音，击打着书本的岩石，熬了许多夜。我还承担着另一个角色，也并不轻松：我必须对深奥难懂的东西进行粗加工，剥去粗糙的外表以便于理解，使它看上去不那么可怕。有空时我便花上一些时间，我乐于在岩石堆上进行提炼工作。我从中获益匪浅。

学习取得了成果，我的学生通过了考试，他被录取了。至于那本偷偷借来的书，早已放回了原位，现在归我所有的是另一本书。

在师范学校时，我在老师的指导下，学过一点几何学基础知识。从一开始我就比较喜欢这种教学方法，我由此想象出一种透过纷繁的思绪指导推理的方法。我隐约看见了可避免失足的寻求真理的方法，因为向前走的每一步都有已经迈出的坚实步伐做后盾；我猜测，几何学的极致完美，就在于它是一种智力训练。

应用已经证明的定理，并不重要，我感兴趣的是证明的过程。人们从非常明朗的一点出发，渐渐地进入阴晦，然后阴晦又变得明朗，提供新的线索，将人们引向新的高度。这是从已知到未知的逐

步演进，我希望在前面的灯光照耀下，继续探索照亮后继道路的那盏灯。

几何学应该教我思维的逻辑步骤，它应该告诉我如何将难题分解成若干部分，一个一个加以解决，结合各部分的力量，就能推动那块无法直接攻克的巨石；它还应该教我如何形成条理，这种理清头绪的基础。

如果说我从没写过让读者费解的文章，那应该归功于几何学这位教人思维艺术的杰出导师。当然，它并不提供思想这朵精美的花，人们不知它怎样开放，也并不能在任何土壤里栽培；但是它能理清复杂的头绪，删除繁杂，平息纷乱，滤去浑浊的杂质，给人以明晰这种比修辞和比喻更高级的产物。

作为笔耕者，我的确受益匪浅，我很愿意回忆见习期的那些美好时光。那时一到课间休息时间，我就躲进校园的一个角落，膝上铺一张小纸片，指间夹支铅笔，推导直线聚集在一起时的特性。别人在周围玩耍，我却沉醉于棱柱中。也许我该练练三级跳远锻炼腿力，翻翻跟头锻炼腰部的柔韧性。我认识一些擅长翻跟头的人，他们比思想家成功得多。

刚开始教书时，我已经较好地掌握了几何学基础知识，必要时我还能运用直角尺和标尺，但我所了解的仅限于此。计算一根树干的体积，测量一个木桶，测出从一点到无法到达的另一点的距离，在我看来已是几何学知识的最高飞跃。还能有更高的飞跃吗？我连想也没想过，直到遇上一个偶然的发现，我才明白，我所开垦的只是广阔领域里微不足道的一角。

当时我任教已两年的那所中学，刚把班级一分为二，还增加了大量的员工。新来的教师和我一样都住在学校，我们都在校长餐桌上用餐。我们形成了一个“蜂群”，空闲时在各自的蜂房里酿造代数和几何学、历史和物理、希腊语，特别是拉丁语的蜜，有时是为下一个班备课，而更多的时候是为了获得更高的学位。大学文凭缺乏多样化，我们所有的同事都是文学业士[①]，没有人获得更高的文凭。如果可能，为了脱颖而出就必须进一步武装自己，大家都顽强努力地工作。我是这个劳动群体中年纪最轻的，但我也和别人一样渴望增长自己的知识。

大家经常串门，相互讨教难题，谈谈天。我的一个邻居以前当过司务长，为了逃避厌倦的军营生活来学校当了老师。作为连队的文职人员，他曾与数字打过点交道，于是雄心勃勃地想获得数学业士文凭。看来是军营生活使他的头脑僵化了。据我那些亲爱的同事，那些爱传播他人不幸消息的聪明人说，他参加了两次考试，两次都没通过。他顽强地重新拿起书本，没有因两次失败而气馁。这倒不是因为他被数学的壮丽所吸引，唉，根本不是！他渴望获得这个学位，只是因为它将有益于实现自己的计划。从经济的角度，他希望能自己支配蔬菜和黄油。仅仅是为了满足求知欲而对学习入迷的人，和这位追逐文凭像追逐快到嘴的肉的猎人，本来是不可能相互理解的。哦。偶然的机会却促成了我和他相交。

我好多次在夜晚碰上那个人，烛光下，他胳膊肘撑在桌上，双手托着额头，对着一本笔记本久久地沉思，本子上密密麻麻地记着费解的符号。有时他想到了什么，便提起笔飞快地写下一行字。那是些组合在一起的大小写字母，在*X*和*Y*中间还夹杂着一些数字，式子后写着等号和零。然后他又闭上眼睛，继续思考。之后他又按另

① 业士：法国中学毕业会考及格者获得的学位。——校注

一种顺序写下一行字母，后面照样等于零。他就这样奇怪地写了一页又一页，每一行的结果都是零。

一天我问他："你列这些等于零的式子做什么？"这位来自军营的数学家嘲讽地看了我一眼，狡黠的眼角纹仿佛在说我无知得可怜。然而，这位老是写零的同行，并没有过分地显示自己的优越，他告诉我他正在做解析几何题。

这个词对我产生了奇怪的影响。我没说什么，心想：还有一个更高级的几何学，专门教尽是*X*、*Y*的字母组合。我的邻居久久地沉思，双手托腮，力图发现隐藏在天书里的意义；他看见他的运算式代表的图形在空中舞蹈。他发现了什么呢？以各种方式排列在一起的字母符号，怎么能代表只有思想之眼才能看见的各种图形呢？我简直被搞糊涂了。

我说："什么时候我也来学解析几何，你愿意帮助我吗？"

他带着一丝对我的愿望不大相信的微笑说道："我很愿意。"

这无所谓，那天晚上我们定下协约，我们将一起开垦代数这块园地，以及作为数学业士基础科目的解析几何。他的深思熟虑和我这年轻人的热情将结合在一起。我当时的主要任务是取得文学业士文凭，获得此文凭后我们就立即开始。很久以前有一个规定，学理科之前必须先学一些重要的文学作品。在接触化学药品和机械操纵杆之前，必须先接触古代的先哲，先与贺拉斯、维吉尔或忒奥克里托斯和柏拉图对话。这些准备工作只会使思维变得更敏捷。随着进步带来的需求，人的欲望变得越来越贪婪，已经改变了一切。符合规范的语言见鬼去吧，生意重于一切！

速成本应该符合我的急性子，我承认，我那时低声抱怨在接触正弦和余弦之前，必须先学拉丁语和希腊语。如今由于年龄和经验的增长而变得成熟的我，对此有了更清醒的认识，我的看法变了。我为自己的文学底子薄，没能得到更好的引导并深入地学习而感到遗憾。

为了稍微弥补这方面的缺陷，我虔诚地回过头来读这些通常几乎只有旧书店才卖的古书。年轻时利用夜晚用铅笔做批注、令人敬仰的书页啊，我又找到了你们，你们现在成了我的朋友。

你们告诉我所有握笔杆的人都必须承担的责任：要言之有物，并能引人入胜。如果文章的标题属于自然科学范畴，通常趣味性总是有保障的；难中之难是删去让人望而生畏的字眼，使它显得可爱。

有人说真理赤裸着来自井底。即使如此，我想，穿着体面对它更有好处。它要的不是借自修辞学的华丽修饰，但至少得有一片遮盖私处的葡萄叶。唯有几何学家有权剥夺它那件简单的衣饰，对于几何定理，只要清晰就已经足够。

其他学科，尤其是博物学，有责任在真理的腰间系上一条优美的薄纱长裙。

假如我说："浸礼会[①]教徒，把我的拖鞋给我。"我用一种直白的、不太富于变化的语言来表达。我非常清楚自己在说什么，我的话也能为人所理解。某些人，而且是为数众多的人认为，这种简单的方式是最好的。他们向读者谈论科学，就像跟浸礼会教徒谈论拖鞋似的。卡菲尔人的句法并不令他们反感，不要跟他们谈选词的重要性以及词序的得体性，更别跟他们讲韵律结构的悦耳与否，他们认为这一切都幼稚可笑，是缺乏远见者才会注重的细枝末节！

他们也许有理，浸礼会教徒的语言省事又省力。我可不想图这

① 浸礼会：基督教新教的一派，坚持洗礼必须全身浸在水中，反对注水法。——校注

种便利；我认为思想需要明晰而朴实形象的语言来表现。要想简洁明了地阐明思想，往往需要煞费苦心选择恰当贴切的词句。有的文章用词隐晦，粗俗平淡，有的用词色彩鲜明，有如画笔在灰色画布上涂抹的色块。这些构成画面的词，这些引人注目的线条，怎样才能得到，怎样才能将它们组合成文法讲究又悦耳的语言呢？

没人教过我这种艺术，而且，在学校是否就能学到呢？很值得怀疑。若不是我们血管里流淌着激情和灵感，光去翻阅词汇表是没有用的，需要的词不会来到笔端。求助于什么样的老师，才能启发潜藏在我们内心的萌芽，使其得到发展呢？应该求助于阅读。

我年轻时一直是一个虔诚的读者，但我很少注意语言的细腻之处，因为我那时不理解。很长时间以后，差不多15岁时，我才隐约感到词有神韵。就音韵节奏而言，一些词比另一些词更令我满意；它们在我的头脑里构成了清晰的画面，以自己的方式为我描绘事物。有了形容词的渲染和动词赋予的生气活力，名词变得栩栩如生，我终于能看得见它所表达的事物。当我在无人指导的阅读中，有幸读到一些易懂的上乘之作时，我便渐渐地发现了文字的魅力。

第十四章 数学忆事：我的小桌

学解析几何的时候到了，我的合作者，那位数学家可以来了；我觉得自己将会理解他讲的内容。我已经翻了一下书本，发现书中研究的课题具有消遣性，不会特别难懂。

我们在我家的一块黑板前开始学习。经过几个晚上的沉思和学习之后，我非常吃惊地发现，我的老师，这位读天书的高手，实际上常常成了我的学生。他并不十分理解坐标和多项式的组合。我勇敢地拿起粉笔，掌起这条几何船的舵。我讲解书本，按自己的理解对它进行解释；我在文本中搜索，探测暗礁直到天亮，最后走向答案边缘；我讲解时逻辑推理那么紧凑，步法那么轻快，那么明晰，好几次我都觉得是在回忆而不是在学习。我们就这样继续学习，互换了角色。我用镐头敲击凝灰岩，将它击碎，刨松，直至能够让思想潜入。我的同学，现在我可以用这个平等的称谓了，他听，向我提出异议，引出一些要靠我们同心协力去解决的难题。在插进岩石缝的两根杠杆的合力作用下，巨石被撼动，推倒了。

我在司务长的眼角再也看不到狡黠的皱纹了，现在真诚的合作和推心置腹的交谈带来了成功。黎明渐渐到来，虽然还很暗，却充满了希望。我俩都惊叹不已，而我的满足感是双重的：我让自己明白，也让别人明白了。夜晚在充满情趣的几小时中即将过去，当困倦袭来使我们的眼皮发沉时，我们才停下来。

我的同伴回到房间后是否睡了呢，他是否不再去想我们刚才唤起的幻象呢？他对我说他睡得很好。这种优越性，我可没有。像擦

黑板那样抹去我那可怜的大脑里的思想，我可做不到。思想的网络始终在工作，它像一个晃动的蛛网，无法休息，因为在上面得不到平衡和稳定。

当睡意最终到来时，我也往往是似睡非睡，思维活动远没有停止，反而比醒着时更活跃。这种迷迷糊糊的状态还不是大脑睡眠的时刻，我常常在此时解决前一天没能攻克的难题。我的头脑里点起了一盏无比明亮的灯，对此我几乎浑然不觉。

这时我会猛跳起来，重新打开灯，赶紧记下我的新想法，不然等我醒来时也许就想不起了，这闪光就像暴风雨中的闪电，来得快消失得也快。

它们是从哪里来的？也许是来自我很早养成的习惯：不断地往脑子里储备食粮，为思想的烛光添加永不干涸的油滴。你愿靠智慧获取成功吗？不停地思考就是永不失败的方法。

这种方法，我比我的同伴更勤于采用，也许这就是我们互换了角色，弟子变成老师的原因。再说，这并不是难以忍受的困扰，不是用脑过度，反倒是一种消遣，几乎可以和优美的诗媲美。在《光和阴影》这本书的前言中，我们伟大的抒情诗人雨果说过：

> 数存在于艺术中，也存在于科学中，代数存在于天文学中，天文学涉及到诗；代数存在于音乐中，音乐涉及到诗。

这是诗人的夸大其词吗？当然不。雨果说得对，代数，这数字排列的诗迸发出极美的情感。我觉得它的格式，它的诗节美极了，别人有不同的看法我也丝毫不感到吃惊。当我不慎把自己超几何学的狂想告诉我的同伴时，他的眼角上又现出了一丝嘲讽。他说道：

“无稽之谈，纯粹是无稽之谈，接着画我们的曲线切线吧。”

司务长有道理，我们将要面临的考试容不得梦想者这般冲动。那么，我是否就真的错了呢？在理想的火炉里重新加热算数中淡忘了的东西，将思维上升到公式，让那些抽象的空洞里充满生活的阳光，难道不是洞察未知世界的一种省力方法吗？当同伴对我获取成功的方法不屑一顾，忙忙碌碌应付考试的时候，我却在完成有趣的旅行。我之所以能以代数这根坚硬的拐杖为依靠，是因为我有内趋力做向导，学习成了一种快乐。

继直线组合的角度之后，学画优美的曲线就更有意思了。圆规有那么多未知的特性，一个方程式中包含着那么多科学定律的萌芽，应该从这个神秘的内核中，推导出椭圆形丰富的定理！在这一项前面加一个“+”号，通过两个友好的交点，相互引出恒定数量的向径，得到的是椭圆形，行星的轨道；在这一项前面加一个“-”号，得到的是反向双曲线，绝望的曲线像无限长的触手在空间延伸，越来越接近一条直线，那是永远无法达到的渐近线。去掉这一项，得到的是抛物线，它徒劳地、无休止地寻找另一个失去的焦点，这是子弹的轨迹，是彗星有朝一日访问太阳时的轨迹，之后彗星便消失在深渊里再也不会回来了。像这样画星球的轨迹不是非常奇妙吗？我以前是这么认为的，现在仍然是。

做了15个月的练习之后，我们一起去蒙彼利埃大学参加考试，我俩都获得了数学业士文凭。我的同伴已经精疲力尽，而我却从几何中得到了消遣。

经历了二次曲线的赛跑，我的同伴疲惫不堪，不想再学了。我以获得新的学位——数学学士学位——这迷人的前景诱惑他，这个新目标将把我们引向天体力学的门口；可是诱惑对他不起作用，我

无法带动他赞同我的大胆计划。

他认为，这是个荒谬的计划，它将耗尽我们的精力而毫无结果，没有经验丰富的领路人的指引，除了一本尽是固定不变的简单术语，而且总是让人弄不太懂的书之外，没有别的指南，我们这条小船一触礁就会沉没。但我认为，就是躲在核桃壳里，也照样值得到浩瀚海洋里去劈波斩浪。

就算术语吓不倒我们，高难题也会难倒我们，他向我解释拒绝奉陪的理由。我想，在无处停泊的海岸边摔死，那是我的自由，至于他，为了谨慎不会再跟随我了。

我猜想还有一个理由，我的背叛者没有说出来。他刚刚获得了有利于实现自我计划的职衔，别的东西对他还有什么要紧的呢？仅仅为了学习的乐趣而饱受熬夜之苦，搞得精疲力尽值得吗？不为利益所惑，专注于知识魅力的人是疯子。缩进我们的壳里，闭上螺厣，避开生活中的烦恼，以软体动物的方式生活，这就是活得自在的秘诀。

然而，这可不是我的哲学。当我完成了一段跋涉之后，感兴趣的是，准备踏上通向捉摸不定的未知世界的新征程。我的合作者离开了我，从此我独自前行，再没有人和我一起讨论研究问题，在有趣的交谈中度过夜晚了。周围没有人理解我，也没人会提出不同的想法，哪怕是被动的，辩论中能闪现出光芒，就像卵石碰撞会迸发出火花一样，可是没有人会来参加辩论。

当困难像悬崖峭壁似的挡在我的面前时，没有友人的肩膀支撑我去攀登。我独自在崎岖不平的山崖上攀登，经常跌落，摔得鼻青脸肿，然后爬起来再发起新的冲击；我独行，听不到加油和鼓励声。当我精疲力竭地攀上顶峰时，我将发出胜利的呐喊，终于可以看得更远了。

数学攻坚战将耗费很多脑力，需要孜孜不倦的思考，我刚开始读那本书就意识到了。我进入的是一个抽象的领域，是一块只有靠顽强的思考去耕耘的坚硬土地。和朋友一起学解析几何时，用来画曲线的黑板现在已经被冷落，与其用黑板，我还不如用一本纸包住封面的本子。有了这位可靠的朋友，我就能坐下来，让腿得到休息，可以挑灯夜读，使思想的炼炉保持旺盛，使难以攻克的问题在此融化，得到锤炼。

我的小写字台右边放着一瓶一个苏的墨水，左边放着一本笔记本，剩下的地方刚刚够写字。我喜欢这张小桌，它是我们新婚的财产之一。它可以随意挪动，天阴时放在窗前，如果阳光强烈时就放在光线较弱的角落里；冬天可以将它靠近燃着柴火的火炉边。

可怜的核桃木小木桌，已经半个世纪了，我对你却愈加忠实了。墨迹斑斑、伤痕累累的你，像以前支撑我解方程式那样，支撑着我写散文。你并不在乎用途的改变，你那吃苦耐劳的脊背，像迎接代数式那样迎接思想的表达式。而我却没有这份平静，这次转向并未使我得到安宁，捕捉困扰着脑际的种种念头，比求方程的解更困难。

亲爱的朋友，如果你看见我一头灰发，准会认不出我来。从前那张洋溢着热情和希望的脸到哪里去了？我老了许多。再瞧瞧你，我刚把你从商人那里买来时光滑锃亮，散发着蜡香，现在却是多么破旧不堪啊！和你的主人一样，你也长了皱纹，我承认，那是我长期磨损所致，因为金属笔尖蘸了浑浊的墨水写不出字来时，我不知多少次，不耐烦地用笔在你背上使劲划过啊！

你的一个角已缺损，木板也开始裂缝。我时常听见天牛幼虫啃

噬你的声音，年年都蚀出新的蛀槽，使你的牢固受到了威胁。旧的蛀槽向外敞开呈小圆洞，一个外来者毫不费力就占领了这些美妙的住所。当我在写字时，我看见那个胆大妄为者迅速地从我的肘下经过，很快钻进天牛幼虫留下的蛀槽里。这是个猎手，身材纤细，身着黑衣，来为它的幼虫抓一筐小虫。噢，我的破桌子，一群居民在开发你；我在一群攒动的昆虫身上写字，没有什么比这张桌子更适合于写昆虫的回忆。

如果你的主人不在了，你将会怎样呢？家人在分我这点可怜的家具时，是否会将你以20个苏拍卖掉呢？你是否会成为水槽边搁坛子的架子？或者，我的子女是否将异口同声地说：留下这张破桌子，父亲就是在这张小桌上孜孜不倦地学习，以期能够教育别人，为了把我们抚养长大，他就是在这张桌子上耗尽了精力；留下这神圣的小桌吧。

我不敢相信有这样的未来。噢！我亲爱的老朋友，你将落入陌生人之手，他们不会关心你的过去；你将变成床头柜，上面放着汤药碗，直到你老朽，瘸了腿，派不上用场时，你将化作青烟，和我的艰苦劳动化作的另一股烟雾，在我们跳动的血管最后安息的地方，在遗忘中与我会合。

不过，我的小桌，我们还是回想一下年轻的时光吧。你打了蜡，光彩熠熠，而我则满怀美好的幻想。那是个星期天，是休息日，可以长时间工作，不受学校的差事干扰的日子。我倒是更喜欢星期四，它不是假日，更便于安安静静地学习。尽管礼拜天有让人分心的事，还是给我留下了闲暇时间。我们尽量好好利用它，一年有52个星期天，几乎相当于一个暑假。

那天我有一个绝妙的问题要探讨，那就是开普勒[①]的行星运行定律。他通过计算研究出来的三定律，得以告诉我天体力学的基本原理。第一定律说：以一颗行星的矢径画出的面积与行星运行的时间成正比。由此我可以推导出，使行星保持在轨道上运行的力，是指向太阳的。利用微积分方程式，我终于推导了一个公式；于是，我思考得更勤了，我全神贯注，以便从思想的光辉中更准确地把握真理的产生。突然远处传来嘣、嘣、嘣的声响，声音越来越近，越来越响。我真倒霉，该死的“中国阁”！

我解释一下，我住在佩尔纳公路口的一个镇上，远离城市的喧嚣。在我的住处对面十步远的地方，刚开了一家可供跳舞的小咖啡馆，挂着“中国阁”的招牌。每到星期天下午，附近农场里的姑娘和小伙子们都来这里跳四组舞。为了招徕顾客，促销清凉饮料，酒吧的老板在舞会结束时都会举行摇奖活动。

摇奖前两小时，他就让人拿着奖品在公共场所招摇，有短笛和锣鼓开道。一个结实的小伙子举着一根竿子，上面系着红色羊毛带，挂着镀银无脚杯、里昂头巾、一对烛台和几包香烟。有这样的诱饵，谁还会不进这家酒吧呢？

嘣，嘣，嘣！游行的队伍吹吹打打。队伍来到我的窗下，向右一拐进了那座宽敞的、有黄杨环绕的木板建筑。现在如果你怕吵，那就躲得越远越好，低音大号声、笛声和号角声将一直持续到深夜。走吧，在卡菲尔人的音乐声中推导行星运动三定律的结果，我非疯了不可！赶紧逃走吧。

我知道离这里两公里处，有片荒凉多石子的开阔地，是蝗虫喜

---

① 开普勒（1571—1630）：德国天文学家，发现行星沿椭圆形轨道运行，提出行星运动三定律，为牛顿发现万有引力定律打下了基础。——校注

欢的天堂。那里非常安静，而且还有些圣栎丛可以遮阴。我拿了书和几张纸，还有一支铅笔跑到那个荒凉的地方。啊！多么安静，多么美妙！但是太阳逼近了荆棘遮盖的那一小块地方，勇敢些，小伙子！就在蓝翅蝗虫的陪伴下钻研行星运行三定律吧。你该回去了，算术题解出来了，皮肤却晒黑了。脖子被太阳烤晒，是钻研天体力学的面积定律的结果，后者是对前者的补偿。

一周的其余时间，我还有周四和晚上用于学习，一直学到困得支撑不住为止；总之，尽管有学校的工作缠身，但时间并不缺少，关键是不能让自己一开始就被无法避免的困难所吓倒。我极易在这布满藤本植物的森林里迷路，必须用斧子砍断绊藤才能开出一条路来。幸而走了几次弯路之后，我都回到了正确的道路上。我又迷路了，我顽强地用斧子开了半天，还是得不到满意的线索。

书就是书，一个简练不变的文本有很多学问，我承认，哎！可是它往往晦涩难懂。好像作者写它是为了自己，他自己明白，别人也该明白。可怜的新手，你们必须靠自己，尽可能从中摆脱出来。

对你们来说困难不可避免，也别无他法指引出路，减少路途的坎坷，更没有能透进一线亮光的辅助洞口。书本不像口头表达那样，能用别的方式去攻克难题，能通过不同的途径将你引向光明，书本除了述说所写的内容，不会告诉你更多。

作者论证完毕之后，不管你们懂还是不懂，他都毫不留情地缄口不言。你们只能一遍一遍地读，苦思冥想；一次次在计算的脉络里穿梭，白白花费了力气，却无法驱走黑暗。那么，我们通常所需的照明器是什么呢？说来微不足道，只是一句简单的话；这样一句话书上却找不到。能得到老师指点的学生多幸运啊！他不会在途中遇上讨厌的拦路虎。遇上不时挡住去路、令人泄气的高墙，该怎么办呢？我听从伟大的几何学家阿朗伯特[1]给青年数学家的建议，他告诫我们："要有信心，勇往直前。"

信心我有，前进的勇气我也有。我挺走运，我在墙根前寻找的线索，常常翻过墙就找到了。当我失足掉进一个未知世界时，有时能找到炸药把它炸开。刚开始是小颗粒，颗粒结成小团滚动着，越变越大。从一个定理的斜坡滚向另一个定理的斜坡，小团变成了大团，成了有巨大威力的弹丸，它倒退着向后抛，劈开了黑暗，现出一片光明。

阿朗伯特的告诫自有其益处，只要别过分滥用。如果过于匆忙地翻阅这本晦涩的书，那么你会非常失望的，最好在扔掉它以前，狠下功夫与困难做斗争，艰苦的训练将增强活跃敏捷的才智。

在我的小桌的陪伴下，经过12个月的思考，我终于获得了数学学士学位。我终于能在半个世纪后，担负起丈量蛛网这项极有益的工作。

---

① 阿朗伯特（1717—1783）：法国哲学家和数学家。——译注

第十五章 迷宫漏斗蛛

如果说设置垂直陷阱的高手圆网蛛，是无与伦比的纺织娘，那么其他许多蜘蛛则善于运用生物界的首要法则，即想办法填饱肚子和繁衍后代。这类蜘蛛有些已久负盛名，在许多书里都曾提及。其中比较知名的是原蛛，它效法纳博讷狼蛛住在一个洞穴里，但它的洞穴比咖里哥宇矮灌木丛中粗俗的狼蛛洞大有改善。狼蛛在井口周围搭一个简陋的护栏，这个护栏是用砾石、柴火和丝堆砌起来的；而原蛛则在井口安一个活动盖，像一扇带铰链槽和插销的百叶窗。原蛛回到家，盖子就会猛地落下来，卡在槽沟里，槽沟和盖子结合在一起，简直精确得天衣无缝，假如来犯者执意要打开这块活动盖板，隐藏在里面的原蛛就会把门闩拉上，把它的小爪插进铰链另一边的一些孔里，把身体紧紧压在墙壁上，使那扇门纹丝不动。

另一个知名的蜘蛛是水蛛，它用丝在水中为自己造了一个储存空气的潜水罩，有了这个呼吸装置，它就可以在阴凉的地方窥伺猎物。在盛夏酷暑，那可真是个奢侈享乐的场所，它就像荒谬的人用大理石和大石头在水下建造的屋子。迪贝尔的海底顶棚是个令人讨厌的回忆，而水蛛那精致的圆屋顶却始终兴旺。

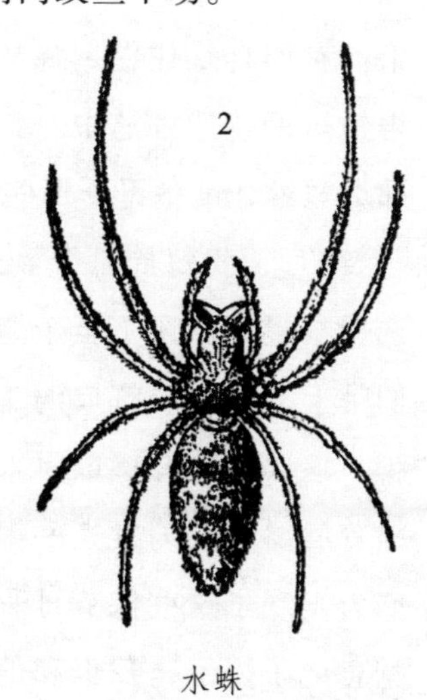

水蛛

如果我手头有来自个人的观察资料，我想讲述一下水蛛的技巧，给故事补充一些未被提及的特殊资料。但我不得不放弃这个想法。我们地区没有水蛛，倒是有精通制造铰链门技术的原蛛，而且原蛛也很少见，我只在灌木林中那条小径上见过一回。我知道机会转瞬即逝的道理，观察家应该比别人更懂得把握机会。因正忙于其他研究，我只是朝那只偶然送到我面前的漂亮原蛛瞥了一眼，机会溜走了，而且再也没有重新出现。

我只能用一些看似平淡无奇、比较常见、适宜于跟踪研究的蜘蛛，来作为补偿。普通并不等于无足轻重，只要给予高度的重视，我们就会从普通事物中发现其价值，而无知常常使我们看不到它们的价值。通过耐心的观察，我们就会发现，再不起眼的生物，也是构成生活乐章不可或缺的音符。

我拖着有些疲乏的脚步在周围的田野里行走，目光却在警惕地搜索，我看见了那种非常普通的迷宫漏斗蛛。迷宫漏斗蛛并不躲在牧场里，或是光影斑驳而幽静的树篱下，而是在光秃秃的荒野里，主要出没在起伏不平的丘陵地带，在被砍柴人砍得光秃秃的山坡上。它们喜欢住在荆棘丛里，如岩蔷薇、薰衣草、蜡菊和被羊群啃得短短的迷迭香丛中。我去的就是这种地方。这些孤立的荆棘丛是那么宽容，准备忍受那些冷酷的树篱并不总是能容忍的待遇。

7月，我每周都要到现场去观察好几次迷宫漏斗蛛，我一般是选择早晨太阳还不至于烤脖子的时候前往。孩子们和我一块去，他们带上橙子，以解口渴。我正好可以借用他们的好眼神和灵活的手脚，这次探险有望取得丰硕的成果。不久我们就发现远处有一条条挂着晨露、闪闪发光的银线，那不就是高高悬挂着的丝网吗？孩子们为发现了这些像节日彩灯般美丽的闪光丝网而激动不已，一时间竟忘记了橙子，我也和他们一样激动。缀满夜露的蜘蛛网在晨曦中

闪烁，犹如水晶宫一般，仅仅为了看这奇丽的景致也值得起个大早。

经过半小时的蒸晒后，神奇的珠光便随着露珠消失了。现在该观察蜘蛛网了，这只蜘蛛把网拉在一大蓬岩蔷薇上。那张网有一块手绢那么大，采用任意夹角和密布的丝线将网固定在荆棘上，丝不是仅仅固定在杂乱的荆棘丛中某一束突出的枝梢上，而是纵横交错在荆棘丛中绕来绕去，最后那簇荆棘消失了，被蒙上一层密得像细纹布似的白网。网的周围，距离不等的每个支点都向外突出，支撑点之间形成了火山口似的圆凹，看上去像个喇叭口，网的中间是一个圆锥形的深坑，像个颈部渐渐变窄的漏斗，垂直地插在茂密的绿色植物间，深度约有一拃。蜘蛛就在阴暗危险的管口，对我们的出现并不十分吃惊。它是灰色的，胸上有两条黑色饰带，饰带正中夹杂着微白或棕色的斑点，腹部末端的一对后纺丝器比较大，可以活动，看上去好像尾巴似的，这在蜘蛛家族中是很少见的。

这个火山口形状的网，采用不同的编织法，边缘比较稀疏，往中间渐渐地成了轻柔的细纹布，接着又变成绸子，在最陡的地方是粗棱形格状网，最后在蜘蛛通常待的漏斗颈部，织成一种结实的塔夫绸。

蜘蛛专心地织地毯，这个地毯是它的工作台，每天夜里它都要到这里来，走过这张地毯，监视设下的陷阱。它要进一步将网延伸，用新丝将它扩大。蜘蛛织网时依靠移动身体，不断把始终挂在纺丝器上的丝拉出来。在经常走动的漏斗颈部，必须铺上最厚的地毯，还有火山口的斜坡也必须铺上厚丝，那也是经常行走的地方。均匀分布的辐射丝对准洞口，依靠尾部纺丝器的配合，蜘蛛在辐射线上织出了棱形网格。蜘蛛夜晚经常来此巡查，便把这个地方加固得十分牢靠，其余不常走动的地方，铺的则是很薄的地毯。

在插入荆棘丛的走廊尽头，我原以为会找到一个密室，一个分隔开的小间，蜘蛛空闲时可以躲在里面。可是事实并非像我想象的那样，漏斗颈部的底端是开放的，那里有一扇暗门始终洞开，当蜘蛛被追捕时，便从那里逃走，穿过草丛，到野外去。

假如想抓住那只蜘蛛而又不用担心伤着它，我就必须了解这个住所的布局。当蜘蛛受到正面攻击时，它就会向下跑，从底部的出口逃走。那时再到杂乱的荆棘里去搜寻，常常无法找到它，因为逃难者的动作极为敏捷，再说漫无目标地搜索很可能会伤害它，造成它肢体残缺。如果不用暴力，成功的可能性很小，那么我现在不妨施展些计谋。

我发现那只蜘蛛停在管口。采取行动的时候，我用手抓紧网的底部，即漏斗颈部向下延伸的地方，这就够了，足以抓住蜘蛛了。当它发现后路被切断时，自然就会钻进我为它准备的圆锥形纸袋中，必要时用一根草伸进网中，刺激它几下就可以把它逼到纸袋里去。我就是采用这种方法，将一些神气十足的迷宫漏斗蛛，毫发未损地转移到了实验罩里。那个火山口形状的蜘蛛网算不上是个真正的陷阱，过路者和散步者失足踩上丝毯，严格地说是可能发生的，但是应该很少有跑到这种地方来散步的冒失鬼。要抓住会蹦跳和飞行的猎物，需要一个捕猎器。圆网蛛有凶险的黏丝网，而荆棘丛里的迷宫漏斗蛛有迷宫，凶险程度丝毫不亚

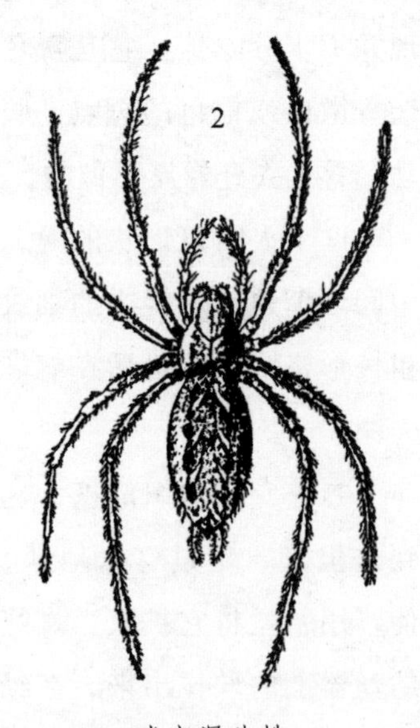

迷宫漏斗蛛

于黏丝网。

我看看网的上方，简直是绳索交织的密林！就像被暴风袭击后，失控船舶上的缆索。绳索拉在树枝之间，有长线也有短线，有垂直线也有斜线，有直线也有曲线，有密有疏，所有的线交织在一起，错综复杂理不清头绪，向上延伸约一米。这是个乱绳套，一个谁也无法穿过的迷宫，除非有特强的弹跳力。

这个迷宫完全不同于圆网蛛的黏丝网，这些丝没有黏性，只是重重交错。你是否执意要看看这个捕猎器的用法呢？那就把一只小蝗虫扔进网里吧。在晃动的支撑物上失去平衡的蝗虫，乱蹦乱跳，拼命挣扎，结果把绊索给搞乱了。蜘蛛躲在洞口窥视，不予理睬，它不会上去捕捉被围困在绳索中那个绝望的家伙，而是等待扭得越来越厉害的绳索把猎物弹到网上来。

蝗虫掉下来了，迷宫蛛爬出来，向落网者扑去。进攻不是没有危险的，猎物有点丧气，并不是因为被捆绑，它的腿上只不过拖着几根挣断了的丝头。大胆的蜘蛛不理会这些，它没有像圆网蛛那样用一块裹尸布把猎物裹起来，而是拍一拍那猎物，认为质量不错，便用螯牙去咬，尽管那猎物有点硬。

它一般是选择大腿根下口，并不是因为这个部位比其他皮肤细嫩的地方更易咬伤，或许只是因为这个地方的肉味道特别好。为了解迷宫蛛吃哪些食物，我参观了好几个蜘蛛网。我发现，除了双翅目昆虫和小蝶蛾，还有几乎没动过的蝗虫尸体，所有这些猎物的确都少了前腿，至少缺了其中一条前腿。在蜘蛛网边缘的挂肉钩上，常常吊着蝗虫类被掏空了美味内脏的肚皮。

在对食物不抱成见的孩童时期，我就像许多人一样，知道蝗虫的大腿好吃。它有点像螯虾的大腿，只是很小。那只设陷阱的蜘蛛向我刚才扔给它的蝗虫进攻时，就是从大腿根下手的。蜘蛛一旦动螯牙咬了，就不肯松口。它要喝血、吮吸，汲取营养；一处伤口吸干后，再换一个地方。吃第二条腿时也是如此，它最终将猎物吮干只留下保持着原形的空壳。我看到圆网蛛也是用同样的吃法，它杀死猎物后喝它们的血，而不是吃它们的肉；然而，经过几小时的细细消化后，圆网蛛又会重新捡起被吸干了的猎物，把它放在嘴里嚼了又嚼，嚼成烂烂的一团，这是吃着玩的饭后甜点。迷宫漏斗蛛可没有那份闲情逸致在饭桌上没完没了地消磨时间，它不是把吸干的猎物放在嘴里嚼，而是把它们从网上扔出去。尽管吃一餐饭用的时间很长，但是用餐绝对安全，那只蝗虫刚被咬了第一口，就不动了，蜘蛛的毒液立刻就把它毒死了。

作为艺术品，迷宫漏斗蛛的网远不如圆网蛛的网那样，结构高度对称。尽管迷宫很精巧，但并未使建造者受到人们青睐，因为它只不过是个没有形状的捕猎器，是随意瞎造的。不过，就算没有什么章法，建造者总还是应该有自己的审美原则。那个安着漂亮网纱的火山口，已经使我想到了这一点，通常被视为母亲的杰作的卵袋，将向我们做充分的展示。

当产卵期到来时，迷宫漏斗蛛该换住处了，它放弃了还很结实的网，不再回去。它需要一座合适的房子，该成家立业了。但是，房子在哪里呢？蜘蛛自己清楚，我可不知道。我花了好几个早晨去寻找，结果一无所获，我徒劳地在支撑蜘蛛网的小矮林里搜寻，始终未找到。

最后，秘密还是被我发现了。我看见一个空荡荡的网，但尚未破损，显然这是刚被抛弃的蜘蛛网。我不用到支撑蜘蛛网的荆棘丛里去寻找，到周围几步远的范围里探察一番，如果那里有一片矮植

物丛，而且很茂密，产卵的窝就在那个避开视线的地方。网上带着真实的身份标志，因为雌蜘蛛总是在上面。

我就采用这样的方法，在远离迷宫捕猎器的地方进行搜查。现在我拥有了那些能满足我好奇心的蛛网，可是这些窝根本没应验我对那位母亲的才能做出的评价。这是些用枯树叶和丝线混合制成的袋子，在这个土里土气的套子里，有一个装着卵的细布袋，整个卵袋破烂不堪，因为从荆棘里取出来时不可避免会被撕破。不，我不能仅仅根据这些破布来判断艺术家的才能。

昆虫在建筑中表现出一定的建筑规范，这种规范同解剖学特点一样稳定，每一个群体都按自己的原则筑巢，恪守自然美的原则；但是，许多时候建筑者不能控制环境因素的影响，空间、场地的不规则和材料的性质，以及其他意外的原因，都会改变建筑者的意图，打乱建筑结构，于是潜在的规律性表现为现实的混乱。

研究各类动物在不受干扰的情况下，所采用的建筑造型是个有趣的题目。彩带圆网蛛在空地上以及行动不太受限制的稀疏的树杈上织卵袋，织品是一个很精美的小球。圆网丝蛛如果同样有行动的自由，它那带月牙边的抛物面形卵袋也不失为优雅之作；另一位纺织高手迷宫漏斗蛛，难道在织婴儿帐篷时就不懂得讲究美观吗？我仅仅见到了它织的一个粗俗的袋子，这难道就是它所能达到的水准吗？

我希望在条件许可的情况下，它会做得更好些。只要在稠密的矮林里，在枯叶和细树枝堆里，它就会织出很不规整的织品；但是如果迫使它在不受束缚的地方干活，我确信，那时它能不受拘束地发挥自己的才能，一定能证明自己精通编织优美卵袋的艺术。8月中旬，当产卵期临近时，我把12只迷宫漏斗蛛分别放在装着沙土的罐子里，用金属纱罩罩起来。纱罩中央插了一根百里香的小枝杈，供它们织卵袋时做支撑物，当然，四周的纱网也可以做支撑。罩里不再有其他的陈设，没有使卵袋变形的枯树叶，就是母亲企图用枯树叶做袋子外套也别想获得。我每天都供给它蝗虫，只要肉质嫩、个头儿小，蜘蛛总是乐于接受。

实验结果如我所愿。将近8月底，我得到了10个卵袋，形状优美，色泽光亮雪白。自由的劳动场地使纺织女能不受束缚地，顺从本能的灵感认真操作，撇开袋子吊挂处一些必要的棱角，我得到了工整优美的杰作。

这个袋子半透明，是用精致的白色细纹布做成的，母亲将长住于此，监护那窝卵。卵袋的体积差不多有一个鸡蛋大。小房间两头是敞开的，前面那个洞口延伸成一个宽阔的长廊；后面的洞口变得细长，呈漏斗颈状，这个颈部有什么作用，我不得而知。至于前面，比较大的那一头，无疑是一扇供应粮食的门。我看见蜘蛛时不时在那里停留，窥视蝗虫。它要在外面吃蝗虫，免得玷污了洁白的殿堂。

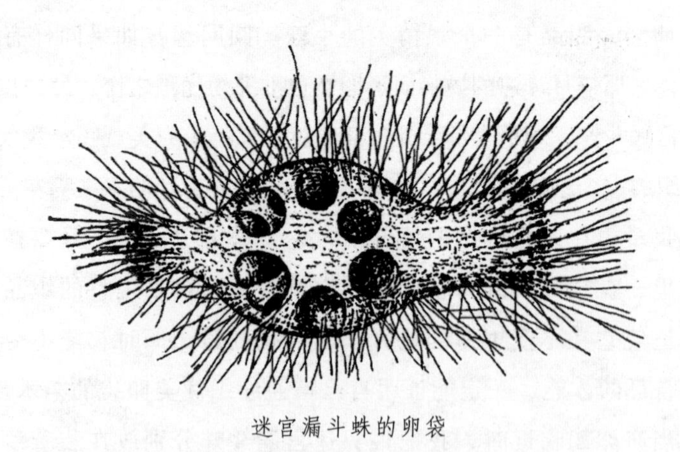

迷宫漏斗蛛的卵袋

卵袋的结构和捕猎期的住所不无相似之处，那个像漏斗一样细

长的后门厅通向附近的地面，作为紧急出口；前面那个厅开放成大火山口，四面绷着丝，让人想到它以前用来捕猎的陷阱，老窝的特点在这里都能够找到。这里甚至也有个迷宫，只是非常小。在火山口的前面有丝索纵横交错，猎物从那里经过时就会被捆住。每一种动物都采用一种建筑式样，哪怕是条件发生了变化，式样也会大体保留下来。动物精通自己的本行，不会也永远不可能学会做别的事情，它们不会创新。

不过，这个丝织的殿堂只是一哨所，在云雾般柔和的乳白色丝墙后面，隐约可见那个放卵的圣物盒，外表布满了模模糊糊的荣誉十字勋章图案。这个宽大、很漂亮的暗白色袋子，周围有闪光的立柱把它固定在帷幔中央，并与外层隔离开。柱子的中间较细，上端膨胀成圆锥形的柱头，底端也是同样的形状。12根柱子一一相对，中间形成了走廊。走廊四通八达，通向房间周围的任何方向。母亲认真地在内院的拱廊里巡视，这里停停，那里停停，长时间地把耳朵贴在卵袋上，听听绸布袋里有什么动静。打扰它的工作简直是野蛮行为。

为了更进一步观察内部的情况，我利用了从野外带回来的破蜘蛛巢。撇开那些柱子不谈，卵袋呈倒圆锥形，像圆网丝蛛的卵袋。袋子的布料有一定的韧性，我用镊子用力拉才能把它撕破。卵袋里只有一团很细的白丝绵和卵，大约有100枚卵，一枚卵的直径为1.5毫米。卵看起来像淡黄色的琥珀珍珠，卵与卵没有粘连，当我把绒被揭去时，它们会自由地滚动。我把卵全装进玻璃试管里，以便观察卵孵化的情况。

现在，我们再简要地回顾一下。产卵期到来时，雌蜘蛛放弃舒适的小窝，放弃了那个可以接住滚落下来的猎物的火山口，放弃那个使苍蝇再也飞不走的迷宫，慷慨地把供养它的老巢原封不动地留在原地。为了尽养育孩子的义务，它将到远处去建立一个新家。它为什么要远走他乡呢？

它还得活好几个月，食物是不可或缺的。如果在现在的蛛网附近织一个卵袋，继续用那个高级陷阱捕猎岂不是更好吗？一面监护卵袋，一面可以毫不费力地获得食物，一举两得。可是，蜘蛛却不这么想，我尽力猜想其中的缘由。

丝网和迷宫不仅是白色的，而且高高在上，老远就能看见。它们在阳光下，在猎物经常出没的道路上闪闪发光，把苍蝇和蝶蛾都吸引来了。就像我们家里的电灯和捕鸟者的镜子能引来虫子一样，谁要是跑到这个光芒四射的物体跟前，谁就会因为好奇心而付出生命的代价。没有什么比闪光的物体，更能使来往的过路者掉以轻心，这也恰恰是对家庭安全最大的威胁。

看到这个暴露在绿色灌木上的标志，许多开发者会蜂拥而至，有这个网指路，它们肯定可以找到那个宝贵的袋子。如果有一条外来的虫子跑来享用破布袋里的卵，就会毁了这个家。关于那些食客，我没有足够的材料，我还不了解迷宫漏斗蛛的敌人。

彩带圆网蛛自信它的织物无比结实，所以把巢筑在谁都看得见的地方，把卵袋吊在荆棘上，也不采取任何隐蔽措施，结果它倒了霉。在它的小球里，我发现了一只佩带着产卵器的姬蜂。它的幼虫以蜘蛛的卵为生，在小桶似的卵袋中只剩下了一些空壳，小生命全部灭绝了。除此之外，我知道还有其他一些姬蜂也有掠夺蜘蛛的爱好，它们孩子的日常饮食是一篮子鲜蛋。

迷宫漏斗蛛，就像我看到的那只一样，害怕居心不良的探测卵袋者。为了万无一失，它选择了一个远离居所的隐藏处，远离那个不打自招的网。当感觉到卵巢里的卵已经成熟时，它就要搬家，乘着夜色出发去勘察地形，寻找一个危险性较小的隐蔽处。理想的地方是枝叶垂落地面的矮灌木林，即使冬天，那里也有茂密的绿叶，地上满是从周围的橡树上掉下来的枯叶。那些长在岩石上时缺乏营养，在这里却长得非常茂密的迷迭香，对它尤其适合；因此，我往往能在那种地方找到它的巢，但并不是一下子就能找到，它隐藏得极为严密。

到此为止，还没有任何偏离常规的现象。由于世上到处都有爱吃嫩肉的食客，所有的母亲都有所提防，谨慎地把家安在最隐秘的地方。很少有谁忽视这种防范措施，大家各自按自己的办法把卵隐藏起来。

对于迷宫漏斗蛛来说，对卵采取保护措施时还需要另一个条件，因而更复杂。大多数情况下，蜘蛛一旦找到安全的地方，就把卵遗弃在那里，听凭命运的摆布。但是，荆棘丛里的迷宫漏斗蛛却相反，更具有母亲的责任感，就像满蟹蛛那样，它必须守卫着那些卵直到孵化。

满蟹蛛用丝和合抱的小叶片在卵袋上方建一个哨所，并长期坚守在那里。由于产卵和完全不吃东西，它消瘦得厉害，最后干瘪得像一片皱巴巴的鱼鳞。这位瘦弱不堪、几乎只剩下一层皮的母亲不吃不喝，顽强地撑着，勇敢地保卫着卵袋，与敢于来犯者搏斗，直到孩子们出发了才放心地死去。

迷宫漏斗蛛却聪明得多。产完卵以后，它不但不消瘦，而且始终保持着富贵的体态，肚子略微有些鼓凸。它每天都准备猎杀蝗虫，胃口依然很好。因此在丝巢里的卵袋旁边，它还需要一个打猎场。我们已经见识过迷宫漏斗蛛按照严格的艺术原则，在我的网罩里建造起来的那个丝巢。

那个优美的卵袋，两头延伸成门厅的球形哨所。卵袋悬在中央，12根柱子将它与周围隔开，前厅像一个火山口，看上去像捕兽器，边上竖着一圈一圈紧绷的丝组成的网，透过半透明的围墙我可以看见正在做家务的迷宫漏斗蛛。它从带拱顶的回廊走到星形卵袋的任何一点，不知疲倦地巡视，不时地停下来，慈爱地拍拍那个缎袋，听听袋子里有什么动静。如果我用麦秸在一个地方晃动一下，它就马上跑过来，想弄清出了什么事。如此高的警惕性能否对姬蜂和其他爱吃卵的敌人产生威慑作用呢？也许能，但是就算这种灾祸可以避免，其他灾祸也会在母亲不在时降临。

寸步不离的监视也没有使它忘记进食。我不时地放几只蝗虫在罩子里，其中一只刚好被大厅里的绳索缠住，蜘蛛飞快地跑过来，咬住这个冒失鬼，把它的大腿卸下来，将内脏掏空，那是猎物最精华的部分，尸体的其他部位，则根据当时的胃口或多或少地吸食几口。蜘蛛是在哨所外面，就在门槛上吃东西，而不是在里面。蜘蛛不是为了打发难熬的守卫生活而吃零食，这可是正餐，食物还经常更换，如此大的胃口真让人吃惊。满蟹蛛也是虔诚的守卫者，拒绝我送上的蜜蜂，让自己饿死。眼前这位母亲有必要吃这么多东西吗？有，当然，它有这个必要，而且天经地义。

在开工之初，它已经消耗了许多的丝，也许是所有的库存。这个双重住房，自己的加上孩子的，可是个庞大的建筑，很费材料。即使这样，在将近一个月的时间里，我还看见它一层一层地加厚大房间和中间那个小屋的墙壁，它织出的布从最初的透明罗纱变成了不透明的缎子。围墙的厚度似乎总是不够，蜘蛛一直在那里织呀织。为了满足巨大的消耗，它必须不断地进食，以补充纺织时消耗的丝。

一个月过去了，大约9月中旬，小蜘蛛孵化了，但没有离开那个袋子，它们在那条柔软的棉被里过冬。母亲继续守护着它们，并不停地编织，可是体力却越来越不支。隔好长一段时间，它才吃一只蝗虫，现在它对我扔进捕猎器里的猎物不屑一顾了。日益明显的节食，是衰弱的信号，它放慢了工作节奏，最后停止了纺丝。

还剩四五周时间，母亲不停地迈着蹒跚的步子巡视，听到袋子里的新生儿的蠢动声感到无比幸福。最终，在10月底，它紧紧抓住孩子们的房间，死了。它已尽到了母亲的责任，小蜘蛛们的未来全靠天意了。春天到来时，小蜘蛛将从柔软的小窝里出来，乘着被风吹走的丝飞行，疏散到四面八方，并且将在茂密的百里香上试着织出第一个迷宫。

尽管囚禁在罩子里的迷宫漏斗蛛筑的巢结构那么周正，织出的绸缎那么纯正，我还是无法尽窥全貌。我应该再回头去看看野外的情况。将近12月底，在年轻助手——我的孩子们的帮助下，我又开始了研究。我们沿着陡坡下一条树木掩映的石子小径搜寻，查看细弱的迷迭香，撩开盖在地上的分枝杈。我们的虔诚得到了成功的回报，仅仅两小时就找到了好几个蜘蛛窝。啊！这些可怜的巢已经被这个季节恶劣的气候糟蹋得面目全非！要找出这些破房子与建在网罩里的那个建筑物的相像之处，必须要有自信的眼光。拖地的小树枝上连着一个难看的卵袋，它躺在雨水冲积的沙土堆上，外面包裹着一层用几根丝胡乱连接拼凑起来的橡树叶，其中有一片比较宽大的叶子作为房顶，把整个天花板固定住。如果不是看见从两个门厅露出来的丝头，不是用手把袋子上的叶片剥离时还感觉到一点韧性，我们真会以为这个玩意是意外堆积起来的风雨之作。

我进一步观察这个变了形的蛛巢，这个大房间是母亲的卧室，我们剥开包在外面的树叶时把它撕破了；这里是观察所的圆回廊；那里是中心卧室和它的立柱，整个都是用洁白的布料做成的，在外层的枯树叶保护下，房间没有被潮湿的泥土玷污。

现在我打开了孩子们的房间。这是什么？我十分惊讶地看到，房间里装着一个泥土做的硬核，好像是夹带着泥浆的雨水渗透进来了。可是别这么想，因为灰缎子墙壁内面是干干净净的。这完全是母亲所为，它是故意这样做的，而且制作精心，那些沙粒是用丝粘在一起的，用手指捏一捏还有些硬。剥去外壳，我看到除了这个矿物层之外，还有一层丝套裹在卵袋的外面，最后的保护层一被撕开，受到惊吓的小蜘蛛就到处逃窜，敏捷地四下分散开，在如此昏沉沉的寒冷季节，倒是显得很特别。

总之，当迷宫漏斗蛛在野外织卵袋时，会在卵的周围，在两层绸套之间，用许多沙和少许丝混合起来建起一堵墙，以防姬蜂的探针和其他害虫的大颚，用坚硬的石子和柔和的细纹布筑一堵墙，我找不到比它更好的防护方法了。

这种防护措施似乎在蜘蛛家族中很常见。我们家中的大蜘蛛家隅蛛，把产下的卵装进一个小球，外面裹着一层用丝和墙上掉下的墙粉混合制成的硬壳。其他一些生活在野外石头下的蜘蛛，也采用类似的方法。它们用丝黏合的矿物质外壳，把产下的卵包裹起来。同样的忧虑不安，促使它们想出了同样的保护方法。

那么，养在网罩里的五位母亲，为什么一个都没采用筑土墙的方法呢？沙子有的是，沙罩下的罐子里装满了沙。在自然条件下，我也遇到过没有矿物层保护的卵袋，这些不完整的窝都筑在稠密的荆棘丛里，离开地面有一段距离；而另一些包了一层沙的窝却搁在地上。

或许蜘蛛的筑巢过程能解释这种差别。泥水匠用的混凝土是用石子和砂浆搅拌而成的，同样蜘蛛也用丝和沙粒搅拌成砂浆，纺丝器不停地喷出丝来，爪子则伸到从附近采集来的硬矿物中搅拌。如果每搅拌完一粒沙子就停止喷丝，再到远处去寻找石子，混凝土就制不成。这些材料必须都是现成的，唾手可得的，否则蜘蛛就会放弃这道工序，继续筑窝。

在我的网罩里沙子离得太远，为了取到沙，蜘蛛必须从圆顶上下来；它以网纱为依托筑巢，所以必须往下爬一拃多深。纺织女拒绝爬上爬下，老是这样反复地下来捡沙子，会给纺丝器的操作带来很大的难度。当蜘蛛把窝安在迷迭香丛中一定的高度时，它也拒绝筑混凝土墙，我还不知道原因何在。但是，只要窝接触地面时，沙粒围墙就决不会省掉。

由此我们是否可以证明动物的本能是可变的？它要么是在退化，从某种程度上说它忽视了祖辈采用的保护方法；要么是在发展，带着几分犹豫向泥工艺术迈进。

不论从哪一方面考虑，我都无法下结论。迷宫漏斗蛛仅仅告诉我们，要使本能得到发挥需要有物质条件，否则就只能是一种潜能，本能能否发挥，要依特定时期的特定条件而定。

把沙子搁在它脚下，纺织女就会把它和成混凝土；不给它沙子或把沙子放得远远的，它就只会织塔夫绸。但它始终准备着做泥水工，只要条件许可。我观察得来的所有材料都说明，指望蜘蛛做出其他革新是不明智的，革新将会从根本上改变它的工艺，并使它抛弃诸如两个门厅的房子和星形卵袋等，去编织彩带圆网蛛的梨形羊皮袋。

第十六章 克罗多蛛

这种蜘蛛被命名为杜氏克罗多蛛[①]，是为了纪念最早引起人们注意这种蜘蛛的人之一。长眠在芝麻菜和锦葵下的逝者，很快会被遗忘，而带着一张小动物的通行证进入永恒，则可以名垂青史，这种好处对人不无诱惑。大多数人是悄然离世的，他们的名字不再被人提起，他们被遗忘埋葬了，这是最不幸的埋葬方式。

在博物学者中，一些人为了显扬于世，便用自己的名字给生命宝库中的物质命名，以此作为一叶小舟，防止自己沉没。老树枝上的一层苔藓、一根草、一只弱小的动物，都能神奇地使一个名字变得犹如一颗新星似的光彩夺目。尽管这种纪念死者的方法用得过于频繁，但还是非常值得尊重。为了雕刻一块有一定寿命的墓志铭，还有什么比金龟子的鞘翅、蜗牛的壳和蜘蛛的网更好的材料呢？连花岗岩都比不上这些材料，刻在坚硬的石头上的铭文会消失，而刻在蝴蝶翅膀上的铭文却是无法消除的，因此用杜朗的名字是行得通的。

但是，如今为什么采用克罗多这个名字呢？是不是因为昆虫分类者一时找不到词，来命名越来越多的动物种类，而心血来潮地采用了这个名称呢？不完全是。他想到了神话中的一个人物，这个名字听起来悦耳，而且也挺适合用来命名一位纺织女。古代神话中的克罗多，是掌生、死、命运三女神中排行最小的那个，她掌握着纺

① 杜氏克罗多蛛：这是一种蜘蛛的名称，克罗多本是神话传说中编织命运的女神之名，在此隐喻蜘蛛。杜朗是最早向人们介绍这种蜘蛛的人之一，为了纪念他而以他的名字为这种蜘蛛命名。——译注

织人类命运的纺纱杆；纺纱杆上绕着许多废毛、少许丝束，偶尔会有一根金线。

同其他蜘蛛一样，具有优美的形状和服饰的博物学者克罗多，首先必须是一个能干的纺织女，才担当得起那个执掌纺纱杆的恶毒女神之名。令人不快的是，类比无法再扩展，神话中的女神克罗多很吝惜丝，用起废毛来倒是慷慨大方，为我们织出了坎坷不平的人生。然而，八条腿的克罗多只用精丝纺织，它为自己而工作；女神克罗多则是为我们这些几乎不值得她劳神的人而工作。

想不想认识一下克罗多蛛？在橄榄树的故乡，太阳灼烧着多岩石的山坡，我们去翻开那些平坦的大石头看看。我们还应该去寻访牧羊人垒起做凳子用的石堆，牧羊人常常坐在上面，居高临下地监视草地上的羊群。别让我们失望，克罗多蛛很少见，不是所有地方都适合它生长。如果幸运之神对我们坚忍不拔的精神报以微笑时，我们将会看见，在翻起的石头下粘着一个外表粗糙的建筑物，形状像一个倒置的圆屋顶，相当于半个橘子那么大，表面镶嵌着或悬挂着小贝壳和小土块，更多的是干枯的昆虫。

圆顶的边上有12个呈放射状分布的突角，扩张开的尖角固定在石头上。在尖角之间又展现出同样多的倒圆拱，看上去既像一座用驼毛造的房子，又像是犹太人的帐篷，不过是倒置的，固定在吊带间紧绷的平顶上，从上面封住了居所。

门在哪里呢？边缘所有的圆拱都朝屋顶张开，没有一个是通向内部的。我用目光搜寻了半天，也没发现一条联系内外的通道。小屋的主人总该偶尔会出门去寻找食物吧，巡视完以后，总也得回家。那么它从哪里进去呢？我只要用一根麦秸，就能揭开这个秘密。

我用麦秸在每个圆拱廊口上捅一下，到处都是硬的，到处都关

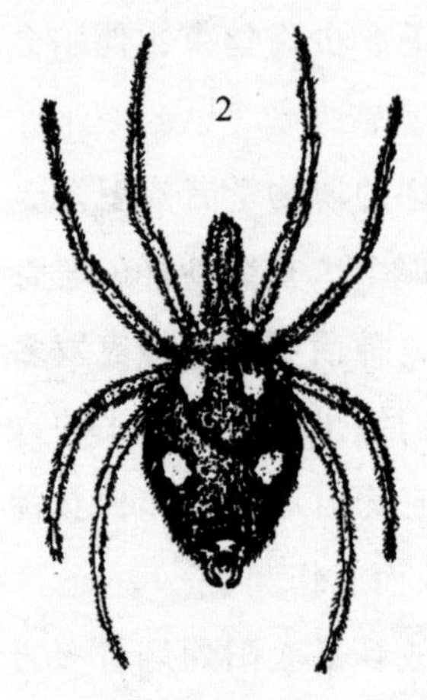

杜氏克罗多蛛

得严严实实。巧妙地结合成的月牙形边饰中，只有一处，虽然形状看上去和别的圆拱没有什么不同，但是边缘分成两瓣，像两片微微张开的嘴唇，这就是门，它靠自己的弹性会自动关闭。不仅如此，蜘蛛回到家后经常把门闩插上，用一些丝把那两扇门粘上，固定住。

泥水匠原蛛的洞穴上有一个盖子，看上去和周围的地面没什么两样，这是一扇活动的门，上面装有铰链。尽管如此，它的家也不见得比克罗多蛛的帐篷更安全。敌人若是不了解门道，克罗多蛛的家是无法进入的。当遇到危险时，克罗多蛛赶紧往家里跑，它用足推一下门，门就会张开一条缝，它一钻进去就不见了，门会自动关闭，必要时它会拉几根丝把门锁上。被那么多一模一样的圆拱廊难倒了的强盗，永远也不会发现被追踪者突然消失的秘密。

把简单的创造变成防御系统的克罗多蛛，对生活的讲究程度远远超过了原蛛。打开它的小屋看看，多么豪华啊！据说古代有个骄奢淫逸的人，仅仅因为床上有一片玫瑰叶就无法休息，难受得发慌。克罗多蛛也同样挑剔，它的被子是一种理想的莫列顿呢，比天鹅绒还柔弱，比夏季蕴蓄着暴雨的云团还要白。床的上方有一个同样柔软的华盖，在华盖和莫列顿呢之间狭小的空间里，有一只蜘蛛在休息，它的腿很短，穿着深色衣服，背上佩戴着五枚黄色的徽章。

在这个优雅的小屋里休息，需要绝对的平稳，特别是气候多变的日子，当穿堂风从石头下钻进来时。这个条件在小屋里能得到很好的满足。我仔细地看了看这所住宅，月牙边像围栏似的框住屋顶，以尖端固定在石头上，支撑着建筑物的重量。除此以外，每个黏结点通过一束散射的丝粘在石头上，整条丝都粘在石头上延伸得很长，我量了一下有一拃长。这些丝就像锚绳，相当于贝都因人用来固定帐篷的小木桩和绳子。有这么稠密、排列这么有规律的支撑点，这张吊床是不会被连根拔起的，除非蜘蛛遭到了意想不到的暴行，当然这种情况是很少见的。

有一个细节也引起了我的注意。房子里面一尘不染，外面却到处都是垃圾，有小土块、烂木渣、小沙砾，更糟的是帐篷外成了尸体堆，在那里或镶嵌着或垂吊着一些砂潜和盗虻的干尸，以及一些喜欢躲在岩石下面的拟步甲，还有断成一截一截、被太阳晒得发白的赤马陆，也有生活在碎石堆里蛹螺的壳，还有最小的隧蜂。

这些尸体显然大部分都是餐桌上的残羹剩菜。不善设圈套的克罗多蛛采用围猎的方法，过着游猎生活，从一块石头下转移到另一块石头下。谁要是夜里钻进克罗多蛛的石板下就会被它掐死，榨干了的尸体不是被扔得远远的，而是被挂在丝墙上，它好像是想以此来吓唬人，但这显然不是它的目的。以吸血维生的恶魔，既然要让自己想抓的猎物放心大胆地上门，就不该把遇难者的尸体吊在城堡的绞刑架上。

其他原因更加深了我的怀疑。吊在帐篷上的贝壳大部分是空的，但有的里面有软体动物，还完好无损地活着，克罗多蛛是怎样处置蛹螺，以及其他一些缩在小塔螺里的软体动物呢？

蜘蛛既无法砸烂石灰质的外壳，又无法从螺口上把缩在里面的软体动物挖出来，它为什么还要捡这种东西呢？况且里面黏糊糊的肉也未必合它的口味。我怀疑这些东西只是被当作固沙的沉子，为了防止织在墙角上的蛛网一遇到风吹就变形，家隅蛛往网里装石膏，把老墙上掉下的粉末积在里头。我眼前所见的这些东西，是否有同样的作用呢？做个实验吧，这是检验各种猜测的最好方法。

饲养克罗多蛛不是一项繁重的工作，没必要把它做了窝的那块沉重的石板搬回家，只要采用一种简单的方法就行了。我用小刀尖把石头上的吊索割断，蜘蛛很少会逃跑，它不喜欢出门，此外我在搬动时也尽可能地小心。就这样我把这座小房子连同它的主人，装入一个纸筒里带回了家。

我有时用柳条筐或是没用的奶酪盒，有时用硬纸板来代替那块因为太重、而且放在桌上太占位置而舍弃了的石板。我把蜘蛛的丝吊床分别放在这些石板的替代品上，将吊床的吊角一一用胶带粘上，再用三根短棍支撑住。现在，一个像石桌坟形状的仿制品完成了。在整个操作过程中，如果能注意避免敲击和晃动小房子，蜘蛛就不会从家里跑出来。最后我把这些小房子放在罩着金属纱罩的沙罐里。

第二天，我就得到答案了。如果用柳条或是纸板做吊顶的小房子中，有个别在采掘过程中破损或是严重变形了，蜘蛛就会在夜间放弃这个家，到别处去住，有时甚至就待在网纱上。

花了几小时搭成的新帐篷，几乎只有一个两法郎的硬币那么大。按照老宅的建筑原则建造的新帐篷，是由两层重叠的薄网组成的，上面一层很平，成了床顶的华盖，下面一层是弧形的，形成了一个小袋子。袋子布料非常纤细，稍有不慎就会使袋子变形，以致侵占掉原本就很小、仅够容纳那只蜘蛛的空间。

那么，为了使纤细的薄纱保持坚挺和平稳，以保留最大的空间，蜘蛛做了些什么呢？确切地说，它的做法符合我们的平衡定律，它给建筑装压载物，并尽量降低屋子的重心，在袋子的凸肚上

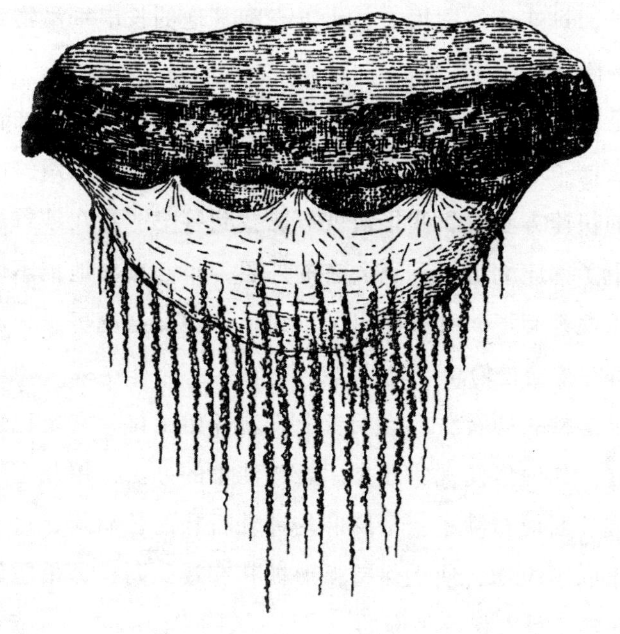

克罗多蛛的巢

挂上用丝线串起来的长串沙粒。这些钟乳石状的纱丝串，看上去像一把浓密的胡子，沙串末端缀着一块大石子，垂得低低的。这些悬垂物整体上就发挥着装压载物、平衡器和压力器的作用。

这个一夜之间匆匆建起来的建筑物，只是不久就能居住的新房子的雏形，还必须不断地加上一些压载物，最后袋壁将变成厚厚的莫列顿呢，其本身能保持弧形和保留所需的容量。这时蜘蛛放弃了刚开始织袋时使用的、对加压很有效的钟乳石状的沙串，而只采用一些比较重的东西作为新房子的压载物，主要是昆虫的尸体，因为不需去寻找，每餐饭后脚下都有昆虫尸体的残骸。尸体被当作了碎石，而不是用来炫耀的战胜品。昆虫的尸体代替了要到远处才能找到的材料，并被挂在帐篷上，形成了一个起加固和平衡作用的支架。此外，蜘蛛还经常用一些小贝壳和其他的长串垂吊物，来增加房子的平衡性。

如果把一间早已装修得尽善尽美的旧房子的外部装饰物去掉，会是什么样子呢？遇到这种灾难，蜘蛛会不会重新采用沙串这种稳定房子的快捷方法呢？我很快就可以找到答案。我在纱罩里的小镇上，选中了一座大房子，剥去它的外层，小心翼翼地把不属于房屋本体的东西都剥掉，结果露出了本白色的丝。这座房子很漂亮，但是我觉得它太松松垮垮了。

这也是蜘蛛的看法，当天晚上它就开始工作，它要把房子的外层修复好。如何修复呢？还是用悬挂沙串的办法，用几个晚上的时间，丝袋外面便布满了密密麻麻的钟乳石状的长胡须，这个特殊的工程对于固定织物，使之保持弧形极其有效。同样，吊桥的吊索也是靠桥面的重量来保持平衡的。

后来，随着蜘蛛进食，吃剩下的昆虫尸体就镶嵌到了袋子上，用丝串联起来的沙子渐渐地脱落，蜘蛛的大宅又恢复成尸体堆的样子了。现在我又得出了同一个结论：克罗多蛛有它自己的平衡学，它会用加重的方法降低重心，使它的房子既平稳又有足够的空间。

那么它在铺垫得那么柔软的房子里做什么呢？据我所知，它什么也不做。它填饱了肚子，就伸开腿舒舒服服地趴在柔软的地毯上，什么也不干，什么也不想，静静地聆听地球转动的声音。它没睡着，更不是醒着，而是处于一种似睡非睡的状态，心中有一种说不出的舒适感。当我们躺在舒适的床上即将睡着的那一刻，也会感到无比幸福。思维和印象开始消失的时刻，也同样是很美好的，克罗多蛛似乎有同样的感觉，它也充分地享受这美好的时光。

当我打开蜘蛛的房门时，总是看见它一动不动，像在没完没了

地沉思，我必须用一根草去逗弄它，才能使它从沉思中苏醒。只有饥饿的刺激才能使它走出房子，可是它非常节制饮食，所以很少在外面露面。我用了三年的时间坚持观察，在实验室里与它朝夕相处，却一次也没见过它大白天在网罩里捕猎。只有夜晚，夜深人静时，它才外出去冒险，去寻找食物，想跟随它出征几乎是不可能的。

经过耐心地等待，我终于在晚上10点，看到它在平坦的房顶上乘凉，也许它是在那里窥视经过的猎物。受到烛光的惊吓，喜好黑暗的朋友嗖地就跑回家去了，它拒不公开自己的小秘密。只是第二天，小房间墙上多出的一具吊着的尸体证明，我走了以后它再次出去捕猎，并获得了成功。

由于过分羞涩并且昼伏夜出，克罗多蛛向我隐瞒了它的风俗，它把自己的作品——写故事的宝贵材料——交给了我，它却不让我知道它是怎么做的，特别是10月我带回家的那窝卵是如何产下的，更是不得而知。卵分装在五六个透镜状的扁袋子里，几乎占满了母亲的房间。这些卵囊每一个都有自己的高级白缎包壁，但是卵囊与房间的地板以及卵囊之间，都粘得非常紧，根本无法将它们分开，想分离出一枚卵，除非把它们撕破。全部的卵加起来大约有100枚。

母亲匐匍在那堆小袋子上，像老母鸡孵小鸡似的忠于职守。产卵并未使它变弱，尽管块头小了点，但看上去始终很健康。首先，圆滚滚的肚皮和紧绷绷的皮肤证明，它的任务还没有完成。

卵孵化得很早。11月还没到，小囊袋里已经有孵出来的小蜘蛛了，它们个头儿很小，穿着带五个黄色斑点的深色衣服，和成年蜘蛛长得一模一样。新生儿没有离开各自的凹室，紧紧地挤在一起，在那里度过冬季。母亲则蹲在卵囊上负责安全警戒，除了通过卵囊壁能感觉到微微的颤动外，它还不知道自己的孩子是什么样呢。我看到迷宫漏斗蛛连续两个月待在观察所里，保护着它永远也见不到面的孩子们。而克罗多蛛要守护将近八个月，它理所当然应该能见到孩子们在大房间里，在它身边碎步小跑，并能目睹它们最后的迁移，看着它们吊在丝端去长途旅行。

当炎热的6月到来时，小蜘蛛也许是在母亲的帮助下捅破了卵囊壁，才从母亲的帐篷里出来的，对那扇神秘门的诀窍，它们知道得一清二楚。它们在门口用了几小时的时间呼吸新鲜空气，随后相继被制绳厂制造的缆绳气球带着飞走了。

老克罗多蛛留在那里，并不因为孩子们移居他乡，留下它孤零零的而感到忧虑不安。它非但没有变憔悴，反而显得更年轻了，那鲜亮的颜色和充满活力的外表，让人猜想它的寿命还长着呢，还能再次生育。关于这个问题，我只有一份材料，而且是比较有说服力的。尽管我很有耐心，这些不同寻常的母亲也没让我监视到它们的行动；尽管我饲养得很精心，结果却进展缓慢，它们还是在孩子们出发后离开了原来的家，到别处去重新造房子。每只老克罗多蛛都在网纱上为自己造了一间新屋子。

新屋子还只是些粗坯，是一夜的劳动成果。两层重叠的帷幔，上面一层是平的，下面一层底部凹陷，并且用钟乳石状的沙粒做压载物，两层帷幔构成了新房子，随着日复一日地一层层加厚，将变得和老房子一模一样。为什么蜘蛛要放弃它那座尚未破损，甚至从外表看还很好的旧房子呢？如果这不是幻想，我认为自己隐约看出了它的动机。

原先那间小屋尽管铺着厚实的地毯，却有些严重的缺陷，里面堆满了孩子们残留下来的小卧室，我用镊子去拨这些废墟很困难，它们跟房间的其余部分连成了一体。对克罗多蛛来说，这应该是很费力的工作，也许是它力所不及的。这个伤脑筋的难题，连出这道难题的纺织女自己也解决不了，那么，它就只能抛弃那堆废墟。

如果克罗多蛛独自居住，倒是不太要紧，好歹只是空间小了一点，它只需要一点空间，只要转得了身就行！可是后来，当它在碍手碍脚的凹室堆边度过七八个月后，为什么又突然想要有一个大房间呢？我看只有一个原因，蜘蛛需要一间大房子并不是为了自己，它自己只要一个狭小的住处就够了，而是为了生第二批孩子，它才需要更大的房子。

既然第一次产卵留下的残留物已经把房间占满了，还能把小卵袋放在哪里呢？新生儿需要新房间，这也许就是搬家的原因。蜘蛛感到卵巢尚未枯竭，于是便要搬家，去另外造一座房子。至于换房的情况，我只拥有观察到的一些事实。由于有其他事要做，而且长期饲养克罗多蛛有许多困难，我无法再继续深入地研究下去，不能像以前研究狼蛛时那样，去研究克罗多蛛多次产卵的情况，以及研究它的寿命有多长，为此我感到很遗憾。

离开这只克罗多蛛之前，我再简要地回顾一下狼蛛的孩子引发的问题：它们在母亲背上的七个月里，从不吃东西，却一直保持着旺盛的精力，从母亲背上摔下来是常事，但它们每次都会顺着母亲的一条腿爬上去，赶快坐回自己的位置，这对它们来说是日常的训练。它们消耗了能量，却没有物质补充。

克罗多蛛的孩子，迷宫漏斗蛛的孩子，还有其他蜘蛛的孩子也节食，它们在运动却不吃东西；在整个幼虫期，即使是在冬天也一样。在寒冬腊月里，我撕开了一只克罗多蛛的小囊袋和一只迷宫漏斗蛛的圣物盒，以为会见到一群因寒冷和饥饿而冻僵的、没有一点活力的婴孩。可是我看到的完全不是这么回事，关在里面的小蜘蛛见家门被人撬开，马上匆匆地往外跑，它们四下逃窜，和进入迁移期一样活跃。看它们急步小跑的样子真是不可思议，小山鹑受到狗的惊吓也不会跑得比它们更快。小巧可爱、像黄色绒毛球似的小鸡，在听到母亲召唤时，会飞快地跑向装着小米粒的盘子。习惯已使我们对动物快速而准确无误的机械反应习以为常，视而不见。我们不会去注意这些，因为这一切在我们看来是那样简单。科学家则以不同的方式探索和观察事物，科学家认为：万事都有因果，小鸡吃食，它消耗或者更确切地说耗热，把食物变成热量，进而转化成能量。

如果有人说，一只小雉鸟从蛋里孵化出来后，一连七八个月不吃一点食物，还一直能跑，始终精力充沛，行动敏捷，恐怕找不到充分理由来消除我们的怀疑。然而不进食却还能照常活动，这种不合情理的事，偏偏就让克罗多蛛和其他蜘蛛变成了现实。

我记得我已经证明过，小狼蛛在母亲背上时是不吃东西的。严格地说，若有怀疑也是可以理解的，因为我无法观察到迟早会在秘密洞穴里发生的事，也许在洞穴里，母亲口对口地把肚里的食物渣喂给小狼蛛吃了。克罗多蛛能解答这个疑问。

像狼蛛一样，克罗多蛛也和孩子住在一起，但是它和孩子们之间被婴儿室密封的围墙隔开了，根本不可能传递固体的食物给孩子们。也许有人会想，母亲吐出的营养液从围墙渗透进去，里面的孩子就能喝到。然而，迷宫漏斗蛛使我们打消了这个念头，小蜘蛛孵化出来几星期后它就死了，而小蜘蛛在绸缎织成的房子里关了半年，并没有因此而变得瘦弱。

它们会不会吃包裹在外面的丝呢？它们会吃房子吗？这并不是

荒唐的猜测，因为我们已经见过圆网蛛织新网之前，先要咽下废弃的房子。然而，狼蛛证实这种解释是行不通的，它的孩子们根本没有丝网。总之，我确信，那些小蜘蛛，不管是哪种蜘蛛的孩子，绝对没有吃任何东西。

最后，人们心里或许还会这么想：小蜘蛛自己身体里也许储存着从卵里带来的物质，比如脂肪或其他能渐渐转化为机械能的物质。如果这种能量的消耗只维持很短的时间，几小时，几天，那么我会欣然接受这种观点，因为来到世上的任何生物都有这种特点。比如小鸡，它仅仅依靠从蛋里带来的储粮，就可以稳稳当当地站起来，活动一段时间。但是，一旦胃里没有了食物，制造能量的火炉就会熄灭，小鸡也会死去。要它保持七八个月不停歇，一直站着，动个不停，还得躲避危险，怎么可能呢？它哪里有地方储存足以维持这么大消耗的储备物呢？

小蜘蛛本来身体就很微小，它能把足够维持机器长期运转的燃料储存在哪里呢？一个原子竟能储存用之不竭的机油，是何等不可思议，想到此，我不得不打消这种念头。

我们只能借助于非物质的，特别是来自外界的热辐射，通过身体器官将它转化为动力。这是压缩到最简单形式的能量营养，这种热动力不是从食物中释放出来的，而是能直接利用的，就像一切生命物质的热能源泉阳光一样。天然的物质有着令人困惑的秘密，镭就是证明；生物也有自己的秘密，而且更具神秘色彩，谁也说不准由蜘蛛而引起的这种猜测，是否有朝一日会被科学验证，并因此而产生生理学的基本定理。

第十七章 朗格多克蝎子的栖息所

蝎子沉默寡言，生活隐秘，与之交往也无乐趣，除了一些解剖学特点外，它的故事几乎就没什么内容可写。解剖刀已经揭示了蝎子的生理结构，但是据我所知，没有一位观察家敢于坚持对它隐秘的生活习性进行观察。在酒精中浸泡后被解剖的蝎子已为人们熟知，至于它的本性，却几乎无人知晓。在节肢动物门中，蝎子是最值得人们为它写一部详细的传记的动物。在民间传说中，它给人留下了很深的印象，以至被载入了黄道十二宫。卢克莱修[①]常说恐惧造就了诸神。因可怕而被神化了的蝎子，在天上受到众星的赞美，并成为年历中十月的象征。我应该尝试让它开口说话。

我认识朗格多克蝎子是在半个世纪前，在罗讷河畔，阿维尼翁对面的维勒尼弗山岗上。最幸福的周四到了，从早到晚我都在山岗上翻石头，寻找蜈蚣，这是我的博士论文的主题。有时在翻开的石头下，我看到的不是多足纲的蜈蚣，而是另一个可怕至极、同样不讨人喜欢的隐居者，它就是蝎子。蝎子的尾巴向背部卷起，毒针上正滚出一滴毒液，两只螯钳顶在洞口上。哇，快离开这个可怕的家伙！我把石头重新压回了洞口。

我精疲力尽地奔波了一天，满载蜈蚣而归，这次外出使我充满了幻想，当我开始贪婪地啃着知识的面包时，这些幻想给未来染上了玫瑰色。啊！科学，你多么有魅力！我往家走着，心里充满了喜

① 卢克莱修（约前99—约前55）：古罗马诗人、哲学家。——译注

悦，我有千足虫了。对于幼稚单纯的我来说，还有什么更让我满足的呢？我带走了多足纲蜈蚣，却留下了蝎子，但我隐隐地预感到，有一天我会回头去研究这种动物。

50年过去了，这一天终于来到了。在研究了和它身体构造相近的蜘蛛后，我应该来研究我的老相识，生长在我们地区的蛛形纲排头兵。我家附近有许多朗格多克蝎子，但我从没见过一个地方像塞里昂山岗的斜坡，有那么多的蝎子。那个山坡朝阳，而且多岩石，是野草莓和欧石楠喜欢生长的地方。在那里怕冷的蝎子可以生活在像非洲一样的高温下，而且那里的土是沙土，挖掘比较容易。我想那里应该是它向北移的最后驿站。

它喜欢植物稀少的地方，那里垂直耸立着被太阳烧烤的页岩，遇上坏天气页岩被连根拔起，最后坍塌下来变成了石片。在那里通常可以碰到大片的蝎子殖民地，仿佛是同一家族的成员移居到周围地区组成的部落。这里绝对不兴群居，由于蝎子过分苛刻，喜欢独居，它们总是独处一室。尽管我见到过许多蝎子，但我从来没见过两只蝎子住在同一块石头下，或者更确切地说，当一块石头下有两只蝎子时，必然有一只正在吃掉另一只，我们将有机会看到，凶狠的隐修士以这种方式结束婚礼。

蝎子的住宅很简陋。当我们翻开那些较大较扁平的石头时，如果发现一个广口瓶颈那么粗、几法寸深的洞，就表明这里有蝎子；俯身察看就能看到主人在家门口，两只螯钳张开，尾部翘起，摆出防御的姿势。有的时候当宅主躲在比较深的小屋里时，我就看不见它了。为了把它引到亮处，就必须用上随身携带的小铲子。它现在爬上来了，挥着武器，当心手指！

我用镊子夹住它的尾巴，将它头朝下放进一个很结实的纸筒

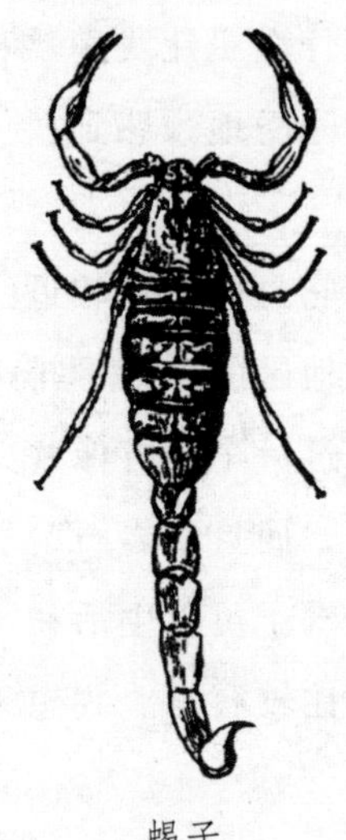
蝎子

里，与其他囚徒隔离开，然后再把这些可怕的猎物全部放进一个白铁皮盒子里。这样携带和收集起来就非常安全了。

安顿这些动物以前，我先简要地描述一下我抓来的这些蝎子的特征。这是一种分布在地中海沿岸大部分地区的普通黑蝎子，人们都很熟悉它，秋季多雨的日子，它会潜入我们的家中，甚至钻进我们的被窝。这个可恨的家伙主要是令人恐惧，倒不一定会伤人。尽管它们常常出现在我的寓所，但是它的光临从没有造成过任何严重的后果。其实它的恶名有些名不副实，这个可悲的动物主要是令人讨厌，危险倒在其次。

特别令人害怕却又鲜为人了解的朗格多克蝎子，驻扎在地中海沿岸省份。它不但不会跑到居民的家中，反而还离群索居，躲在荒凉僻静的地方。与黑蝎子相比，它算得上是巨蝎，长到最大时，身长有八九厘米，颜色像金黄色的稻谷。

它的尾部，实际上应看作是它的腹部，由五节棱锥组成。一个个棱锥就像是由桶板拼接成棱凸的小酒桶，看上去像一串珍珠。它螯肢的上钳指和下钳指也有同样的棱凸纹，将腿节切成许多狭长的面，其他线条在背上蜿蜒曲折，像是护胸甲上用细粒状轧花绲边缝制的一块块皮料的接缝。这些突出的颗粒成了坚固的原始武器，并构成了朗格多克蝎子的特点。朗格多克蝎子就像一只用削刀削出来的动物。

尾部第五节之后，是一个光滑的袋状尾节。这个葫芦形的囊袋是制造和储存毒液的毒库。囊袋的尾端有一根十分尖利的深色弯钩

形毒螯，用放大镜才能看见，针尖略向下处有一个张开的小孔，毒液就是通过这个小孔注入猎物的伤口。毒螯又硬又锋利，我用手指捏着毒螯，能像针一样轻松地扎破纸皮。

由于毒螯呈弯钩形，当尾部平伸时，毒螯的针尖是朝下的。为了使用这个武器，蝎子必须把尾巴翘起来，尾巴自下而上向身体前部拍打，这就是蝎子固定不变的战术。尾巴弯向背部，向前伸就能刺伤抓住它螯肢的敌人。蝎子几乎总是保持着这种姿势，不管是行进还是休息，它都把尾巴翘在背上，很少将尾巴展开伸直。

那对螯肢，是口器的帮手，像螯虾的大钳一般可用于打仗和打探情报。当蝎子爬行时，螯肢伸向前方，两指张开，以便摸清前面有什么东西。需要攻击时，螯肢便会抓住敌人，使其动弹不得；此时尾部的毒螯就会从背后向前刺过去。最后，当蝎子需要慢慢地品尝猎物时，螯肢便发挥手的作用，把猎物夹住送到嘴里。螯肢从来不用于行走，既不起平衡作用，也不用于挖掘。

发挥行走、平衡和挖掘职能的是步足。步足胫节平切面上有一组弯曲的活动小爪，跗节是一根短而细的尖刺，就像一根拇指，在这个发育不全的跗节上布满了粗毛。小爪和跗节构成了一个极妙的钩爪，这就是为什么沉重、笨拙的蝎子，能够在纱罩的网纱上攀爬，长时间头朝下停在网上，而且还能在垂直的墙壁上攀爬的原因。

紧接步足基节的是栉板，这个奇怪的器官绝对是蝎子特有的。其名称来自它的结构，因为它由一长排小薄片组成，一片挨着一片，就像我们平时用的梳子。解剖学者认为，其作用如同一个转动齿轮的机械，专门用来把两只交配的蝎子连在一起。暂时先说这些吧，当我饲养的蝎子把它们的秘密告诉我时，我们才能知道得更多。

栉板的另一个明显的作用，我倒是习以为常，它能使蝎子腹部朝天在网罩上爬行。蝎子静止不动时，两块栉板紧贴在与步足基节相连的胸腹面，当蝎子行进时，两块栉板便分别向左右两侧抛出，与身体轴线垂直，颇像尚未长出羽毛的鸟翅。它们轻轻地摆动，有时微向上升起，有时略向下降，让人想到不熟练的走钢丝演员手里拿的平衡杆。当蝎子停下来时，栉板便会立刻收回去，折向胸腹面，不再动弹；当蝎子再次行走时，它们又马上伸出来，开始轻轻地摆动。看样子，蝎子至少是把栉板当成平衡器来使用。

蝎子的八只眼睛分成三组，在头胸部这个奇怪的部位中间，有两只闪闪发光、既大且鼓的眼睛，有点像狼蛛那绝妙的凸透镜。两只眼睛看上去都像近视眼，眼球突出得很厉害。曲线形的结节状脊线构成了睫毛，使它看起来很凶狠。近乎指向水平方向的光轴，几乎只能让它看到两侧的物体。

另外两组眼睛也具有同样的特点，每组由三只眼睛组成，很小，位置更靠前，差不多是在口器上方弯拱楣的平切边上，左边和右边的三只小凸眼都排列成一条短直线，光轴射向两侧。总之，不管是小眼睛还是大眼睛，所处的位置都不便于看清前方的物体。

近视加上严重的斜视，蝎子是怎么走路的呢？它像瞎子一样，摸索着往前走，它用手探路，用伸向前方的螯肢和张开的跗节摸索着前进。我们来观察一下饲养在露天网罩里的蝎子吧。两只蝎子正在游荡，同类相遇不是件愉快的事，有时甚至是危险的。跟在后面的那只蝎子一直往前走，好像没有看见它的邻居似的；但是一旦它的螯肢碰到了对方，它就会突然哆嗦一下，像是受了惊吓，随即后退并拐到另一条道上去。为了证实它易被激怒的特点，我其实应该去触动它一下。

现在来安顿我们的囚犯吧。靠翻石头和偶然到附近的山岗去观

察，不足以了解到更多的情况，我必须采用饲养的方法，这是唯一能让蝎子讲述它的神秘生活习性的方法。怎么饲养呢？有一种方法特别令我满意，它既能使蝎子得到充分的自由，免去我喂养的辛苦，又可以让我一年中随时都可以进行观察。我觉得这个方法棒极了，比其他任何方法都好得多，我认为采用这种方法一定会成功。

我在荒石园里建立了一座蝎子小镇，我用人工方法为它们提供舒适的条件，使它们像生活在自己的家园里一样。在年初的头几天里，我在荒石园深处比较僻静、朝阳，而且有厚厚的迷迭香阻挡北风的地方建立了蝎子殖民地。掺杂着石子的黏性红土不适用，鉴于我那些客人似乎生性不爱出门，补救的方法很简单。

我为每个移民挖了一条容积为几升的坑道，用蝎子老家的那种沙土把坑填满，再将土稍稍压实，以防挖掘时坍塌。我在压实的土里挖了一个短短的门厅，这是挖掘工作的开端，蝎子为了得到一个合意的住处，就必须在此基础上进行挖掘，并在洞口盖上一块大石板，而且石板要比土坑大些。我在正对着门厅的地方打开一个缺口，这就是大门。我把一只蝎子放在洞口边，这只蝎子是我刚从山上装进纸筒里带回来的。见到一个和它熟悉的家一样的藏身处，它便自动爬进去，再也不出来了。一座有20户居民的小镇就这样建成了，挑选的居民都已成年。建造在用钉耙改造过的土地里的一系列小屋，彼此间都隔开一定距离，以防邻里间发生冲突。即使是夜里靠提灯照明，我也能一眼就看到里面发生的情况。至于食物，我不必操心，我那些客人自己能找到食物，这地方的猎物和它们的出生地一样多。

仅有荒石园里的殖民地还不够，因为有些严肃的观察不允许任何外界的干扰，于是我又建了第二个蝎子园。这个蝎子园建在实验室的大桌子上，在那张桌子的周围，依照我的想法，已经安置了许多动物园，我想这动物园还会继续延伸好几公里。我找来了一些大罐子，这是我习惯采用的仪器。每个罐子里装满了筛过的沙子，放了两块花盆的碎片，再将两块大瓦片半埋在土里做屋顶，代替石头下的陋室，最后把圆拱形的纱罩罩在沙罐上。

我按自己的判断，把雄性和雌性蝎子配成对放在罐子里，据我所知，没有任何外部特征能区别雌雄，我把那些肚子大的蝎子当成是雌性，把肚子小的当成雄性。但是肚子大小与年龄也有关，因此难免会有差错，除非先把蝎子的肚子剖开看看，不过那样做将会中止我的饲养实验。既然没有别的办法，我就只能根据它们的身材来判断雌雄。我把蝎子两只一对配在一起，把一只比较肥胖、颜色较深的蝎子，和另一只身材略显苗条、呈金黄色的蝎子搭配在一起。这么多对蝎子中，一定会有真正的配偶。

为了有助于那些今后打算从事同样研究的人，我还想提供一些细节。饲养动物需要学习，为了获得成功，别人的经验不无用处，尤其是饲养那些危险的动物。你的手不小心触到一只逃出了笼子，躲在堆满桌上的容器之间的囚犯身上，是没有好处的。为了能在这样的环境中度过整整几年，必须有严格的防范措施。我采取了这样的防范措施：我把钟形纱罩插入沙罐直到容器的底部，在网罩和容器之间有一圈空当，我用黏土把这圈空当填满，加水夯实。这样嵌入泥土的网罩就摇不动了，容器就不存在出现细缝让蝎子跑出来的危险。如果蝎子从它占据的那块地的边缘向深处挖掘，那么它不是会碰到金属罩就是会碰到容器，这些都是无法逾越的障碍。现在，我不用担心蝎子跑出来了。

然而，除了应该注意自身的安全，我也应当考虑囚犯是否舒

适。蝎子的住所必须卫生，并且便于携带，可以根据观察时的需要，放在阳光下或阴暗处。而且里面还不能缺少食物，尽管蝎子很节俭，也不能永远禁食。为了供应食物时不必把网罩拿掉，我在网纱的中间开了一个小孔，当需要的时候，我可以从那个小孔把每天抓到的活猎物放进去，喂完食后，再用一个棉团把供应食物的天窗堵上。

露天小镇上的移民有通往石头下的道路，那是我用小铲挖好的。网罩里的移民比露天地里的移民更能干，它们刚被放进网罩不久，就让我目睹了它们的挖掘工作。朗格多克蝎子有自己的办法，它能住上自己建的小房子。为了安家，我的囚犯们各拥有一大块安家所需的弧形瓦片，插进沙子里的瓦片形成了一个地道口，一条简单的拱形裂缝。接下来蝎子必须自己往下挖掘，并按自己喜欢的方式住下来。

挖掘者很少耽搁时间，特别是在太阳下，因为太阳令它们心烦。蝎子靠第四对步足支撑，用其他三对步足耙土、耕地，轻巧敏捷地把土块碾碎、刨松，眼前的情景使我想到了狗刨土埋骨头时的麻利劲。蝎子快速地用步足把土碾碎后，便开始清扫，它把用力拉直的尾巴贴在地上，将土堆往后推，就像我们用胳膊肘推开障碍物一样。如果清出的杂物推得还不够远，清洁工还会回过头来，再用弹棍式的尾巴推几下，直至完成任务。

请注意，螯肢尽管强有力，却始终没有参与挖掘，哪怕是往外捡一粒沙的活也没做。因为螯肢是用来往嘴里送食物、打仗和提供信息的工具，如果用它去干活，就会失去灵敏的感觉。

蝎子就这样交替地用步足挖土，再用尾巴把挖出来的土推到外面，最后这个挖掘者便消失在大瓦片下了。一个小沙丘堵在地道口上，我看到沙丘不时在震动，并从上面滚落一些沙子，说明劳动还在继续；新挖出的砾石不断被推出来，直至地洞达到了需要的宽度。当蝎子想从洞里出来时，可以毫不费力地把那个不时有沙土滚落的障碍物推倒。

我们住宅里的黑蝎子，没有建造地下室的本领。它们常出没于墙根下脱落的砂浆灰里，还有因受潮而裂开的护墙板里，以及阴暗处的废墟堆里；它们只会利用现成的隐蔽所，而不会按自己的方式对藏身洞加以改造。黑蝎子不会挖土，看来是因为它的尾巴又细又光，用它清扫太无力，不像朗格多克蝎子的尾巴那样，不但粗壮，而且还长着粗硬且高低不平的圆齿状叶缘。

在荒石园的殖民地里，移民得到了经过我粗加工过的房子，我已经在石板下平实的沙土里挖了一个门厅，因此它们一下子就钻进洞里不见了，它们正为完成这项工程而努力地挖掘，洞口堆积起来的沙丘就是证明。等过几天我再掀开石板看一看。蝎子的洞穴在三四法寸深的地下，这个通常在夜晚才有蝎子出入的洞穴，常常白天也能见到蝎子，特别是天气不好的时候。有时那陋室被猛地推一下，就可以扩大成宽敞的房间。现在我来瞧瞧这座庄园，一进入石板下就是前厅。

蝎子喜欢在一天中最炎热的时候，独自待在门厅里，享受透过石板慢慢蒸发进来的热气。它享受蒸气浴正在兴头上时，突然受到干扰，于是挥动多节的尾巴，跑进避开阳光和人的视线的房间里去了。我把石板盖上，过半小时再来，发现它又回到了洞口，只要慷慨的太阳还在烘烤着屋顶，那里就会暖洋洋的。

蝎子就是以这种极为单调的生活方式度过冬季的。不论是在荒石园里的小镇上，还是在网罩里的动物园里，蝎子白天黑夜都不出

门。从洞口那个原封不动的沙丘堡垒，我就能得出这一结论。它们是不是冬眠了？才不是呢。我经常去拜访，发现它们时刻都准备着行动，尾巴翘起，摆出威胁的姿势。天气凉爽时，它们退回到洞底，天气晴朗时，它们又回到洞口，把背贴在晒热的石板上取暖，目前还没有别的情况。隐修士的生活是在长期的静思中度过的，它们时而在潮湿的洞穴里，时而在屋子的挡雨板下，或者在沙丘后面。

到了4月，情况突然发生了变化。网罩里的蝎子离开了瓦片下的洞穴，围着场地团团转，它们爬上网纱，甚至整天待在上面不下来。好几只蝎子在外面过夜，不再回家，它们宁愿在外面玩，也不想回地下室里睡觉。

在荒石园的小镇上，情况更严重。几只小蝎子夜里离开了家，外出瞎逛，我不知道它们会怎么样，指望它们逛完了还会回来，因为其他地方再也找不到适合它们的石头了。然而，谁也没回来，出走的蝎子永远地失踪了。很快，大蝎子也同样染上了爱游荡的习气，最后小镇上的居民大量移居他乡，在露天的殖民地里，快要一个居民也不剩了。永别了，我倾注了许多心血的方案！我曾寄予了美好希望的自由小镇，很快就成了没有居民的空镇，逃走的居民都不知去向，我四处都找遍了也没找到一个逃亡者。

道高一尺魔高一丈，我需要建一堵不可逾越的围墙，它圈住的范围必须比网罩大得多才行。网罩里的空间太小，蝎子连游戏的场所也没有。我有一个冬季存放肉质植物的花棚，墙基有一米深，墙壁上粗粗地涂了一层灰浆。我用泥工的抹刀和湿布尽可能地将墙面仔细抹光，然后在地上铺上了细沙并分散放了几块大石板。一切准备就绪后，我把剩下的蝎子和当天早上新抓来补缺的蝎子，一只一只分别放在棚子里的石头下。这一次我能利用这个垂直的屏障留住我的蝎子吗？我还会见到令我担心的事发生吗？

我什么也不会看见了。第二天，新的和老的蝎子全都不见了，一共12只蝎子，一只也没有留下。其实，稍微动点脑筋，我也应该会想到的。在连绵的雨季和秋天，黑蝎子缩在窗缝里的情景，我见得还少吗！它们平时住在荒石园的阴暗角落里，为了躲避潮气，便顺着墙壁爬到我的家里，一直爬到二层楼，粗泥灰粗糙的小颗粒足以帮助它们在垂直的墙面上攀登。

朗格多克蝎子尽管身体胖一些，也和黑蝎子一样是攀登好手。证据就在眼前，一道和普通砂浆涂面一样光滑的围墙，一道一米高的屏障，竟连一只蝎子也没阻挡住，一伙蝎子全都翻过院墙逃跑了。

在露天饲养蝎子，即使有围墙也是行不通的，无组织无纪律的绵羊，使牧羊人的计谋成了泡影。我还剩下一些资源，就是网罩里的那些蝎子。我就这样陪伴着实验室大桌子上的十几只罐子度过了一年。我不能外出，那些夜猫子要是看到容器里的活物，会把它们搅得乱七八糟。

再说，每个罩子里的居民数量都有限，最多两三只，因为地方不够大。由于邻居不多，又缺乏它们家乡的山岗上能享受到的强烈日照，安置在桌上的这些蝎子好像得了相思病，对于我的等待它们几乎没有给予回报。不管是蜷缩在瓦片下时，还是爬在网纱上时，大部分时间它们都在打瞌睡，梦想着获得自由。从这些不耐烦的蝎子身上观察到的点滴情况，远远不能满足我的需要，我希望得到更有价值的资料。尽管我为找到一个更好的蝎子园采取了不少对策，可一年结束了，我只得到了一些小小的收获。

最后我想出了造玻璃围墙的办法。玻璃墙没有踏脚的地方，那么攀登自然不可能。木匠为我搭了木架，玻璃匠给框架安上了玻

璃，为了让蝎子攀登时打滑，我自己给细木护墙涂了柏油。从外表看，这个建筑物像横卧的窗框，地面是一块木板，上面铺着一层沙土。当天冷的时候，特别是雨水可能造成水患，对这个没有排水设施的屋子造成灾难性的危害时，我可以把顶盖完全盖上，这个顶盖能够根据天气情况开大或关小。在这个围墙里，有足够的地方建造24间瓦片房，每一间都有一位宅主，此外还有宽阔的道路和十字路口供蝎子远足，而不至于拥挤。

然而，就在我以为圆满地解决了蝎子的住房问题时，却发现如果不加以改善，这个玻璃蝎子园将不可能长久地留住居民。玻璃绝对能阻止攀登的尝试，因为蝎子没有黏底鞋，在这种墙面上它们无法落脚。它们在玻璃上乱抓，用尾巴这根绝妙的杠杆做支撑直立起来，可是它们刚一离开地面又重重地摔了下来。

而当它们往木头上攀登时，情况就不妙了，尽管木条已经锯得很窄，而且还特地涂上了柏油，但那些顽强的攀登者还是在溜滑的道路上，一点一点往上爬，有时它们贴着夺彩杆爬得很快，随后又恢复老样子吃力地攀登。我发现有些已经爬到了顶，它们要逃跑了，我只得用镊子把它们夹回房子里。由于通风的需要，一天里的大部分时间天窗都得敞开，如果我不盯牢它们，它们很快就会跑光。

我打算用油和肥皂混合涂抹在木头上，让蝎子打滑。但这只能稍微减慢逃跑的速度，并不能阻止它们逃跑。它们细细的小爪能透过涂料插进木头的小孔里，接着又开始攀登。于是我又试着用一种没有细孔的屏障玻璃纸贴在立柱上，这对那些大腹便便的蝎子是无法克服的困难，可对于那些身体轻盈的蝎子，这点困难算不了什么，它们只要想爬常常就能爬上去。后来我往玻璃纸上涂了油脂，才将它们给制服了。

从此再也没有蝎子逃跑了，尽管它们始终竭力想逃跑。肥胖的蝎子竟然有攀登光滑的墙壁的能耐，倒是出乎意料的。但是自从用了玻璃棚，就再也没有发生如此的壮举。朗格多克蝎子和它的同行黑蝎子一样，是老练的爬墙手。

现在我有了三种安置所：荒石园里的自由小镇，实验室里的网罩，还有玻璃蝎子园。三种居所各有利弊，我挨个逐一查看，特别是最后一种。这样我就可以把在蝎子的老家翻石头时所得到的零星材料，补充到三种安置所提供的材料中。那个豪华的玻璃宫殿，是蝎子的罗浮宫，我将它安置在花园里的露天长凳上，作为收藏品，我们一家人只要经过那里，无不瞧它一眼。沉默寡言的动物，我能让你开口说话吗？

第十八章 朗格多克蝎子的食物

朗格多克蝎子虽然拥有可怕的武器，这很可能会被当作强盗和贪吃鬼的标志，其实它的饮食十分有节制。

我到附近山岗上的石子堆里访问它时，仔细地搜查过它的洞穴，希望能从中找到恶魔盛宴之后留下的残羹剩菜，可是我只找到了一些隐修士吃剩的点心渣，好些时候干脆什么都找不到。我只找到一些蟒的绿色鞘翅、大蚁蛉的翅膀和小蝗虫的体节。

经过认真的观察，我从荒石园的小镇上了解到了更多的情况。就像体弱多病的人严格节制饮食，定时吃饭一样，蝎子也有它的用餐时间。从10月到次年4月，这六七个月时间里，它足不出户，尽管它精力充沛，有敏捷的尾功。在这个时期，如果我把食物放在它的面前，它也不屑一顾，尾巴一甩就把食物扫出了洞穴，根本不屑一顾。

将近3月底，它们胃口才刚刚打开。这时去察看它们的洞穴，就可能碰上一两只蝎子在细嚼慢咽，它吃的可能是不起眼的千足虫、毒千足虫或者石蜈蚣，而且猎物远还没有填满狭小的房间，这些啃骨头的蝎子要隔很长时间才吃第二顿饭。

我期待着它们的胃口再好些。我想，相貌如此粗野，武器装备如此精良的蝎子，不会只满足于这么一点食物，就像人们不会为了打一只小鸟，而往枪管里装烈性硝甘炸药一样，蝎子也不会用可怕的利刃，去刺杀一只小小的动物。它的食物应该是大量的肉食。然而，我想错了，蝎子虽然装备精良，饭量却小得出奇。

蝎子还是个胆小鬼，一只从卷心菜里飞出的粉蝶，用断翅拍打一下地面就把它吓跑了，一个对它构不成威胁的残废者，竟也让它害怕。只有饥饿感才能激发它向猎物进攻。

4月，当蝎子开始想吃东西时，我该给它吃什么呢？蝎子和蜘蛛一样也需要活的猎物，并且佐以未凝固的血液。它需要垂死的浑身抽搐的猎物，它从不吃死尸，此外，它还要求猎物肉质嫩，个头儿小。我刚开始饲养蝎子时，想让它们发大财，专门挑了一些大个子的蝗虫喂它们，可它们拒不接受；因为大蝗虫咬起来太硬，而且很难对付，那些蝗虫胡乱扑腾，让蝎子感到气馁。

我用田野里抓来的蟋蟀做实验。这些蟋蟀肚子胖鼓鼓的，像黄油球般易溶于口。我将六只蟋蟀放进玻璃围墙内，并放进一些生菜叶，以减少“狮子沟”恐怖的气氛。歌唱家们似乎并不为危险的处境感到担忧，它们唱着美妙动听的歌，吃起生菜来。当一只蝎子突然走过来时，蟋蟀瞧着它，用细细的触角瞄准它，它们对这只巨兽的到来并未显出特别的惊慌。而蝎子呢，一发现蟋蟀便后退，生怕和这些陌生人接触而受到连累。当它的螯肢碰到一只蟋蟀时，吓得马上逃走了。六只蟋蟀在野兽群里住了一个月，没有一只蝎子去注意它们，因为它们太大，太肥了。六只蟋蟀依然和刚进来时一样精力充沛，安然无恙地重获了自由。

我又为蝎子提供了它们爱吃的鼠妇、黑色千足虫和赤马陆这些贱民。在猎手经常出没的石头下，经常躲着盗虻和砂潜，我便用它们来做实验，它们很可能是蝎子习惯捕捉的猎物。我还把从蝎子洞附近的荆棘丛中抓来的锯角叶甲，以及在蝎子活动的沙丘上抓到的虎甲放在它们的面前，可是，因为这些猎物面目可憎，蝎子都没有接受。

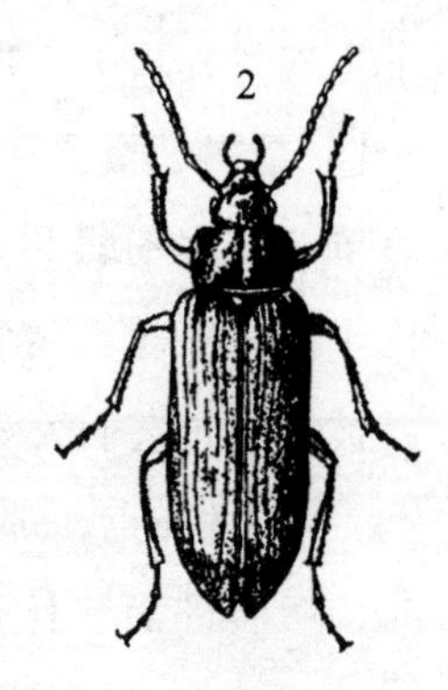

野樱朽木甲

我到哪里才能找到个小、肉嫩、味美的猎物呢？一次偶然的机会，我找到了这种食物。5月，一种长着软鞘翅的鞘翅目昆虫野樱朽木甲前来拜访我，它身长一指宽。一大群野樱朽木甲突然飞到荒石园里，绕着一棵开满了黄色柔荑花的绿橡树飞舞，它们停下来，拼命地吸吮甜果的汁液，并疯狂地忙于做爱。这种欢乐的生活持续了两周，然后它们成群结队地离去了，不知去了何方。为了我的囚犯们，我向这群游民征收了供品，我觉得可能会派上用场。

我猜对了。经过了非常漫长的等待，我看到蝎子进食了。现在，蝎子偷偷地向待在地上一动不动的昆虫走去。这不是捕猎，而是捡落地的果子，没有紧张惊险，也没有搏斗，用不着尾巴，也用不着带毒的武器。蝎子轻松地用两只跗节把猎物夹起，然后把螯肢弯曲起来，将猎物送到嘴边。蝎子吃东西的时候，一对螯肢始终保持着这个姿势。活生生的猎物，在蝎子的上下颚之间挣扎，使喜欢进食不出声的蝎子很不高兴。于是利剑弯向嘴，轻轻地一下又一下地刺向猎物，使它安静下来。利剑一边不停地刺，嘴一边继续咀嚼，就好像用叉子一点一点把食物送到嘴里似的。

这块猎物经过几个小时的细细研磨，成了一团肠胃不能接纳的干巴巴的渣子，这团渣子死死地卡在喉咙里，那只吃饱了的蝎子根本无法直接将它吐出来，必须靠螯肢帮忙。蝎子用螯肢的钳子去叉那团渣子，其中一根钳子叉到了那个丸子，轻轻地将它从喉咙口取出，扔在地上。这餐饭吃完后，蝎子会有很长一段时间不吃东西。

宽敞的玻璃围墙里的情况比纱罩里好些，黄昏时分，里面充满了生气，我从中获得了有关这种奇特的节食方式的丰富材料。4月和5月，是蝎子聚会和欢宴的时期，我为它们提供了丰盛的食物，这个时节有许多粉蝶和金凤蝶在长着丁香树的小径上飞舞，我用纱网网住十几只粉蝶，将它们的翅膀折断，然后放进玻璃屋中，由于翅膀已被折断，它们无法逃脱。

晚上快8点，那些野兽离开了洞穴，在盖着瓦片的洞口停了一会儿，听听外面有什么动静，然后跑到各个角落，开始长途旅行。它们的尾巴有时翘起像喇叭，有时下垂，尾尖总是向上翘起。它们将采用何种姿势，取决于当时的心情，以及碰到什么样的东西。借着挂在玻璃房前的一盏微弱的提灯照明，我观察到了里面的情况。折断了翅膀的粉蝶在地上打转，一飞就掉下来。蝎子从吵吵闹闹、陷入绝望的粉蝶中间走过来，走过去，就算撞倒和踩着了粉蝶，也没有特别去注意。有时在相互接触的混乱中，一个残废者爬到了恶魔的背上，对这种放肆的行为，蝎子也不理会，它载着残废者继续散步。有几个冒失鬼蹦到了散步者的螯肢下，还有的正好撞上恶魔那可怕的嘴，可什么也没有发生，蝎子碰也不碰这些食物。在粉蝶常常光顾丁香树的那段时间，我每晚都要重复同样的实验，我花费了许多食物，却几乎什么目的也没有达到。

然而，我不时也会见到粉蝶被捕获，蝎子猛地把它举起，脚却不停地赶着路，螯肢像条胳膊似的伸向前方摸索。它没有把猎物送到嘴边，因为螯肢正忙着探路呢；它只是用大颚咬住战胜品，被狠狠咬住的粉蝶绝望地抖动残留的翅膀，就像一根白色的羽毛在凶狠的胜利者额前飘动。当咬在嘴里的粉蝶动得太厉害，让蝎子感到不舒服时，蝎子总是边走边嚼，边用针轻刺猎物，使它安静下来。最后蝎子甩掉了猎物。它吃了什么呢？只吃了一个头。

有的蝎子忙着把战利品拖到瓦片下的洞穴里去，它们想在远离喧嚣的洞穴里吃点心，但这种情况比较罕见；还有的抓到猎物后，躲到一个角落里，肚子陷在沙地里，毫不掩饰地细嚼慢咽。

一周后，目睹了几次同样的场面之后，我搜查了蝎子的住宅，挨个检查它们的洞穴，以了解它们吃些什么食物。翅膀和吃不动的残渣会给我提供一些信息，可是除了个别洞穴之外，在大多数洞穴里，我都没有找到从死尸身上折下的翅膀。除了三四只已被斩首外，几乎所有的粉蝶都是完好无损的，它们都已经变干了，还没有被动过。这就是我深入调查得到的结果。在活动的鼎盛期，这些爱吃头的蝎子，一星期也只吃那么一丁点食物。玻璃屋里一共有25只蝎子，全是吃一点点就饱了。

粉蝶也许是它们很少见到的菜肴。我想，它们在迷宫一般的岩石堆里时，不大可能捉到这种猎物，因为粉蝶喜欢在花上蜿蜒飞行，既然没见过这种食物，它们就有可能不屑一顾。没有喜爱的食物，它们就几乎什么也不吃。那么，在那被阳光钙化了的荒凉家园里，它们还能找到什么呢？

看来它们是吃蝗虫和螽斯，有禾本科植物的地方都能找到这些贱民。因此，在粉蝶和其他普通的蝴蝶出没的季节过去后，我首先去找蝗虫，我在玻璃屋里放了很多蝗虫和螽斯。它们正当年少，身上只穿一件短礼服。它们正是我那些喜欢吃嫩肉的客人所需要的食物。这些蝗虫中有灰色的也有绿色的，有胖的也有瘦的，有趾高气扬的，也有体胖腿短的，食客可以在众多的品种中进行选择。

夜幕降临了，我把抓来的蝗虫撒在柔和的光线能照到的区域里，它们这时挺安静。随着天色渐晚，蝎子迫不及待地从家里出来，到处都麇集着天赐的活物。听到蝗虫轻微的蹦跳声，正在散步的蝎子吓得逃走了。我又看到了用粉蝶做实验时的情景。尽管蝎子经常和这些猎物相遇，有时甚至从它们的身上踏过，可是谁也不去注意这些近在眼前唾手可得的美味。

我看见一只蝗虫不巧落入了过路者的指缝间，宽厚的过路者没有合上钳子，只要它把螯肢稍微夹紧一点，就能得到一块好肉，可是毫不在意的蝎子却让它溜走了。我看见一只绿色的螽斯意外地爬到了散步者的背上，可怕的坐骑平和地驮着它，没有动邪念。我几百次看见蝎子和蝗虫迎面相撞，蝎子有时退后让道，有时甩动尾巴把冒失的挡道者扫开，但从没有见过蝗虫真正被抓住，更不用说追杀了。据我日常的观察，要经过很长一段时间，我才能见到一两只节食的蝎子去占有一只蝗虫。

四五月，正值交配期的蝎子突然发生了变化，它们由节食转而变得狼吞虎咽，并沉湎于可耻的大吃大喝中。那时我好几次看到住在荒石园里的蝎子，在瓦片下平静地吞食自己的同类，就像在吃一只普通的猎物似的。同类的整个身子都给吞下去了，而尾巴却经常吞不下去，它能在饕餮之徒的喉咙里哽好几天，最后才被很不情愿地吐出来。我想，尾巴尖上那个毒囊被吐出来，不足为奇，也许毒液的滋味不合食客的口味。

除了这点残渣之外，被吞噬的同类整个消失在吞食者的肚子里，可是，食客的肚子看上去还没有食物的体积大，那么它必须拥有一个特别好的胃，才能装下这么大的食物。食物没有磨碎、压实之前，体积大于容器的容积。因此我认为，如此惊人的食量决不能理解为正常的进餐，这是婚礼。这个问题我稍后将有机会谈到。

我当然不会把那些在婚礼上相互拥抱时遇难的死者，列入蝎子正常的食物清单中，这是动物在发情期偏离常规的举动，足以跟修

女螳螂悲壮的婚礼相提并论。

我也不会把我用心摆设的盛宴登记在内。我把蝎子放在强大的敌人面前，并挑唆两个斗士，希望看到它们打起来。被激怒的蝎子起来自卫，用匕首刺向对方，然后，陶醉在胜利喜悦中的蝎子吃掉战败者，只要它能吃得下去。这是蝎子庆贺胜利的方式。如果不是我从中插手，蝎子决不敢进攻这样的敌人，也绝不会吃这么大的猎物。

除了这些太特别而无法统计在内的盛宴以外，我只统计一些简单的小吃。我的观察也许会有差错，在夜深人静时，它们也许还吃了一些食物，因此，在为蝎子出具高度节俭的证明时，做了一个实验，它将给予我正式的答案。

秋初，我将四只中等个子的蝎子分别放在不同的罐子里，里面铺着细沙和一块瓦片，容器上盖着一块玻璃，既可防止爬墙手逃跑，又能使阳光照进罐子里。围墙不会阻挡空气的流入，却足以防止一些小猎物，如衣蛾、苍蝇的进入。我将这四个罐子放在暖房里，那里大部分时间都保持着热带的温度，而且，如果没有我提供的任何食物，绝不会有猎物从外面飞进来。那么，这些囚犯会怎样呢？

尽管得不到一点食物，它们却一直很愉快，躲在瓦片下的洞穴里挖土，给自己挖一个洞口有沙丘堡垒的洞穴。它们时常出来，特别是傍晚时分，散一会儿步，然后再回到家里。就是有食物吃的时候，它们的行为方式也没什么不同。

冬天一到，即使暖房里不结冰，囚犯们也不再离开为了过冬已经挖深了一些的洞穴。它们的身体一直很健康。受好奇心的驱使，我常常去拜访它们。每次我都发现它们精神抖擞，而且总是能够很快就把被我翻得乱七八糟的洞穴重新恢复原状。

冬季顺顺当当地度过了，一切都很正常。寒冷的时候，蝎子停止了活动，减少甚至取消了便餐。但是，随着天气的转暖，蝎子的食欲也跟着增强，它们变得贪吃起来。然而当玻璃屋里的同伴靠吃蝴蝶和蝗虫维持体力时，那些禁食者怎么样了呢？它们是否变得没精打采，形容憔悴了呢？丝毫没有。

它们的精神并不比进食的蝎子差，它们挥动多节的尾巴做出威胁的姿势，来回敬我的殷勤，如果我过多地抚摸它们，它们就会沿着大罐的边上跑掉。看来饥饿并未使它们感到痛苦，但它们终究不能这样长久地持续下去。元月中旬，三个囚禁者死了；最后一个活到7月才死。要经历九个月的绝对禁食，才能结束它们的生命。

另一个实验是用很小的蝎子做的，它们的年龄约两个月，长30毫米，颜色比成年蝎子鲜艳，尤其是它们的螯肢就像是用琥珀和珊瑚凿出来的。尽管它们还很稚嫩，但已经显出潜在的可怕气质。自10月起，我便可以在石头下面找到它们。和成年蝎子一样，它们总是离群索居，在选定的藏身处为自己挖一个洞穴，并用从洞穴里挖出的沙土筑一个沙丘堡垒。从洞里被挖出来的小蝎子跑得很快，尾巴弯在背上，摆动着细弱的螫针。

10月，我把四只小蝎子分别放在四个玻璃杯里，用细纹布把杯口扎起来，使外面的小虫子无法进去。杯子里放了一指厚的细沙，供里面的蝎子挖洞穴，还有一块纸皮作为遮盖物，囚犯就待在里面。看来这些小家伙和成年蝎子一样耐饿，它们总是动个不停，充满了生气。它们一直能活到次年的五六月。

这两个实验证明，蝎子在一年的四分之三时间里不吃东西，仍能保持活力。那么，它们肥胖的身体应该有一个很长的发育过程。

一条只有几天寿命的幼虫不停地吃，是为了给未来的蛾储备能量，它敞开肚皮大吃是因为时日不多，不能细嚼慢咽。那么，蝎子

怎么能够靠间隔很长时间才吃一点东西，来储存那么多的物质呢？它应该为格外的长寿而积蓄能量才对呀。

大致地估计蝎子的寿命不是很困难。我在不同时期翻开山岗上的石头寻找答案，就好似查阅户籍档案一样。我发现，按身材可以把蝎子分成五个级别，最小的1.5厘米长，最长的9厘米，在两级之间还有三种身长不同的级别。

无疑，每个级别的蝎子之间都相差一岁，甚至更多些，因为每个阶段似乎都在延长；至少我饲养的同一批蝎子过了一年，身材几乎不见长。朗格多克蝎子的优越性就是老当益壮，它能活五年，也许更长。可见它们有充裕的时间，靠点滴的食物使自己长大。

但是仅仅长大还不够，还要有活力。点滴的食物总是能够不断得到，这是事实，但蝎子总是精打细算，而且要隔很长时间才吃一丁点，不禁让人产生疑问：进食的真正作用是什么呢？我那些大大小小的严格节食的囚犯，特别发人深思。好奇心总是让我忍不住去打扰它们的休息，而它们每次都活动得很欢。它们挥动尾巴、挖沙、扫沙、搬沙，总之，按机械学的表达法，它们是在挖土方，而且要持续八九个月。

要付出这样繁重的劳动，它们有什么物质可消耗呢？什么也没有。自从被监禁之后，它们得不到任何食物，于是我想，或许它们的身体里储备着营养和脂肪。要花费力气，动物就必须消耗自己体内的积蓄。

这个解释对于肥胖的成年蝎子，在某种程度上还说得通，但是我用来做实验的是一些偏瘦的中年蝎子，还有刚出生不久的小蝎子，在这些小家伙的肚子里能有什么呢？它们的身体里有什么东西，能在生物氧化作用下转化为动能呢？我用解剖刀没有发现，我的想象力也无法做出估计，蝎子完成的工作量和它们的体重反差太大了。就算它们整个就是一块能烧尽最后一粒原子的特殊燃料，所释放的总热量也远远不等于其机械效力的总和。我们的工厂里不可能只加一块煤，就让机器保持全年运转。

蝎子似乎连这么一块燃料也没有。在长期严格的禁食之后，它们还是那么容光焕发，肤色红润，身体始终一样健康。蜗牛深深地蜷缩在钙化的螺厣或纸皮封口的螺壳里一动不动，倒能让人理解；它不再吃东西，但它也不再活动，把生命的消耗放慢到最低限度来代替储存。而蝎子尽管持续地过度节食，却总是在运动，让人实在无法理解。

在本卷中我已经是第三次碰到这个问题，第一次是关于狼蛛的孩子，第二次是克罗多蛛，最后是蝎子。我又陷入了同样的疑惑。与我们的身体结构迥异的动物，没有专门由生物氧化决定的体温，难道它们也受生物界不变的定律支配吗？对它们而言，运动是否总是食物所提供的热能转化为动能的结果呢？难道它们不能借助，至少部分地借助周围的热能、电能、光能等能源吗？

这些能源是世界的灵魂，是一股推动动物世界运动深不可测的旋风。如果我们设想在某些情况下，动物就像一节高能蓄电池，能把周围的热蓄积起来，在它那像机器般的身体里转化成动力，这种想法是不是荒谬呢？由此，我们隐约可以推测出，动物在没有食物这种物质能源的情况下，仍然能够运动的可能性。

啊！在煤炭时代，世界最了不起的发明就是造就了蝎子！不吃东西却能运动，假如把这种发明推广开来，那可是无与伦比的财富啊！如果解除了肚子的专制，将能消除多少苦难和暴行啊！为什么这么神奇的实验不继续下去，不进一步用高级动物来做实验呢？不

效法启蒙者进一步扩大成果真是太可惜了！否则我们今天也许就可以使思想这种最微妙、最高级的活动形式，摆脱食物的束缚，借助阳光来缓解疲劳了。

有许多古老的、具有广阔前景的自然资源尚未被利用，但有一部分还是在生物界中得到了普遍利用。我们人类也靠太阳辐射而生存，我们从阳光中汲取一部分能量。只以一些椰枣为食物的阿拉伯人，并不比拼命吃肉、喝啤酒的人缺少活力。他们的肠胃并没有装满丰富的食物，却获得了更多的太阳能。

经过对蝎子进行全面的考察，我认为蝎子从周围的热量里获得了大部分的能源。至于生长不可缺少的可塑性物质，迟早都会需要的。蜕皮期预示着补充食物的时候到了。坚硬的皮从背部裂开，蝎子轻轻一滑，就脱掉了那件变得过于瘦小的旧衣服。蜕了皮的蝎子亟须吃东西，也许是为了补充蜕皮时消耗的能量吧。如果我的那些囚犯，特别是那些年龄最小的蝎子，从这个时候起连续节食，那么过不了多久就会死亡。

第十九章 朗格多克蝎子的毒液

蝎子在攻击平常捕捉的小猎物时，很少动用武器，它用螯肢抓住猎物，送到嘴边，并一直举着，等待口器细嚼慢咽。当猎物乱动，妨碍它进食的时候，它就会将尾巴向身体前部弯曲，轻刺猎物，使它停止运动。总之，毒螯在获取食物的过程中，只起辅助作用。

在危急关头，在遭遇敌人的时候，毒螯对蝎子来说是非常有用的。我不知道这个可怕的家伙遇到什么样的对手时，才需要进行自卫。有谁敢向居住在岩石堆里的蝎子进攻呢？就算我不知道一般在哪些情况下蝎子会自卫，但我至少有足够的时间人为地制造一些机会，迫使蝎子去认真作战。为了判断蝎子的毒液有多厉害，我打算在不超出动物的范畴内，让蝎子去面对各式各样的强大对手。

我把一只朗格多克蝎子和纳博讷狼蛛放进一个铺了沙的广口瓶里，站在沙子上不像站在玻璃上那么滑。两者都有毒螯，谁会占上风吃掉对方呢？如果说狼蛛没有蝎子强壮，它却十分敏捷，能出其不意地跳起来进攻。不等慢吞吞的对手做出招架的姿势，它就可能已经出击了，而且它能避开在面前挥舞的刺刀，形势似乎将会有利于敏捷的蜘蛛。

然而，事实没有印证这一可能性。对手一出现，狼蛛就半直起身子，张开淌着毒液的螯牙，勇敢地迎战。蝎子将螯肢伸向前方，慢慢地走过来，用螯肢的两个跗节抓住狼蛛，让它动弹不得。狼蛛绝望地挣扎，它那带毒的钩状大颚一开一合就是咬不到蝎子；因为

它和蝎子之间有一段距离，蝎子长着长长的螯肢，老远就能抓住敌人，由不得对方靠近，和蝎子这样的敌人根本就没法搏斗。

未经任何搏斗，蝎子翘起尾巴，引向额前，将毒螯很自如地扎进狼蛛黑色的胸部。蝎子可不像胡蜂和其他剑客那样一下子刺穿对方，因为它要把武器插进对方的身体还需要用些力气，于是多节的尾巴一边向前推，一边微微地抖动，蝎子一遍又一遍地转动毒螯，就像我们往针孔里穿线老穿不进去时，用手指捻动线头那样。毒螯扎进去后，还要在创口里停留一段时间，也许是为了让毒液有足够的时间流入。那只健壮的狼蛛刚被毒螯刺伤，便肢体抽搐，毒液瞬间生效，它死了。

六名遇害者使我目睹了恐怖的场面，几次的情景都差不多，总是蝎子发现狼蛛后立即进攻，而且总是采取用长螯肢离老远夹住对手的战术，每次都是被刺的狼蛛突然身亡。即使狼蛛没有立即毙命也会被蝎子踩死，狼蛛就好像是被电流迅速击倒了似的。

吃掉战败者，这是规矩，再说，胖乎乎的蜘蛛是上等食物，在蝎子通常捕猎的地方，应该很少有机会得到这种食物。蝎子迫不及待地就地开饭了。它先从头下手，这是常规，不管吃哪一种猎物都是如此。它安安心心地、小口小口地吃，嚼碎之后吞下去，除了几条腿骨太硬吃不动以外，整个狼蛛都被吃光了。丰盛的宴席持续了24小时。

一桌宴席吃完了，我心想，它那并不比吃下去的食物大的肚子，怎么能容纳得了呢。它们一定拥有能力特殊的肠胃，既能经得住长期的节食，又能在有食物吃的时候撑得饱饱的。

狼蛛如果向蝎子进攻，而不是骄傲地站着露出胸部，是有能力和蝎子认真地拼一阵的，如果连它都斗不过蝎子，善良的圆网蛛又怎奈何得了蝎子呢！所有的蜘蛛，即使是最强大的角形蛛、彩带蛛、丝蛛都遭到了疯狂的进攻。这些可怜的纺织女被吓坏了，竟忘了撒网，用网说不定一下子就能把侵略者制服；如果在网上，它们就能喷出大量的丝，把凶恶的修女螳螂、可怕的黄边胡蜂和喜欢尥蹶子的蝗虫捆绑起来。

一旦离开了家，面对着敌人而不是猎物时，它们全都忘记了强有力的捆绑术。圆网蛛被蝎子的毒螯刺伤后，全都立刻毙命，成了蝎子的美味佳肴。

蜘蛛爱好者蝎子在它们的石头下，从来也碰不上经常在其他地区活动的狼蛛和圆网蛛，但是，它们偶尔也能碰上其他一些喜欢住在岩石下的蜘蛛，尤其是那个害羞的克罗多蛛，这种食物对蝎子来说是不常见的；因此不论蜘蛛的个头儿大小，只要有胃口，它都来者不拒。

我想蝎子也许不会对另一种高级猎物修女螳螂无动于衷。当然，蝎子不会到凶狠的螳螂生活的荆棘上去抓它，蝎子虽然有攀登的本领，擅长爬墙，可是在摇晃的树叶上绝对无法行走。它应该是在螳螂产卵时去偷袭，我确实常常看见螳螂把窝筑在蝎子经常出没的石块下。

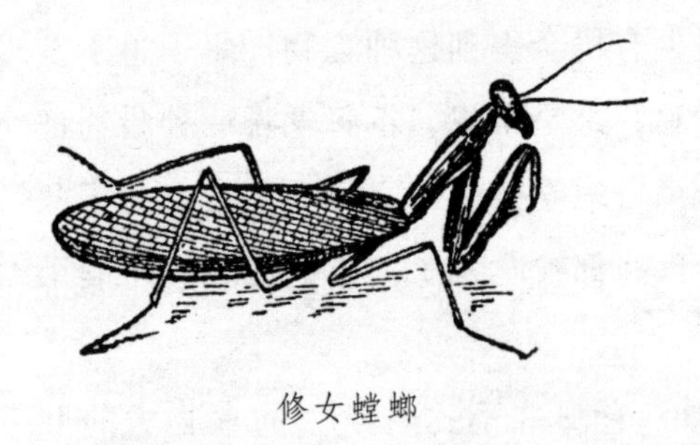
修女螳螂

夜深人静，产妇正用黏液把装满卵的箱子封起来时，觅食的强盗有可能会突然出现。这种情况会发生，但我从没见过，也许永远也不会看见，因为我缺少机会，因此，我便试着用人工方法来弥补这个缺憾。

在罐子里的竞技场上，一场决斗在我挑选出的蝎子和螳螂之间进行。两者的个头儿都很大，必要时，我得挑逗它们，促使它们相遇。我知道蝎子并非每次都会真正用尾巴攻击，好几次都只是拍打一下而已。它要节约毒液，不到紧急关头是不会使用毒螯的。蝎子突然把尾巴反弹出去，将那讨厌的家伙推开，但是没有用毒螯。在不同的实验中，只出现过几次蝎子把对方刺出血的情况，伤口流血是被毒螯刺伤的标志。

被蝎子的螯肢夹住的螳螂立刻做出威胁的样子，张开带锯齿的腿和带纹饰的翅膀。这种可怕的姿势不但没能使它获胜，反而有利于蝎子的进攻。蝎子的毒螯刺进了螳螂那两条锋利的前腿，一直扎到底，并在伤口里停留了一会儿，当毒螯拔出来时，还从伤口里渗出了一滴毒液。

螳螂立刻曲起腿，开始垂死前的抽搐，肚皮在跳动，尾部的附器在颤动，跗节也隐约在颤抖；相反，凶狠的腿、触角和口器反而一动也不动。这种状态持续了至少一刻钟，螳螂才完全不动了。

蝎子进攻的目标并不很明确，它随意攻击任何一个够得着的地方。这一次，它刚好刺中了一个要害部位，这个部位靠近神经中枢，它刺中了螳螂锋利的前腿之间的胸部，这正好是弑螳螂步甲蜂为了使猎物瘫痪而选择的刺伤点。这个举动是偶然的，而不是有意识的，这个粗鲁的家伙并不了解螳螂的身体结构。它能这么快使螳螂死亡，全靠运气，如果毒螯扎在其他非要害部位，螳螂会怎么样呢？

我换了一只蝎子，以确保毒囊里充满了毒液，每进行一场不同对手之间的决斗，我都会采取同样的预防措施，每个新的受害者，都必须配备一个新的祭司。长时间的休息后，蝎子的毒囊中充满了毒液。

这一次又是一只肥胖的雌螳螂，它半立起身，转动脑袋，窥视的目光从肩头掠过，摆出威胁的姿势，并发出扑扑的声音，这是双翅摩擦发出的声响。大无畏的气概使它先胜一筹，它用带锯齿的臂铠抓住了蝎子的尾巴，由于它抓得很紧，失去武装的蝎子无力加害于它。

但是螳螂开始感到体力不支，恐惧更加剧了疲劳感，螳螂抓住在它面前挥舞的蝎子尾巴时，就像抓住蝎子身体的其他部分那样，根本没有料到它具有的特殊作用。这个可怜的白痴松开了它的足，这下可完了。蝎子刺到了它第三对足后的腹部，螳螂顿时瘫软下来，像断了弹簧的机械臂。

我不能够随心所欲地让蝎子刺伤螳螂的某个部位，急躁的蝎子根本不会听命于人，随随便便地使唤它的武器，我只能利用它们搏斗时提供的各种偶然机会。有几次伤口远离中枢神经，引起了我的注意。

螳螂一条锋利的前足被刺中了，伤口在前足的腿节和胫节之间细嫩的连接处，被刺中的那只足马上瘫痪了，接着另一只足也不动了，其他几只足也蜷曲起来，肚皮一阵阵抽搐，很快全身都不动了，它几乎是猝死的。

还有一只螳螂被刺中了中足的腿关节，前面的四只足马上就弯曲起来，在进攻时没有张开的翅膀也痉挛地张开，摆出威胁敌人时的那种姿势，而且至死都没有改变。螳螂锋利的前腿乱动、屈起、伸开、又屈起，触角在动，唇须也在抖，肚子痉挛般地扭曲，尾部的附器也在抖动。螳螂垂死挣扎了一刻钟之后，便不再动弹，它死了。

我在动人心弦的悲剧激发起的好奇心驱使下，所做的实验情况都是如此。不管伤口在什么部位，离中枢神经远还是近，螳螂总是

难逃一死，有时是猝死，有时是抽搐几分钟后才死。响尾蛇、角蝰、洞蛇等可怕的毒蛇，都不能这么迅速地杀死被害者。

我认为，这可能是因为蝎子的受害者太纤弱。越是有天赋就越脆弱，越容易受伤害，蜘蛛和螳螂这两种出类拔萃的生灵，瞬间就死于一场纷乱。我想如果换一种命贱的昆虫，也许还能挨过几小时，或几天，也许根本就不会有什么大碍。于是我去找普罗旺斯的园丁所痛恨的蝼蛄来帮忙。

这个奇怪的昆虫，专爱咬作物的根。这种粗俗低贱的昆虫，的确很壮，即使被人捏在手心里时，也能让人松手，它会像鼹鼠那样用带齿的前爪刨我们的皮肤。

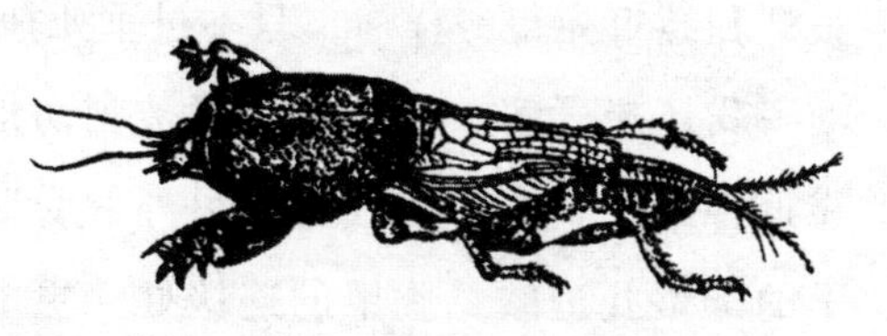

蝼蛄

被放进狭窄的竞技场中的蝎子和蝼蛄对视，好像认识似的。它们是否曾碰过面呢？不太可能。蝼蛄是花园里的宿主，那里土质肥沃，茂盛的植物招来了地下害虫。而蝎子却死心塌地守着遍布木本科植物的岩石坡。一个来自贫瘠的石子地，一个来自肥沃的土壤，它们几乎不可能相遇。当然，即使互不相识，它们至少也能马上意识到危险的严重性。

不需要我去挑逗，蝎子就向蝼蛄进攻了；蝼蛄也做出进攻的姿势，它的剪子做好了开膛的准备，那对高傲的翅膀也相互摩擦发出响声，仿佛哼着低婉的战歌。蝎子不等它唱完那首曲子，便使劲地甩起尾巴。蝼蛄的胸部穿着一件拱形的坚固铠甲，把背套在里面。在这无法穿透的甲胄后面，有一条很深的褶皱微微张开，上面蒙着一层光滑的皮肤。蝎子的毒螯就从这里刺进去，就这么一下子，不用多，那怪兽便被打倒了，它仿佛被雷电击中似的轰然倒地。

蝼蛄胡乱地蹬了几下腿，善于挖掘的足便瘫痪了，我把草秸放在它面前时，它已经不会用镊子去抓了；其他几条腿胡乱地挣扎，一屈一伸；它那带绒球的肉质唇须聚成一束，分开，又合在一起，并轻轻地拍打我放在它面前的物体；触角也在轻轻地抖动，肚皮则猛烈地抽搐。渐渐地，临死之前的痉挛稍许缓解了些，过了两小时，最后进入死亡状态的跗节才停止了颤动。这只粗俗的昆虫也跟狼蛛和螳螂死得一样惨，只不过垂死挣扎的时间更长一些。

我还想了解，如果胸甲下被刺伤是否危险性特别大，因为那里靠近神经中枢。于是我又用另外的受刑者和施刑者做实验，有时蝎子的毒螯扎进蝼蛄胸甲的连接处，更多的时候是扎进腹部，毒螯也许一直扎到了腹部末端，结果都是立即使受害者生命垂危，唯一不同的是蝼蛄那两条善于挖掘的前足，像其他几条腿一样能继续挣扎一段时间，没有马上瘫痪。不管被蝎子刺中哪一个部位，蝼蛄都会遭殃，这个身强力壮的家伙痉挛一阵后就死了。

现在我让蝗虫家族中最大、最充满活力的灰蝗虫上场。蝎子似乎很怕靠近这个爱尥蹶子的家伙，而蝗虫自己也巴不得离开，它一跳起来就撞到了我用来防止它们逃跑的玻璃围墙上。蝗虫一次一次摔下来，掉在蝎子的背上，而蝎子则闪身躲开这个坠落物。最后，一直避而不理的蝎子忍无可忍，在蝗虫的腹部扎了一针。

我看见了一种少见的剧烈震荡，蝗虫的关节突然脱位，一只带着护腿甲的后腿掉了下来，这是蝗虫在拼杀时常发生的情况。它的另一条腿也瘫痪了，直挺挺地无法再从地上站起来，它不能蹦跳了，然而前面的四条腿还在抽动，只是无法前进。蝗虫精疲力尽了，但它还是翻过身来，恢复了正常的姿势，只有那条粗壮的后腿

始终无力地僵直着。

一刻钟后，蝗虫倒下去再也没有爬起来，痉挛又持续了好长时间，它的腿在抽搐，跗节在微微抖动，触角也在晃动。尽管痉挛越来越严重，蝗虫还是一直拖到了第二天。然而，有的灰蝗虫痉挛持续不到一个小时，就完全不动了。

另一种强壮的蝗虫，长着圆锥形脑袋的长鼻蝗虫，也落得了和灰蝗虫同样的下场，它拖了好几个小时才死。而另一个被试者白额螽斯是逐渐瘫痪的，一星期过去了，它还处于半死不活的状态。

下一个被试的是葡萄树距螽，这只大腹便便的虫子被刺伤了腹部。它受伤时发出痛苦的叫声，就像钹相击时发出的声音；接着它倒下了，看上去好像就要死去。然而受伤的螽斯还硬撑着，两天后，它拼命地想挪动那因失调而无法运动的腿。我突然想到要去帮助它，给它吃些药。我用草沾些葡萄汁作为活血剂给它服下，它欣然地接受了。

似乎药水起了作用，它的身体似有好转。其实不然，唉！伤员在受伤后的第七天死了。一旦被蝎子刺伤，任何昆虫都免不了一死，即使是最强壮的昆虫也不例外，有的当场死亡，有的会拖上几天，但最终都得死。螽斯之所以能活一星期，我不认为是我给它服用的葡萄汁的作用，而是因为它体质好才能坚持那么久。

伤员能坚持多久和伤势是否严重也有很大的关系，注入的毒液剂量不同，后果也就截然不同。注射剂量的大小由不得我来控制，蝎子随心所欲地从滴管里挤出毒液来，它有时很抠门，有时慷慨大方。因此，不同的螽斯所提供的数据很不一致。根据我的记录，有的伤号很快就死了，但大部分都拖了很久才死。

总体看来，螽斯的抵抗力比蝗虫要强，短翅距螽可以做证，继它之后，带刀一族的排头兵白额螽斯也可以证明。这个长着有力的大颚和象牙色脑袋的昆虫，腹部被刺，看样子并不严重，伤员还在散步，并试图跳起来。半小时后，毒性开始发作。它的腹部开始抽搐，身体弯成了弓，它那再也无法闭合的伤口里有粗沙子的划痕，这只骄傲的昆虫变成了可怜的双腿残疾者。六小时后，它精疲力尽地倒下了。它想站立却起不来，它已经虚弱不堪，肢体在抽搐，渐渐地剧痛缓解了。第二天白额螽斯死了，完完全全死了，一动也不动了。

傍晚时分，身着黄黑色相间服装的大蜻蜓，飞快地沿着围篱悄无声息地飞来飞去。这是个在偏静地区对所有船只进行抢劫的海盗，它那风风光光的样子和富于激情的行为方式说明，它的神经比平和的食草的直翅目昆虫蝗虫更敏感。的确，它被蝎子刺伤后和螳螂死得一样快。

蝉也是个精力过剩的家伙，大夏天它从早到晚不停地唱歌，一边唱还一边上下摆动着肚子打节拍，它被蝎子蜇伤后也一样很快就死了。再有本事也没有用，笨蛋还活着，天才却已经死亡。

那些带角的鞘翅目昆虫坚不可摧，剑法笨拙、全靠运气的蝎子，绝对找不到鞘翅目昆虫的铠甲接缝。要想在坚硬的铠甲上钻透任何一点，都需要一段时间，而处于纷乱自卫中的受刑者是不会让它得逞的。再说那野蛮的蝎子根本不会使用钻探法，它只会用快速穿刺法。

鞘翅目昆虫身上唯一能被一下子刺破的地方就是腹面，那里很柔软，但有鞘翅保护。我用镊子把鞘翅和后翅掀起来，使腹部暴露在外，或者用剪刀先把鞘翅和后翅剪掉。这种切除术没什么关系，不会影响鞘翅目昆虫的生活。然后，我把伤残的鞘翅目昆虫放到蝎

子面前。我挑选的都是些个头儿较大的鞘翅目昆虫，有蛀犀金龟、天牛、圣甲虫、步甲、花金龟、鳃金龟、粪金龟。

这些鞘翅目昆虫被刺伤后最终都死了，但是存活的时间长短各不相同。圣甲虫在痉挛之后腿变得僵直，背部拱起，脚在原地踏步却无法前进，因为运动肌已经失调。它跌倒在地，无法再站立起来，但是足却不停地乱动。几小时后它便不再动弹，它死了。

橡树的宿主神天牛、山楂树和桂樱树的宿主栎黑天牛被刺伤后，刚开始也像患了蜡屈症，死亡时间则各不相同，有的第二天才死，有的只过了三四个小时就死了。

花金龟、普通鳃金龟和长着漂亮触角的松树鳃金龟结局也差不多。

金步甲被刺伤后，垂死挣扎的痛苦相惨不忍睹。它的足一阵阵抽筋，像踩高跷似的站立不稳，摔倒了，爬起来，再摔倒，再爬起来，结果还是跌倒了；它那带着突起的肛门鼓突出来，仿佛要把内脏排泄出来似的；它口中吐出一大摊黑色的汁液，将头部淹没在里面，金色的鞘翅掀了起来，赤裸裸地露出可怜的腹部。第二天金步甲的跗节还在抽搐，它即将死去。金步甲的近亲大头黑步甲，临死时也是同样的惨状，我后面还会谈到它。

我想见识一位深谙死得有尊严的禁欲主义者的不同死法，于是我让蝎子刺伤一只俗称“犀牛”的葡萄蛀犀金龟。它强壮的外表位居鞘翅目昆虫之冠，尽管它鼻子上有角，幼年时却是老橄榄树根的和平宿主。被蝎子刺伤的它，起初好像没有什么感觉，还和平时一样严肃地散着步，走得很稳当。

可是突然毒性发作，它的腿不听使唤了，伤员踉踉跄跄，然后仰面朝天倒下，再也起不来了。这种姿势保持了三四天，除了隐约可见的垂死挣扎外，没有抗争，它非常平静地死去了。

金凤蝶

轮到蝴蝶了，它们会有怎样的表现呢？这些精美的蝴蝶对蝎毒一定十分敏感，在实验前我就认定了这一点，不过，最好还是让实验来说话吧。一只金凤蝶和一只海军蛱蝶被毒螯刺伤后立刻身亡，我早就预料到了。大戟天蛾、条纹天蛾也没能坚持得更久，它们也是猝死，就像蜻蜓、狼蛛和螳螂一样。

但是大大出乎我预料的是，大孔雀蛾好像刀枪不入似的。要击中它的确很困难，毒螯在柔软的毛里迷失了方向，每次都只拔掉了大孔雀蛾身上的一些毛，脱落的毛飞扬起来。尽管毒螯往大孔雀蛾身上刺了好几下，我还是不能肯定是否真的刺进了它的体内，于是我把大孔雀蛾腹部上的毛拔光，使它的皮肤裸露出来。之后，我清清楚楚地看到毒螯扎进去了，这一针确实是刺中了，在此之前的几针我怀疑都没有刺中，不过现在大孔雀蛾好像无动于衷。

我把它放在桌上的一个金属纱罩里，它紧紧地抓住网纱，待在那里一整天都没有动。它的翅膀张得很开，一点也没有颤抖。第二天仍然没有什么变化，开了刀的病号用前跗节的爪钩钩住网纱，一直吊在纱罩上。我把它拉下来放在桌上，让它仰卧，它庞大的身体痉挛得很厉害。它是不是要死了呢？

根本不是，看起来已经生命垂危的大孔雀蛾起死回生了，它把翅膀垂下来，猛一用力站了起来，又爬到网纱上，重新吊在上面。下午我又一次把它放到桌子上仰卧，它的翅膀轻轻地抖动一下，就像打了一个寒战，躺在桌上的大孔雀蛾乘势滑下来，并走起路来，

然后它又爬上了网纱，这时颤动完全停止了。

让这个可怜的昆虫得到安宁吧，当它真正死亡的时候，它就会摔下来的。然而直到它被刺伤后的第四天，也许更久，它才掉下来。它的生命衰竭了，死去的是一只雌大孔雀蛾。母性比临终时的痛苦更有力量，能使死亡却步。这只大孔雀蛾临死前产下了卵。

如果很自然地认为大孔雀蛾能坚持那么久，完全因为它是个庞然大物，那么养蚕场弱小的蚕蛾则提醒我们，应该从其他方面去找原因。蚕蛾虽然是个矮子，只有抖抖翅膀和围着雌蛾转的力气，但它抵抗毒液的能力并不亚于大孔雀蛾。它们对毒液反应之所以迟钝，也许有以下的原因：

大孔雀蛾和蚕蛾是不完整的昆虫，与其他的蝶蛾，特别是喜欢在黄昏时在花冠上采花粉的天蛾、金凤蝶，以及不知疲倦的花殿朝圣者海军蛱蝶不同。它们没有口器，不吃任何食物。没有食物的刺激，它们只能活短短的几天，只有产卵繁殖的时间。它们的寿命那么短，生理构造也应该不太敏感，所以最不易受到损害。

再往下，在多足纲里，我要考察一下粗俗的千足虫。它对蝎子来说并不陌生，我曾在荒石园的小镇上，目睹过蝎子饱餐它的猎物毒千足虫和石蜈蚣。这些猎物都没有招架之力，对它不构成威胁。今天我要让蝎子和多足纲最强劲的成员蜈蚣打打交道。

这个长着24对足的怪物，对蝎子来说并不陌生，我曾经见过它们在同一块石头下出现。蝎子是在自己家里，而另一位是夜里出游，临时在此躲避一下。同居一室没有引起什么麻烦，那么是不是每次都如此呢？不久就会见分晓。

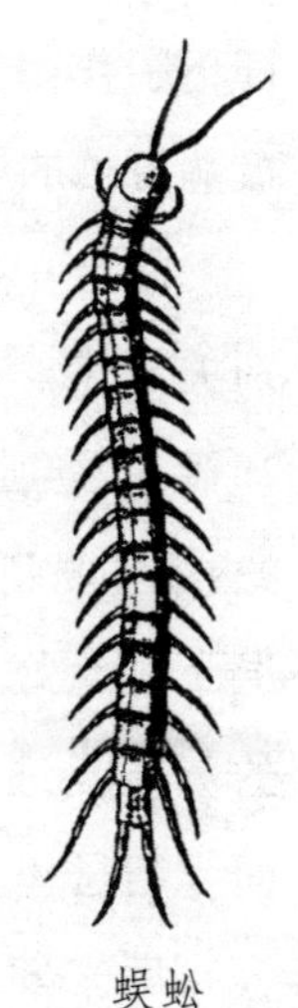

蜈蚣

我把这两个可怕的家伙放在一个装了沙的广口瓶里。蜈蚣的身体靠着竞技场的边缘，它那曲里拐弯的身体像一条波浪形的带子，有一根手指粗，12厘米长，深底色上套着绿色的环带。它摇晃着长长的触角探测周围的空间，像手指一样敏感的触角尖碰到了一动不动的蝎子，它顿时吓得直往后退。绕场一周后，它又爬到蝎子身边，并再一次触到了蝎子，它又逃走了。

这时蝎子却是严阵以待，弯弓似的尾巴一触即发，螯肢也张开了。当蜈蚣又一次来到环形跑道的危险地带时，被蝎子的螯肢夹住了头颈。这条背部柔软的长虫子扭动着身体，就算把身体盘缠起来也无济于事，蝎子不动声色地把螯肢夹得更紧；蜈蚣的惊跳使蝎子的螯肢时紧时松，但始终无法让螯肢放开。

这时毒螯起动了，在蜈蚣的体侧扎了三四下；蜈蚣也把毒钳张得大大的，企图夹住蝎子，但是没有成功。它的上身被蝎子的螯肢夹住了，只有身体的后部在挣扎、扭动，一屈一伸。然而，它的一切努力都是徒劳。蝎子的螯肢伸得离身体很远，蜈蚣的毒钩根本发挥不了作用。我见过许多昆虫之间的争斗，但是还从没见过像这两个极端可怕的昆虫之间的搏斗那么骇人的场面，看了让人起鸡皮疙瘩。

战斗中出现了一次暂时休战，我才得以把这两个斗士分开，分别关起来。蜈蚣舔着流血的伤口，几小时后它就恢复了活力。蝎子却没有受到任何伤害。第二天，它们又进行了一场新的战斗，蜈蚣接连被刺中三下，血从伤口里流出来。由于害怕报复，蝎子撤退了，它好像是对胜利感到了恐惧。伤员没有反击，继续绕着圆形的竞技场逃遁。今天该收兵了，我用圆柱形的硬纸皮套在广口瓶外面，瓶子里一片黑暗，它们会安静下来的。

后来发生的事，特别是夜里的情况，我就不知道了。也许它们

之间又发生了战斗，蜈蚣又被刺了几针。

第三天蜈蚣变得很衰弱，第四天，它已经快死了。蝎子继续监视它，但还不敢去咬它。最后，当蜈蚣完全一动不动时，这个庞大的猎物便被肢解了，先是头，然后是身体的前两节被蝎子吃掉。蜈蚣头的味道真是太鲜美，但剩下的部分要留存到完全变质，新鲜的蜈蚣肉浓烈的气味使蝎子无法下口。

蜈蚣被刺了不止七下，到第四天才死，可是强壮的狼蛛才被刺了一下就马上死去。修女螳螂、圣甲虫、蝼蛄也几乎死得同样快，而我收集的其他一些充满活力的昆虫，还能在软木板上挣扎几星期。所有的昆虫被蝎子刺伤后，当场就会中毒，那些最有活力的昆虫相继死去，而蜈蚣被刺了七下竟坚持了四天，它的死因也许是流血过多和毒液的作用。

为什么会有这种差别呢？看来好像是身体结构的作用。相同等级的昆虫存活期都是平衡和稳定的。最高等的昆虫最容易倒下，低等的昆虫却稳稳地站立；灵巧敏感的昆虫死了，而粗俗的千足虫却还能坚持。难道真是这样吗？蝼蛄让我拿不定主意，这个低贱的家伙和高等昆虫蝶蛾以及螳螂死得一样快。不，我还不知道蝎子尾部的毒囊中隐藏的秘密。

第二十章 朗格多克蝎子与蛴螬的免疫力

我们对蝎子的秘密掌握得很少，以至一些意想不到的情况常常会使问题复杂化。对生命进行研究，我得到了许多意外的发现；一次次结果相同的实验，几乎让我得到了一个定律；而这时一些出乎预料的例外，又把我引上一条相反的新路，引向那个疑点，获得真知的最后一站。像老黄牛那样费了九牛二虎之力，经历漫长而耐心的耕耘之后，却必须在以为已经耕完的那块地的尽头，打上一个问号，没有得到最终答案的希望，一个问题又引出了另一个问题。

如今花金龟的蛴螬就让我做了这样一次转向。在这个青黄不接的时候，由于找不到更好的办法继续实验，我想起了花金龟的蛴螬。在荒石园角落里的枯叶堆下面，一年四季都能找到很多蛴螬。昆虫学家在研究昆虫时绝对是施刑者，因为他们没有别的办法让昆虫开口说话。为了解决一大堆问题，我的好奇心使我习惯到沃土中去搜寻。任何一个生理实验室都有惯用的实验对象，比如，青蛙、鼹鼠，甚至狗。对于我这个简陋的实验室，花金龟的蛴螬就足够了。我把这种微不足道的小虫补充到高贵的受刑者行列中，我们把科学建立在它们的痛苦之上。

寒冷的深秋季节到来了，但并未使蝎子的活动减缓下来。生活在暖湿的腐叶堆里的花金龟蛴螬，胖乎乎的，仍然背部柔软，灵活，精力充沛。我把蛴螬和蝎子放在一起。

蝎子没有立即进攻，蛴螬拼命逃窜，它仰面朝天，沿着围墙爬行。蝎子一动不动地看着它爬，当蛴螬沿着圆形的竞技场又绕回到

它身边时，蝎子闪身让它过去。这条幼虫不是它喜欢的猎物，更不是一个危险的对手。仅仅为了从杀戮中得到满足而进行杀戮，蝎子可没有这种怪癖。

我骚扰它们，用草去撩拨它们，想让它们接触，我想替那条幼虫去挑衅蝎子。那条栽了跟斗的可怜虫压根就不想打仗，它是个怯懦的家伙，遇到危险时就蜷成一团，再也不动了。蝎子未识破我那根草秸的险恶用心，把骚扰都归罪于无辜的邻居，其实那是我一人所为。蝎子挥起毒螯，刺向对方，这一下刺中了，因为蛴螬的伤口在流血。

根据花金龟表现出来的症状，我以为它的幼虫在临死前也会抽搐。那么，是不是这样呢？当那条幼虫不再受到骚扰时，便舒展开身体，逃走了。它用背行走，走得像平时一样快，就像没有受伤一样。被放在沃土上的蛴螬迅速地钻进土里，看不出受过伤的样子。两小时后我又去拜访它，它和接受实验前一样精力旺盛；第二天它的身体依然健康。为什么没有反应呢？如果是成虫早就死了，而这么一条幼虫却不可战胜。既然伤口流血，就说明毒螯扎得很深，或许也可能是毒螯没有往伤口里注入毒液，因此刺伤是良性的，丝毫不能伤害这条强壮的蛴螬，应该再重新实验一次。

我又让这条蛴螬被另一只蝎子刺伤，结果和第一次一样，伤员很自如地用背部爬行，钻到腐叶堆下，又开始静静地吃东西了，毒液在它身上没有反应。

这种免疫力不会是一种例外，在花金龟中没有特权者，其他的同类应该也有这种抵抗力。

我挖出12条花金龟的蛴螬，然后让它们被蝎子刺伤，有的蛴螬被连续刺了两三下。当毒螯扎进身体时，它们都微微地扭动了一

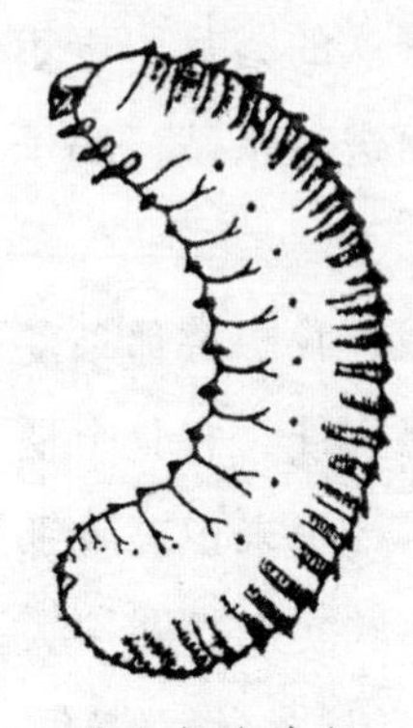
花金龟的幼虫

下；如果嘴能够舔到伤口，它们就会用嘴去舔流血的伤口。很快它们恢复了平静，腿朝天爬行，钻进了沃土中。第二天和第三天，以及之后几天，我都去探望它们，毒液好像并没有将它们置于危险的境地。

它们看上去那么健康，我都希望饲养它们了。我只要时不时地给它们送一些腐叶，就能把它们养得胖胖的。第二年6月，那12只被可怕的毒螯刺伤过的幼虫化蛹了，它们将在蛹里蜕变。蝎子的毒螯刺进它们的肚皮，就像在轻轻地搔痒。

这个奇怪的结果，使我回想起兰兹[①]向我们讲述的有关刺猬的故事，他说：

一只母刺猬正在给孩子喂奶。我把一条毒蛇扔进箱子里，刺猬马上就感觉到了，它是靠嗅觉而不是靠视觉辨别物体和方向。它起身，毫不惧怕地向毒蛇走去，用鼻子去闻毒蛇，从尾巴闻到头部，特别仔细地闻了嘴巴。毒蛇嗞嗞地叫着，在刺猬的鼻子和嘴唇上咬了好几口。好像是为了嘲笑一个弱小的进攻者，刺猬只是舔了舔自己的创口，又继续查看，结果又挨了咬，但这一次是咬在舌头上。最后刺猬抓住毒蛇的头，把它嚼碎，连毒牙和毒腺也给咬碎了，它把半条蛇给吞了下去。之后它又回到孩子身边躺下，给它们喂奶。晚上它吃掉了另一条毒蛇和剩下的半条蛇。它的身体并未因此而不如孩子们健康，甚至连伤口都没有肿。

① 兰兹：姓兰兹的知名者有不少，书中没有注明全名，因此无法肯定是谁。有可能是德国作家Jacob Michael Reinhold Lenz或Siegfrid Lenz。——译注

两天后，这只刺猬又和另一条蛇展开了一场新的战斗。刺猬走到毒蛇身边去闻它。毒蛇张开嘴，抬起毒牙向刺猬扑去，咬住了它的上唇，好一会儿才松口，刺猬抖动一下身体挣脱出来。尽管它鼻子上被咬了六下，其他地方还被咬了二十多下，可它还是抓住了毒蛇的头，尽管毒蛇的身体在扭动，刺猬还是慢慢地把它吃了下去。这一次刺猬母子仍然没有出现什么病态反应。

据说蓬特国的国王米特里达特[1]为了预防敌人下毒，让自己养成吃各种毒药的习惯，渐渐地他的胃便能够抵抗毒药了。吃毒蛇的刺猬，另一位米特里达特，也是通过渐渐地习惯而获得免疫力的吗？它难道不是天生就具有这种本领吗？当它第一次嚼食毒蛇脑袋时，是否已经具有抗体了呢？

花金龟的幼虫告诉我们它具有免疫力。如果说有某种昆虫应该预防蝎子刺伤，也不该是腐叶堆的宿主花金龟幼虫。它和蝎子出没的场所不同，它们几乎不可能碰面。再说花金龟的幼虫并没有毒瘾，我放在蝎子面前的那些蛴螬，恐怕是第一批见到蝎子的花金龟幼虫。尽管它们没有任何防备，却有抵抗蝎毒的能力。

专门消灭毒蛇的刺猬，具有从事这种职业所必需的特长，倒是符合逻辑的说法。同样，生活在地中海沿岸各省最美丽的鸟儿蜂虎，肚子里装满了活胡蜂却安然无恙，杜鹃的胃里布满了松毛虫的毛却不会痒，因为它们所从事的职业要求如此。

可是，花金龟的幼虫有何必要预防蝎子呢？也许它一辈子也不

---

① 蓬特国是小亚细亚东北部国家，公元前301年成为王国。米特里达特四世是蓬特王国最后一位也是最伟大的国王（前111—前63）。他抗击罗马人在亚洲的统治，最后被罗马统帅庞培打败。这位君主以对毒药的免疫力而闻名。——译注

会碰上蝎子。我无法相信对蝎毒的抵抗力是少数幼虫享有的特权，我想这应该是一种普遍的能力。花金龟的成虫没有抵抗力，而处于高级状态准备阶段的幼虫，却能抵抗蝎毒。那么所有的幼虫根据各自的强壮度，或多或少都应该具有类似的抵抗力。

对这个问题，实验会做出什么说明呢？首先，我应该把那些体质弱的幼虫排除在实验之外，对这些小不点，用不着毒液帮助，只要随便刺一下就会伤势严重，常常还会致命，细细的针尖轻轻碰一下，它们就会遭殃。如果用粗针，即使没有毒，又会给它带来怎样的后果呢？因此，我需要那些肥胖的，被扎破了肚皮也会不动声色的虫子。

我终于如愿以偿。我从泥土里一棵橄榄树腐烂变软的老根上，找到了葡萄蛀犀金龟的幼虫。这种蛴螬有拇指那么粗，活像一根小肥肠。胖乎乎的蛴螬被蝎子刺伤后，钻进了广口瓶里腐朽的橄榄木块中，对遭到的意外并不在意，照样吃得很香，八个月后变得膘肥体壮。它给自己准备了一个窝准备在里面化蛹，它经历了可怕的实验却安然无恙。

至于成虫，我们已经目睹了它们的表现，腹部和鞘翅下被刺伤了的庞然大物马上跌倒在地，六足朝天轻轻乱蹬，最多三四天就没有一点动静了。庞然大物死了，而它们的幼虫却依然精力充沛，食欲旺盛。

要想取得预期的成功，我还必须依靠许多虫子的配合。我家门口有两棵桂樱，一年四季都青翠碧绿。可是，一只天牛把它们给毁了。这种通常寄居在英国山楂树上的小天牛，氰酸香味不但没让它反感，反而还吸引了它。这只带角的漂亮昆虫之所以知道这种树的味道，是因为它经常光顾有点苦味的山楂树的伞房花序。桂樱很讨它

喜欢，它便把家安在那里，为了挽救我的树，我只得用斧子帮忙。

我把受损最严重的树干砍掉，从一截劈开的树干里，找到了12只天牛幼虫。有时我在附近的树上也能找到天牛。现在该轮到我跟你算账了，你这破坏绿色摇篮的害虫，你必须为自己犯下的罪行付出代价，我要让你死于蝎子之手。

天牛成虫果然死了，而且是骤死，可是幼虫却活下来了。广口瓶里有砍下的木头碎块，住在里面的幼虫优哉游哉地啃着木头。只要粮食供应不断，这些被刺伤的幼虫就能毫无困难地度过幼虫期。

橡树上的神天牛也是如此。长触角的成虫死了，幼虫却不在乎蝎子的毒螯。被放回木头长廊后，幼虫和以前一样啃着木头，完成了成长过程。

用普通鳃金龟做实验，结果也相同。仅仅几分钟时间，被刺伤的鳃金龟就死了；相反，白色的幼虫还好好地活着，它钻到土里，然后又回到地面啃咬我给它的生菜心。如果我继续耐心地饲养，这条经历过事故、很快康复了的幼虫会变成鳃金龟，它那闪着健康光泽的大肚子就是明证。

我从一棵柽柳老根上找到的鹿角锹甲的近亲平行六面锹甲的幼虫，也补充了前面得到的结果：成虫死了，幼虫却活了下来。例子已经足够，我继续沿着这条路走下去已经没有意义了。

花金龟幼虫、天牛幼虫、鳃金龟幼虫和平行陶锹甲幼虫都是胖乎乎的。这些专吃植物、大腹便便的幼虫所具有的免疫力，是否和它们所吃食物的性质有关呢？这些贪得无厌的食客储存能量的脂肪层，是否能中和毒液呢？于是我去向一些瘦型的食肉鞘翅类昆虫请教。

我选了食肉鞘翅类中最强壮的革黑步甲。当我在墙角下发现这个黑色斗士时，它正好发现了一只蜗牛。这个生来就好战的大胆强盗，把鞘翅合成不可攻破的护胸甲，我把这副甲胄的后面削去一些，使蝎子的毒螯能从这个唯一可以插入的地方，插进它的腹部。

革黑步甲又重演了金步甲的悲惨结局，它与凶残的螯针搏斗的情形，如果发生在更高等的动物身上，会使人感到恐怖。吃了市政部门加了马钱子的香肠后，被折磨得死去活来的狗，就是这样挣扎的。被刺伤的昆虫先是拼命地逃，接着突然停下来，腿部变得僵直，身体也僵直起来；它抬起尾部，低下头，靠大颚支撑着，那姿势好像栽了跟斗似的。一阵痉挛将它击垮，它倒下了；但它很快又站起来，腿绷得直直的，踮着脚。看它那样子，关节好像是由铁丝架控制的，极像一个靠生硬的弹簧伸缩控制的木偶。痉挛再次发作，它又摔倒了，然后又爬起来；这样的动作反复持续了20分钟。最后，这个出了故障的木偶，仰面朝天倒下了，但还一直在动，直到第二天惯性才停止。

那么它的幼虫呢？它们不像花金龟幼虫、蛀犀金龟幼虫和其他幼虫那样，有一层起保护作用的脂肪。革黑步甲的瘦型幼虫只受到蝎子毒螯轻微的伤害，接受实验后过了两个星期它们钻进土里，挖

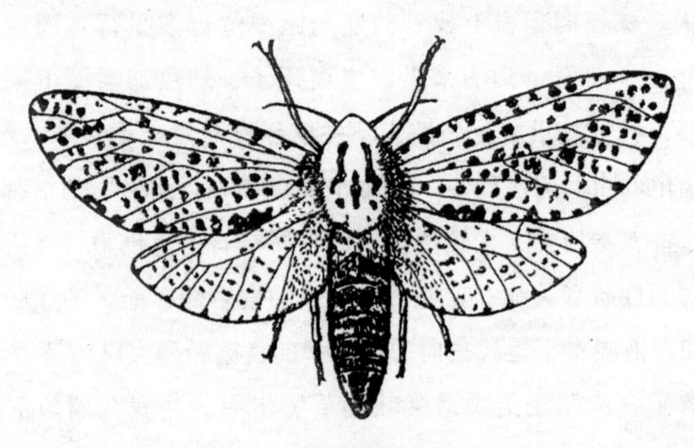

豹蠹蛾

了一间斗室在那里蜕变，不久就从土里面钻出了一只充满活力的成虫。饮食习惯和胖瘦的程度，都不是产生抵抗力的原因。

在鞘翅目昆虫之后，蝶蛾也告诉我们，某种昆虫在昆虫界中的地位也与免疫力无关。我首先考查的是豹蠹蛾，它的幼虫是各种乔木和灌木的灾星。我抓到一只豹蠹蛾，它把产卵管插进丁香树皮的裂纹里准备产卵，它穿着非常漂亮的蓝点白底衣裳。我把它交给了蝎子。事情拖得并不久，漂亮的豹蠹蛾被刺伤后，很快就进入了弥留状态，它没有胡乱地挣扎，死得很平静。

那么它的幼虫呢？它们被刺伤后还和以前一样健康，一旦重新回到被我劈开、将它从中取出来的丁香树枝的洞里，便像往常一样积极地干活。这一点我从抛出洞口的蛀屑就可以知道。按照常理，蛹和蛾子要到夏天才会出现。

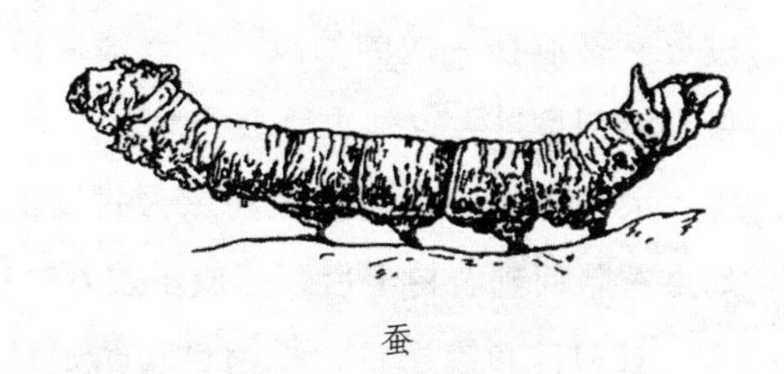
蚕

用蚕做实验则更加便利，我可以从附近农场的养蚕场得到蚕，要多少就有多少。5月底，当养蚕接近尾声时，我让蝎子刺伤了14条蚕，蚕的皮肤细腻，身体丰满，每次被毒螯轻轻刺一下都会大量出血。

在好奇心驱使下，我在那张桌子上导演了一出出野蛮的刺杀，桌面沾满了血迹，看上去像一滴滴的液体琥珀。

重新被放到桑叶上的伤蚕，几乎迫不及待地吃起桑叶来，胃口还像平时一样好，十天后所有的蚕都结了茧，茧的形状和厚度都很标准。最后，从这些毫无杂质的蚕茧里钻出了蚕蛾，稍后我将利用这些蚕蛾做其他的研究。事实证明，蚕对蝎子的毒螯有抵抗力。至于蚕蛾，我已经知道它们会怎样，它们死了，像大孔雀蛾那样死得较慢倒是真的，但最终还是死了，毒螯对它总是致命的。

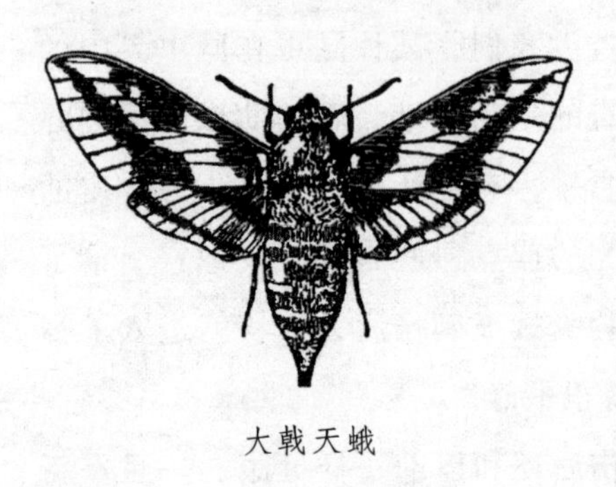
大戟天蛾

大戟上的梣天蛾也提供了同样的答案，蛾子很快就死了，而幼虫却不怕毒螯，它们吃饱了就钻到土里化成了蛹，蛹壳外面包裹着一层沙粒和丝织成的粗网纱。在被刺伤的幼虫中，仍有一些生命垂危，也许是因为它们多处受伤的缘故吧。皮肤对毒螯的穿刺有一定的抵抗作用，而流出的血有没有抵抗力我还不清楚，因此无法确定它们受到伤害的性质。为了把问题搞个水落石出，我不得不使战斗延长，有时可能会有些过分。被刺伤一次的幼虫，应该能像英勇的蚕一样承受住考验。如果毒液剂量过大，幼虫就会死。

大孔雀蛾青绿色的大幼虫为我提供了明确的结果，被刺出血的幼虫重新回到杏树上后，完成了发育过程，结出了一个精巧的茧。

双翅目和膜翅目，鳞翅目和鞘翅目昆虫，都必须经过完全变态变为成虫，但是它们的体形很小，大多受不了被镊子夹着放到蝎子的毒螯下；它们那脆弱的幼虫，皮肤被刺破一点就可能会死。我们还是去观察那些大块头吧。

我挑选的大块头，主要是不同类别的直翅目昆虫，比如长鼻蝗虫、灰蝗虫、白额螽斯、蝼蛄和螳螂。它们被蝎子的毒螯刺伤后全都会死，我已经知道。然而，这类昆虫在进入以交配仪式为标志的成虫期之前，要经过一个若虫期，这个时期的昆虫既不能算作是真正的幼虫，又和成虫没有太大的差别，这是一个低级阶段，是昆虫

进入交配期前完成发育的阶段。

葡萄收获季节，我在葡萄藤上发现的灰蝗虫，尚未长出具有网纹的后翅和革质的前翅，只有尚未发育的短原基。蝼蛄成虫长着宽大的翅膀，翅膀折叠起来像一条细长的尾巴，围住腹部下端，而最初它却只有不太雅观的小翅芽，紧贴着背部。

长鼻蝗虫、白额螽斯等昆虫的若虫，都具有这种初级的特征。未来具有飞行功能的大翅膀的原基，就蕴含在这些小里小气的鞘套里。而其他的昆虫，开始时的装束就基本上和成虫完全一样。直翅目昆虫随着年龄的增长而发育成熟，但不发生蜕变。

那么，这些不完美的，翅膀发育不全的小昆虫，能像真正的幼虫，如鳃金龟幼虫和天牛幼虫，以及蛀犀金龟幼虫和蚕蛾幼虫那样，承受住蝎子的蜇伤吗？如果这些年幼的昆虫体内充满的液体，相当于足够剂量的预防药，我们就该看到它们具有免疫力。然而事实并非如此。比如蝼蛄，不管是有翅膀的还是无翅膀的，也不管是年幼的还是年老的都会死。螳螂、蝗虫和螽斯也一样，不管是成熟的还是未成熟的也都会死。

根据昆虫对蝎子的抵抗力，我把昆虫分成两类：一类昆虫经历了真正的变态，整个机体随之发生变化；而另一类只发生一些次要的变化。第一类昆虫的幼虫有抵抗力，而成虫死了，第二类昆虫的幼虫和成虫都死了。

为什么会有这种差别？实验结果告诉我，受试者越是粗俗低贱，抵抗毒螯的能力就越强。狼蛛、圆网蛛和螳螂这些敏感型的昆虫，都会当场暴毙；充满活力的金步甲、黑步甲像吃了兴奋剂那样，立刻发生痉挛；热情的运粪工圣甲虫像患了舞蹈病似的乱奔乱跑。相反，笨重的蛀犀金龟和喜欢在蔷薇花蕊里休眠的花金龟忍受着痛苦，肢体微微地抽搐了好几天才死。地位在它们之下的蝗虫是杰出的粗俗昆虫，更低等的蜈蚣这种身体不全的低等昆虫，也能抵抗好几天。很明显，毒液起作用的快慢取决于受刑者的敏感性。

现在，我想单独研究一下经历过完全变态的高等昆虫。我们在它们身上使用“变态”这个词，意思就是指形态的改变。那么从幼虫到蛾，从生活在腐殖土中的蛴螬变成花金龟，是否仅仅是形态的变化呢？蝎子的毒汁告诉我们，其中还有更深刻、更奇妙的变化。变态昆虫的体内发生了一次深刻的变化，虽然物质成分始终没变，但发生了熔融，使原子结构变得更精巧，昆虫变得会神经质地颤抖，这是交配期的昆虫最重要的一个特征。坚硬的鞘翅、瓣胃、晃动的触角、步行的足、飞翔的翅膀，所有这些都很棒，但这一切又没有任何价值。

还有别的东西支配着这些装备。刚刚完成变态的昆虫获得了新生，更加充满了活力，感觉也更灵敏了。第二次新生改变了一切，不仅改变了昆虫的外貌特征，更重要的是改变了那些看不见、摸不着的深层东西。这不仅仅是分子排列的改变，而是过去所没有的新能力的展现。总的来说，结构简单的小幼虫原来过着非常单调的平静生活，现在它为了获得未来的本能而变态，变态改变了它的体态，提炼了它的体液，并对构成其体内能源的原子逐一进行精炼，完成走向进步的巨大飞跃。但是，这种新的形态不像初始形态那样具有牢固的稳定性，它所获得的完美是以失去平衡为代价的，因此成虫经不住考验死了，而幼虫经历了同样的考验却没有危险。

蝗科和普通的直翅目昆虫，情况则完全不同。它们没有发生真正意义上的变态，它们的身体结构、生活习惯、习性都没有根本的变化。它们一生中，几乎一直保持着刚孵化出来时的那个样子，与

生俱来的形态几乎不会被未来改变，生就的习惯也不能为时间所改变。对它们来说，没有脱胎换骨的变化，也没有突然的推进。自出生起，它们就具有成虫的外表，因此也就失去了结构简单的幼虫所享有的豁免权。

不经历幼虫这种形态、一身短打的蝗虫，有生长发育过快的不利因素。它们的若虫，也和身体结构基本相同、只有部分细节不同的成虫死得一样快。

对这个不一定正确的解释，我既不坚决主张，也并不反对。用一根绳去探测无底的深渊，往往难以获得的正确概念。不管怎样，一个具有重大意义的事实已经获得，尽管还无法解释清楚，变态改变了有机体的深层结构。

蝎毒这种卓越的化学试剂，能区别幼虫和成虫的肉体，它对前者温和，对后者却是致命的。

这个奇怪的结果又引起了一个问题，这个问题对于主张通过注射血清，接种疫苗来减轻病毒的著名理论，并不陌生。一条将经历完全变态的幼虫被蝎子刺伤了，自然有人会说它接种了疫苗，从这个意义上说，它已感染了病毒；这种病毒在未来将使它致命，而在目前不会产生严重后果。接种者似乎对注射没有什么反应，还可以继续吃东西，继续从事幼虫的日常活动。

然而，这种病毒却不可避免地以某种方式，对昆虫的血液和神经产生影响。它是否能阻止昆虫变态后产生易受损伤的特点呢？凭借从小养成的对毒性的适应力，成虫是否会有免疫力呢？它们能不能像米特里达特抵抗毒药那样抵抗蝎毒呢？总之，经历过完全变态的昆虫，如果在幼虫期被蝎子刺伤过，它们是否因此具有抵抗毒螯的能力呢？这就是问题的关键。

人们迫切地希望得到肯定的答案，以至于一开始就想回答：是的，成虫将会有抵抗力。不过还是让实验来说话吧。为了做这个实验，我做了一些准备工作，准备了四组昆虫。第一组有12只花金龟幼虫，它们于上年10月被刺伤过，后来又重新接种，5月又被刺伤一次。第二组也是12只花金龟幼虫，它们只在5月被刺伤过。第三组是4只大戟上的楞天蛾蛹，它们是4月被蝎子刺伤的幼虫变来的。最后一组是蚕蛹，这些蛹是被刺得血淋淋的蚕化的，变态完成后，它们都得再次接受蝎子的手术。

我急切地等待之后，蚕蛾首先给我提供了答案。两三个星期后，蚕蛾扭动着身体在交配，虽然它们在幼虫期被刺伤过，可交配时的热情丝毫也没有因此而降温。我让它们接受了考验。蝎子进攻很辛苦，因为它针法不太准；但这也无妨，所有被刺伤的蚕蛾两天后都死了。预防接种并未改变它们的命运，以前没有接种过的蚕蛾会死，接种后还是会死。

然而，这些证据还不够有说服力，由此下结论未免显得草率。我还会得到更有力的证据，我对楞天蛾抱有信心，对强壮的花金龟更是充满了信心。从理论上说，在幼虫期已经感染过病毒的楞天蛾，应该具有免疫力，可它还是保持着通常所具有的易受损害的特点，它被毒螯刺伤后立刻身亡，和幼年时没有接受过接种的楞天蛾完全一样。

也许是因为幼虫期和成虫期先后两次刺伤的时间间隔太短，病毒疫苗还没有能够在机体中发挥应有的作用；也许需要更长时间，使疫苗在昆虫的机体中产生深刻的变化，使其产生抵抗力。花金龟幼虫也许将消除这种不利因素。

有一组花金龟的幼虫曾经被刺伤了两次，一次在上年10月，另

一次在次年5月。成虫7月底破壳而出，从第一次受伤到现在已经过去了十个月，自第二次受伤到现在也有三个月了。现在成虫是否具有免疫力呢？

根本没有。那12只幼虫期接受过初种和复种的花金龟，被蝎子刺伤后全死了，像静静地出生在腐叶堆里的同类死得一样快。12只仅在5月接种过一次的花金龟，也是死得一样迅速。最初我对这两组昆虫充满了信心，结果却遭到了惨败，我为此感到无地自容。

我又尝试了另一种方法，采用输血法，类似于注射血清。对蝎子的毒液有抵抗力的花金龟幼虫的血液，应该具有一些特殊的作用，正好可以抵消毒液的毒性；把幼虫的血输入成虫的体内，能否把幼虫的抵抗力带入成虫的体内，使它完全免于中毒呢？

我用针头扎破花金龟幼虫的皮肤，血大量地流出来，我将血集在表蒙玻璃里，用一根直径很小、一头尖利的玻璃管当注射器。我用嘴吸一下，就将血液吸入了玻璃管，管里的血液剂量有所变化，从几毫升到十几、二十几毫升。我先用针尖在花金龟的肚子上扎出一个眼，以便插入脆弱的注射器；然后我用嘴对着管子吹，把血液输入它的体内，主要是腹部。花金龟顺利地经受了手术。由于补充了一些幼虫的血，再加上伤势又不严重，它看起来非常健康。

但是，这种治疗方法的效果怎样呢？没有任何效果。我等了两天，以便让带免疫力的血液，有充分的时间扩散并起作用。现在花金龟正面对着蝎子，蒙上你的脸吧，荒谬的生理学家，花金龟就像没有接受你自以为高明的手术之前一样，还是死了。昆虫不是用调制化学试剂的方法调配出来的。

第二十一章 朗格多克蝎子的婚恋

4月，当燕子归来，布谷鸟唱出第一个音符时，荒石园里那座一直都很平静的小镇，发生了一场革命。夜幕降临时，好些蝎子离开它们的住所，去朝圣了，并且再也没有回家。更严重的是，许多次我发现同一块石头下有两只蝎子，一只蝎子正在吞食另一只。这难道是一开春就习惯游荡的蝎子，不小心闯入了邻居的家，而引发的同类相食吗？如果闯入者不比对方更强，就会在那里丧生。擅入者被主人心安理得地，用了整整几天时间，一小口一小口地吃掉了，就好像这是一只普通猎物似的。

然而，特别引起我注意的是，被吞食的蝎子一律是中等个子的蝎子。它们的颜色更加金黄，肚子较小，说明它们是雄蝎子，全都是雄性的。而那些个头儿较大、更肥胖、颜色更深的蝎子，没有落得这样悲惨的下场。因此，这不可能是邻里间的打斗，它们并不是因为渴望离群索居，才加害所有的拜访者，把它们吃掉，以这种过激的方式杜绝冒失行为的再度发生；这应该是一种结婚仪式，交配结束后，肥胖的雌蝎为仪式安排了一个悲剧性的结尾。我承认，直到第二年，我也没有为我的怀疑找到根据，因为我的设备太简陋。

又一年的春天到了。事先我已经准备好了宽敞的玻璃屋，里面有25个居民，各自占有一块瓦片。自4月中旬起，每晚天黑后约八九点钟，玻璃宫里热闹非凡。大白天显得很沉寂的玻璃宫变成了欢乐的舞台，刚吃完饭全体成员就跑到玻璃宫里。凭借挂在玻璃前的提灯，我能够观察到里面的情况。

看它们表演成了我们白天操劳之后的一种消遣，就好像是看戏。在朴素的剧院中，表演十分有趣；到了掌灯时刻，大大小小的观众便来到前厅观看，大家全都在场，甚至连看家犬汤姆也来了。它对蝎子的事不感兴趣，它像个真正的哲学家似的；它躺在我们的脚边打瞌睡，睁只眼闭只眼地瞧着它的朋友孩子们。

我要尽量使读者对正在发生的事有个概念。在玻璃墙边，微弱的灯光照亮的区域里，很快形成了好几个群体。那些随处可见的孤独散步者，在灯光的吸引下，也离开黑暗处，跑到柔和温馨的灯光下。夜蛾也不见得比它们更爱往光亮处跑。瞧，又有一些新来者加入了群体，而前台有一些则放弃嬉戏，回到暗处，休息片刻之后，再次充满激情地回到前台。

这种乱哄哄的场面和狂欢时可怕的喧闹，同样具有吸引力。有的蝎子从远处赶来，神情严肃地从阴暗处走出来，突然迅速而轻柔地一跃，做一个滑步动作，走向灯光下的那群蝎子。它们敏捷的动作让人想到碎步小跑的小老鼠。它们希望相互结交，可是刚被别人的指头碰了一下就赶紧逃走，好像彼此都被烫着了似的。另一些已经和同伴纠缠在一起的蝎子，也赶紧脱身逃走，在黑暗中定了定神，然后又回来。

玻璃宫里不时会出现非常混乱的场面：蝎子们的步足纠缠不清地踩来踩去，几只螯肢咬在了一起，卷起的尾巴相互碰撞，也不知道是表示威胁还是亲昵。

从有利的光线入射角度可以看到，在混乱中有一对对亮点闪闪发光，看上去像深红色的宝石。人们或许会把它当成是眼睛射出的光；实际上这是蝎子额前的两只中眼，像反射镜一样光亮。所有的蝎子都参与了殴斗，不论是大的还是小的；这好像是一场殊死搏斗，是一场大屠杀，也像是一场嬉闹的游戏。小猫也会这样嬉闹。不久这伙蝎子散伙了，分散到各个角落，既没有打伤也没有扭伤。

现在，逃亡者们重新聚集在提灯的周围。它们来来去去，走了又来，常常迎面相撞。最匆忙的那位从别人的背上踏过去，被踏的那只蝎子动了一下臀部，没有表示更多的抗议，反击的时候还没有到。相互碰撞的蝎子也至多互相用尾巴拍对方一下。在它们圈内，这种拍打是无恶意的，因为没有使用毒螯，就像我们平常挥挥拳头一样。

除了乱踩和挥舞尾巴外，还有更离奇的。它们会摆出极为奇怪的姿势。两个斗殴者额头对额头，螯肢顶着螯肢，笔直竖起来好像一棵树，它们只靠上身支撑，下半身竖起来，胸部八个白色的呼吸小袋也因而暴露出来。它们绷成一条直线，垂直竖起的尾巴相互摩擦、触摸，而尾巴尖却钩在一起，轻柔地一次又一次地连接起来，又分开。突然，友好的金字塔崩塌了，两只蝎子匆匆离去，不讲任何礼数。

两个斗士为什么要摆出这种姿势呢？是敌对双方在搏斗吗？看样子不是，因为接触是和平的。接下去的观察告诉我：它们是在调情，为了表白自己的爱情，蝎子才倒立成一棵笔直的树。

继续刚才开始的观察，把每天收集到的点滴材料，以表格的形式记录下来，会有好处的，而且这样记录也比较快捷；但它会略去细节，因为每次的情况都有所不同，很难分类归纳，那么记录就没有意义了。描写这种奇特且鲜为人知的风俗，不应该有一点疏漏。虽然可能会出现一些重复，但我最好还是根据时间的先后顺序分段叙述，把我观察到的新情况逐一记下来，无序将会变得有序。每天夜晚都有一些特别的情况，能为我提供一些能够证明和补充前例的

特征，因此我采用日记的形式来做记录。

1904年4月25日

喂！这是怎么回事？这可是我从没见过的事啊！我随时都在警惕地观察的眼睛，还是第一次见到这种事。两只蝎子面对面，伸出螯肢，握住对方的指头，这是友好的握手，而不是挑战，双方的举止是友好的。这是两只异性蝎子，身体较胖、颜色也较深的那只是雌蝎，另一只相对瘦一些、颜色也较浅的是雄蝎。它们将尾巴盘成很漂亮的螺旋形，迈着整齐的步伐沿着玻璃墙散步。雄蝎子走在前，而且是倒着走，稳稳当当且没有阻力。雌蝎子顺从地跟随，它面对着雄蝎子，手指被雄蝎子握住。

它们走走停停，但始终手拉着手，散步断断续续地进行，一会儿走到这里，一会儿走到那里，从围墙的这一头走到那一头，丝毫看不出散步者的目的地是哪里。它们是在漫步，在玩耍，肯定还在暗送秋波。就像礼拜天的晚祷后，我们村里的年轻人在树篱边散步，各自带着自己的心上人。

散步者经常改变方向，但不管往哪个方向走，总是由雄蝎子决定。雄蝎子紧紧握住雌蝎子的手，优雅地侧转身和它的伴侣并排站立。这时它用平放下来的尾巴，轻柔地抚摸一下雌蝎子的背，而对方一动也不动，一副无动于衷的样子。

整整一小时，我毫不懈怠地注视着它们没完没了地来回走。我的一位家人帮了我的大忙，他发现了一个还未被世人发现的奇异现象，甚至连有观察眼光的人也没有见过的现象。

尽管时间很晚，该休息了，我们的注意力仍然非常集中，不想放过任何一个重要的细节，这对我们来说是很辛苦的。

大约10点钟，蝎子的散步结束了。那只雄蝎子来到一块瓦片上，似乎这是个合适的隐蔽所。它放开同伴的一只手，另一只手仍然牢牢地牵着对方，它用腿扒了几下，再用尾巴扫土。一个地洞打开了，它先钻进去，然后慢慢地、动作轻柔地把耐心的雌蝎子带进洞里，很快我们什么也看不见了。沙堆封闭了洞口，这对情侣进到了家中。

打扰它们是很愚蠢的；如果我想马上看到下面正在发生的事情，还为时过早，现在还不是时候。前期的准备工作可能将会持续大半夜，长时间的熬夜已使我这个八旬老翁感到力不从心。我的腿开始发软，眼皮也直打架，我们还是睡觉去吧。

我做了一夜梦，梦见蝎子钻进我的被窝，爬到我的脸上，我并不特别惊讶，因为我常常梦见一些奇怪的事。第二天拂晓，我掀开了那块石头。雌蝎子孤身一人，雄蝎子没了踪影，它既不在洞穴里，也不在附近。第一次就出师不利，以后又会怎样呢？

5月7日

快晚上7点，天空布满了乌云，雨即将来临。玻璃屋里一对蝎子静静地待在一块瓦片下，它们面对面，手拉手。我谨慎地掀起瓦片，让里面的蝎子暴露出来，好让我自始至终地监视它们的幽会。天黑了，我不会打破失去屋顶的房间里的静谧了。然而，阵雨骤来，我被迫撤离了那里。蝎子在玻璃罩里不用避雨，它们会做什么呢？它们还会照样忙它们的事吗？可是它们的床没有华盖怎么办？

一小时后雨停了，我又回到蝎子的家。它们已经走了，选了旁边的一块瓦片。它们始终手拉着手，雌蝎子在外面，雄蝎子在洞里收拾房间。为了不错过蝎子交配的那一刻，我们全家轮流守候，每十分钟换一班。我觉得这一刻临近了，可是我们的努力又白费了：8点左右，夜幕已经完全降临，这对情侣因为不满意那个地点，又要

去朝圣。它们手拉着手，准备到别处去寻找住处。雄蝎子倒退着在前面引路，随它的意去选择一个住处；雌蝎子则顺从地跟在后面。这和我4月25日看到的情形完全相同。

最后它们总算找到了一块满意的瓦片，雄蝎子先钻进去，但它一刻也没松开过伴侣的手，它用尾巴扫了几下，新房就收拾好了，雌蝎子在温柔的雄蝎子的引导下钻进洞去。

两小时后我去看望它们，以为这段时间它们已经做完准备活动了。我掀开瓦片，发现它们还是老样子，面对面，手拉手。今天我是不可能看到更多的情况了。

第二天，还是没什么新情况。它们面对面在沉思，腿一动也不动，教父和教母，钩着手指在瓦片下继续没完没了地幽会。傍晚，在太阳落山时，经过24小时的幽会之后，这对情侣分手了。雄蝎子离开了瓦片，雌蝎子还待在那里，事情没有一点进展。

这一次有两件事我必须记下。订婚散步之后，这对情侣需要一个秘密安静的藏身所。它们绝不会在露天地，在晃动的人群中，在众目睽睽之下完婚。当洞顶的瓦片不管是白天还是晚上被掀掉时，这对看上去陷入沉思的未婚夫妇，都会离开，去另外寻找一个小窝。而且，它们还要在盖着石板的洞穴里停留很长时间，我刚才看到它们停留了24小时，仍然没有决定性的结果。

5月12日

今晚我们会看到什么呢？天气很热，风平浪静，正适合夜间嬉戏。一对情侣结成了，它们是如何开始的，我不了解。这一次雄蝎子的个子比肚子肥胖的雌蝎子矮小得多。矮小瘦弱的雄蝎子仍然勇敢地履行自己的职责。照老规矩它倒着走，尾巴卷成喇叭形。它带着肥胖的雌蝎子沿着玻璃围墙散步，转了一圈又一圈，时而朝一个方向走，时而又掉头朝相反的方向走。

它们经常停下来，这时两只蝎子的额头挨在一起，头时而偏向左边，时而偏向右边，好像是在说悄悄话。细小的前足不停地晃动，像是狂热的抚摸。这是什么意思？怎样才能用言语翻译出它们无声的祝婚词呢？

我们全家人都来看这对奇怪地套在一起的蝎子，我们的出现丝毫没有打扰它们。它们那样子很优美，这样说并不夸张。它们那半透明的身体在灯光下闪着光，仿佛是用黄色的琥珀雕刻而成的雕塑。它们将胳膊伸得直直的，尾巴卷成可爱的螺旋状。它们动作缓慢，看一步走一步，进行长途旅行。

什么也打断不了它们。一个夜间出来乘凉的流浪者，在路上与它们相遇，它本来也是沿着墙根走的，一旦察觉了那对蝎子之间的微妙关系，它便闪身让它们自由地通过。最后，终于有一块瓦片下的洞穴接纳了散步者，雄蝎子在前面倒着走，这是不言而喻的。现在是9点。

经过整整一个晚上的柔情蜜意后，接着在夜里就发生了恐怖的悲剧。第二天早晨，雌蝎子还在昨晚的那块瓦片下，瘦小的雄蝎子在它身边，但已经被杀，而且被吃掉了一些，它的头部、一只螯肢和两条腿已经不见了。我把尸体放在洞口看得见的地方，整整一天隐修士都没有去动它一下。当天又黑下来时，它出来了，它在经过的路上碰到了那具尸体，便将尸体搬到远处，以便体面地安葬它，把它吃完。

这种吞食同类的行为，和去年我在露天小镇上看到的情况一样。我时常在别的石头底下发现一只雌蝎子，正逍遥自在地像吃家常便饭似的蚕食昨夜的伴侣。我想雄蝎子完成了自己的职责之后，

如果不及时脱身，就会被整个或部分吞食掉。我眼前正好有确凿的证据。我昨晚看见一对情侣完成了惯常的前奏，散步之后进了洞穴，今天早晨还是在那块瓦片下，当我去查看时，妻子正在啃食它的丈夫。

看来那只不幸的雄蝎子已经完成了使命。需要它传种的时候，雌蝎子是不会吃它的。这对夫妇动作很快。我发现有些蝎子情意绵绵，互相表达了爱意，经过24小时的深思熟虑之后，还没缔结良缘。一些无法确定的因素，也许是周围的环境、电压、温度和蝎子本身的热情等因素，在很大程度上可以加快或减缓交配的完成。对于观察者来说，要想把握准确的时机，发现尚不能肯定的栉板的作用，是件很困难的事。

5月14日

肯定不是饥饿使蝎子每天晚上处于兴奋状态。深夜时分，要想在周围找到食物不费吹灰之力，我刚刚为这群忙碌的蝎子提供了丰富的食品，我挑选的都是它们喜欢的食物，有肉质细嫩的小蝗虫，有直翅目昆虫中味道最鲜美的小螽斯，还有截去翅膀的尺蠖蛾。再过一段日子，我还会给它们提供美味珍馐。以前我在蝎子洞里发现过和蜻蜓类似的蚁蛉的尸骸和翅膀，我敢肯定蜻蜓是它们喜爱的食物。

这么丰盛的食物却没有引起蝎子们的兴趣，谁也没有去注意这些食物。在混乱的蝎子中间，蝗虫在跳跃，折了翅的尺蠖蛾在拍打地面，蜻蜓在哆嗦。路过它们身边的蝎子熟视无睹，它们践踏着食物，将食物踢翻，用尾巴把它们扫到一边去。总之，它们不需要，绝对不需要这些食物。它们要的是别的东西。

它们几乎全都沿着玻璃围墙走，有些固执的家伙还企图越狱。它们用尾巴支撑着站起来，脚下一滑便摔下来，然后又在别的地方重新开始爬。它们伸出拳头去砸玻璃，不惜任何代价也要出去。这个蝎子园已经很大，所有的蝎子都有自己的空间，里面有长长的小径可供它们散步。尽管如此，它们还是想到远方去流浪。如果它们是自由的，它们就会云游四方。去年也是在这个时期，荒石园里的移民们全都离开了小镇，我从此再也没有见到它们。

春天，到了交配期它们必须要去旅行。一向喜欢离群索居的蝎子，现在要抛弃它们的斗室，去完成爱情之旅；它们不思茶饭，要去寻找自己的伴侣，在本土范围内的石头下，常有同类云集相聚，它们应该有择偶的机会。如果不是怕天黑摔断腿，我真想到满是岩石的山岗上去，参加蝎子在自由欢快的气氛中举行的婚礼。它们在光秃秃的山岗上做什么呢？看来跟玻璃屋里的蝎子没什么不同。选好了新娘后，雄蝎子便带着它，手拉手到长着薰衣草的草地上去漫步许久。这时，它们虽然享受不到我那盏提灯发出的昏暗灯光，却有月光助兴。

5月20日

雄蝎子邀请雌蝎子散步的场景，不是每天晚上都一定能看到的，好些蝎子从石头底下出来已经结成对了。一对对蝎子手拉着手，一整天都待在那里，一动不动，彼此面对面沉思不语。天黑了，它们一刻也没分手，又开始沿着玻璃围墙继续前一天晚上开始的，或者更早就已开始的散步。我们不知道它们是在什么时候，也不知道是怎样结合在一起的。有的蝎子意外地在很难进行监视的僻静小路相遇，当我发现它们时已经太迟，它们已经手拉手走在了一起。

今天，机遇在向我微笑，一对蝎子在我的眼前，在提灯的亮光下结成了对子。一只雄蝎子兴高采烈地从一群蝎子中间匆匆穿过时，突然与一只路过的雌蝎子打了个照面，那正是它要找的伴侣，

对方没有拒绝，事情进展很快。

它们额头碰额头，螯肢钩在一块，尾巴使劲地摇摆，垂直竖起，两条尾巴钩在一起，慢慢地摩挲，互相轻轻地抚摸。两只蝎子合在一起像一棵笔直的树，形状就像前面描述过的那样。很快这个结构解体了，不再有更多的表示，它们开始手拉手去散步。这种金字塔形状是蝎子结合的前奏。这种姿势并不少见，当同性相遇时，也会做出这种姿势，不过没有那么标准，更主要的是没有那么郑重其事。在那种情况下，这个姿势是表示不耐烦，而不是表达爱情，两条相交的尾巴是相互撞击，而不是相互抚摸。

再看看那只雄蝎子，它匆匆地转过身来倒退，带着胜利者的骄傲神情走了。它们遇到了其他一些雄蝎子，它们用好奇的、也许是妒忌的眼光瞧着这对情侣，其中一只扑向被雄蝎子牵着的雌蝎子，抱住它的腿，拼命地想阻止它们的结合。为克服阻力，雄蝎子累得精疲力尽，它推推不动，拉也拉不动，怎么也动不了。它并没有为意外的事件而感到不快，它放弃了争夺。这时身边正好有一只雌蝎子，这一次它没有做任何表白，便直截了当地与对方进行谈判，它拉住姑娘的手，邀请它去散步，姑娘不愿意，挣脱出来逃走了。

它又以同样直率的方式，向一名好奇者发出邀请，这名姑娘接受了邀请，但是谁也不能保证它在路上就不会逃离这个勾引者。对这个轻浮的小子来说，这又算得了什么！姑娘有的是，跑了一个，还能再找一个。它到底要什么呢？第一个到来的姑娘。

它得到了第一个到来的姑娘，现在它带着被征服的姑娘来了。它走进被灯光照亮的区域，如果爱人拒绝前进，它就会用尽全力一下一下地硬拽着爱人走，如果爱人顺从，它的动作就很轻柔。中途它们常常要停下来歇歇脚，有时会停很久。

雄蝎子在专心致志地进行奇怪的操练。它收回螯肢，还是说胳膊更好些，然后再向前伸直，并迫使爱人也和它一样交替地做这个动作。这对蝎子组成了一个四边形的活动架，反复地收拢、打开。做完柔软训练之后，这个器械就收缩起来，停止不动了。

现在，它们的额头碰在了一起，两张嘴贴在一块，抒发着爱慕之情。为了表述这种爱抚，我脑海里涌现出接吻、拥抱等字眼，但我不敢用这些字眼，因为蝎子没有头、脸、唇和面颊。它那像被刀削过似的平截面上，甚至连吻端也没有，我们只能找到一张由丑陋的下颚构成的脸。

可是对蝎子来说，那个部位再美不过！雄蝎子用比其他腿更纤细的前腿，轻轻地拍爱人那张在它看来十分美丽的脸蛋，怀着一种快意轻轻地咬，雌蝎子也用下颚抚弄着雄蝎子那张同样丑陋的脸，温柔天真至极。据说接吻是鸽子发明的，现在，我又为它找到了一位先驱，那就是蝎子。

雌蝎子听任摆布，完全处于被动，然而，它心中不是没有溜走的念头。但是怎么溜呢？很简单。它用尾巴当棍子，拍打在过于亲热的同伴的手腕上，那位立刻就松开了手。这意味着断交。明天，赌气的姑娘消了气，一切又将继续进行。

5月25日

这种用棍子驱赶的方式告诉我们，在最初的观察中显得顺从听话的新娘，也有任性的时候，它会断然拒绝雄蝎子的求爱，还会突然闹离婚。我举个例子吧。

今晚它俩都打扮得漂漂亮亮，正在散步，随后它们找到了一块瓦片，看来挺合适。雄蝎子为了方便行动，放开了一只螯肢，它用腿和尾巴把门口打扫干净，钻进瓦片下面，随着洞穴渐渐地挖成，

新娘似乎心甘情愿地跟着往里走。

可能是地点和时间都不合新娘的意，它的身体又露出洞口，倒退着爬出半截身子，它在与引路者搏斗，新郎硬是将它朝身边拉。它们争执得很激烈，一个极力往里拉，另一个则是往外拉，展开了拉锯战，双方势均力敌，最后，雌蝎子猛地用力把它的配偶拽了出来。

这一对露出地面后并没有断交，而是继续散步。它们沿着玻璃围墙走了整整一小时，一会儿拐到这个方向。一会儿又拐到另一个方向，最后又回到刚才那块瓦片旁，确确实实是刚才的那块瓦片。道路已经开通，雄蝎子毫不迟疑地钻下去，并狂热地把新娘往里拽。雌蝎子拼命反抗，它把腿绷直了不动，脚在地上划出道道痕迹，尾巴用力靠在拱起的瓦片上，不想进去。它这样抵抗应该不是为了扫我的兴，没有前奏的交配会怎样呢？

在石头下诱拐者软硬兼施，最后倔强的雌蝎子变得服服帖帖，它们进了洞房，这时刚刚敲过10点。下半夜我应该继续守候，等着看结局，等到适当的时候掀开石头看看下面发生的情况。好机会很难得，我应该好好利用这次机会。我将会看到什么呢？

什么也看不到，刚过了半小时，获得自由的抗婚者从洞穴里出来逃走了，新郎急忙从洞底追上来，它在洞口停下脚步，四处张望，新娘已经逃走了。雄蝎子灰溜溜地回到家里。它遭了劫，我也一样。

第二十二章 朗格多克蝎子的交配

6月到了。我怕强烈的光线会带来干扰，在此之前，我一直都是把提灯挂在离玻璃墙一定距离的地方。微弱的灯光使我无法看清，这对正在散步的情侣是怎么套在一起的。它们是主动把手牵在一起的吗？它们是把手指钩在一起组成一个互动轮，还是只靠一方牵引？是靠哪一方呢？这些问题事关紧要，我想把它们搞清楚。

现在我把提灯挂在玻璃屋的中央，将玻璃宫照得通明。蝎子们不但不害怕，反而兴高采烈地聚拢来。它们跑到号志灯周围，有的甚至还想爬上去靠近光源。它们抓住四周的白铁皮，沿着贴了瓷砖的墙壁往上爬，它们顽强地坚持，也不怕滑下来，最后终于爬到了高处。一部分蝎子贴在玻璃罩上，另一部分靠在金属支架上，一动不动地待在那里。整个晚上，我都在注视着提灯，它们被提灯的光辉给迷住了。我想起以前大孔雀蛾也曾为提灯发出的光而心醉神迷。

在提灯下最亮的地方，一对蝎子抓紧时间组成了直立的树形，它们用尾巴相互拍打，动作很优雅，然后它们开始步行。雄蝎子采取主动，用两只螯肢分别握住雌蝎子的螯肢，用力抓住对方；也只有它有自由支配权，它想松手的时候，套在一起的两只蝎子才能分开，它只要松开螯肢就行了。而雌蝎子却没有自由，它是俘虏，诱拐者给它戴上了拇指铐。

有些时候我还可以看得更清楚，但是机会很少。我碰巧见到一只雄蝎子用胳膊拉它的新娘，还看见它拉新娘的腿和尾巴。新娘伸直胳膊，硬僵着不肯前进，粗鲁的雄蝎子完全忘记了克制，它把新

娘推倒了还乱施暴力。事情真相大白了，这完全是诱拐，是粗暴的绑架，就像罗慕路斯的部将掳走萨宾女人那样[①]。

假如事情迟早要以悲剧收场，那么粗鲁的诱拐者对自己的壮举还真是异常执着。它们的风俗就是，新婚之夜新郎要被吃掉。受害者拼命要将祭司领到祭坛上，这可真够新鲜的！

通过连续数晚的观察，我发现，最胖的那些雌蝎子，几乎不参加这种手拉手的游戏；热衷散步的雄蝎子，几乎总是找那些年轻的、肚皮较小的雌蝎子，它们要找年轻姑娘。它们虽然也时常和老雌蝎子会面，用尾巴碰碰它们，试图牵它们的手，但不过是逢场作戏，往往得不到对方的欢心，被抓住手指的大嫂，会用尾巴提醒它放规矩点，休得放肆。遭到拒绝的雄蝎子不再强求，它放开对方，大家各走一边。

那些大肚皮的都是老肥婆，对交配很冷漠，提不起热情来。去年的同一时期，也许还要早些，它们也有过风流的时候，此后，这事已使它们厌倦。雌蝎子的妊娠期特别长，这在更高等的动物中也是不多见的。蝎子的胚胎需要一年或更长的时间才能成熟。

现在我们再回头去看看刚才在提灯下结成的那一对。第二天早上6点，我去探望它们时，它们还在瓦片下，面对着面，手拉着手，正准备去散步。正当我在监视这对蝎子的时候，又有第二对组合而成，并且开始长途旅行。一大早就远征倒是让我感到吃惊，我还从没见过，恐怕以后也很少会再看到像这样大白天散步的情况。照常理，一对情侣应该是在天黑了以后去散步，今天为何如此急不可待？我想原因可能是昨天下过暴雨，整个下午雷声轰鸣，震耳欲

---

① 罗慕路斯是传说中的罗马城建立者，战神马尔斯之子。有一天他以邀请附近的萨宾人赴宴的方式，劫掠萨宾女子与罗马人结婚。——校注

聋。昨天我们庆祝圣梅达尔[1]教主的节日，或许是圣梅达尔打开了水闸，昨晚一整夜都下着倾盆大雨。高电压和臭氧味让昏昏欲睡的隐居者们兴奋起来，由于神经受了刺激，大多数蝎子都跑到斗室的门口，伸出螯肢去试探外面的情况。最冲动的那两只蝎子索性跑了出来，与其说它们是沉迷在交配的激情中，倒不如说是为这场暴雨而兴奋不已，如痴如醉。它俩意气相投，便一起迈着庄严的步伐，冒着轰鸣的雷声，在外面散起步来。

它们路过一些开着房门的小屋，想进去，可宅主不同意。宅主出现在门口，挥起拳头，比画着仿佛在说："滚到别处去，这里已经有主了。"它们走了。在别处它们也同样遭到了宅主的拒绝和威胁。最后没办法，它们钻进了第一对夫妻昨晚开始入住的那块瓦片底下。同居没有引起口角，老房客和新房客肩并肩相安无事，各自陷入了沉思，完全没有一点动静，伴侣们始终手牵着手。这种状态持续了一整天。大约下午5点，两对情侣分开了。雄蝎子离开了房间，看样子是要像往常一样去享受黄昏的快乐时光。雌蝎子却相反，它们待在瓦片下。据我所知，在这么长时间的会晤中，什么事也没有发生，尽管有激发情绪的隆隆雷声。

四只蝎子同处一室的情况并非仅此一例，在玻璃罩里的瓦片下，我经常见到一伙一伙的蝎子，不分性别地住在一起。在它们的出生地，我从没见过两只蝎子同住在一块石头下，但是，我们不能因此而断言，残暴的风俗禁止邻里间的任何交往。玻璃围墙里的情

---

① 圣梅达尔：努瓦邕和图尔奈的第一个主教。努瓦邕是法国瓦兹地区的区府所在地，那里有12、13世纪的哥特式教堂。图尔奈为比利时的一座城市，历史上先后被罗马人、法兰克人占领，6世纪成为法国管辖下的主教府，1526年划归哈布斯保王朝，1667年又被法国占领，1830年终于归入比利时版图。——译注

况告诉我，我们可能错了。那里房间充足有余，每只蝎子都可以选一间房据为己有，牢牢地守着它。可是事情偏偏不是这样，当热闹的夜晚到来时，蝎子没有闲人勿扰、只属于它自己的家，所有的房子都是属于大家的，见到一块瓦片就可以进去，里面的房客不会抗议。蝎子们出去散步，散完步又可以随便回到任何一间小屋里。黄昏时的嬉戏结束后，三四只蝎子，有时是更多的蝎子聚在一起，不分性别，一个挨一个挤在一间小小的斗室里，一起度过夜晚和翌日白天。这里不过是个临时蜗居，第二天晚上它们还会换一个居所，全凭散步者高兴。只有到了冬天，它们才使用固定的居所。这些游民过着非常太平的日子，它们之间从来没有发生过严重的口角，即使有五六只蝎子同居一室。

但是，宽容只限于成年蝎子之间，也许是有点害怕报复。我发现，它们和平共处，还有另一个更重要的原因，融洽的关系对今后相处是很有必要的。蝎子的性情变得温和了，但也不完全是这样。临产的雌蝎子总是食欲旺盛，而且显得有些异常。它对新生儿越温柔，对已经长大但尚未达到生育年龄的孩子就越仇恨。它就像寓言中的恶魔似的，在路上遇到的孩子，不过是一块嫩肉而已。

下面那可怕的一幕常常浮现在我的脑中。一只体长只有成年蝎子三分之一或四分之一的小蝎子，冒冒失失地从一间斗室门前经过，没想到噩运正等待着它。肥胖的雌蝎子从屋里出来，朝那可怜的孩子走去，用螯肢抓住它，一下把它刺死，然后心安理得地吃起来。那些少男少女迟早都会这样死在玻璃罩里。我对补充新蝎子心存顾虑，因为那等于是为屠杀者提供新的食物。原先有12个少男少女，没几天就一个也不剩了。雌蝎子吃孩子并非饥饿的缘故，因为我总是按时为它提供丰富的食物，可是雌蝎子还是把孩子们全都吃掉了。青春是美好的，但是在这个恶魔世界里，青春则成了极其不利的因素。

我很自然地把这些屠杀行径，归咎于妊娠期常常出现的怪癖。快要生产的雌蝎子多疑而且气量小，在它眼里谁都是敌人，要想摆脱它们，只有把它们吃掉，只要它有能力它就要吃。然而，当孩子出生，它很快获得自由后，8月中旬，蝎子园里又呈现出祥和的气氛，我再也没有发现过以前频频出现的同类相食现象。

此时，不注意家庭保卫工作的雄蝎子，也不再痴迷于悲剧性的婚恋，它们是和平主义者，虽然态度生硬却不会杀害邻里。它们之间从不会为占有自己看上的姑娘而争斗，情敌之间不是以决斗或动刀的方式争夺情人，而是一切顺其自然，就算不能和和气气，至少也不会发生殴斗。

当两只雄蝎子遇到同一只雌蝎子时，谁将能够邀请姑娘去散步呢？那要看谁能拉得赢。它们一左一右各抓住美丽姑娘的一只手，拼命往自己身边拉。它们用后腿做杠杆支撑身体，臀部微微颤抖，尾巴轻轻摇摆，以增强爆发力。加油啊！它们拽着姑娘又是摇，又是猛力向后拉，好像要把它分成两半，一人带一半回家。小伙子求爱时，姑娘可有被撕裂的危险啊。

雄蝎子之间不会发生任何直接的冲撞，甚至都不会用尾巴拍打对方一下，唯独那个姑娘受到了粗暴的对待。看着它们争夺得那么疯狂，我真害怕姑娘的胳膊被拽下来，然而姑娘完好无损。争夺了老半天仍然不分胜负，两个情敌已不耐烦了，干脆把闲着的那只手也拉在一起。于是，三只蝎子围成了一个圆圈，又开始更激烈的争夺。大家都在用力，它们时而前进，时而后退，拉呀拉，直到用尽气力为止。突然那个疲劳不堪的情敌放弃争夺，溜走了，将全力争

夺了半天的温柔姑娘让给了自己的情敌。胜利者马上就用另一只螯肢抓住姑娘的另一只手，开始散步。至于失败者，我们不必为它担心，它很快就能在一群姑娘中再找一个，以挽回面子。

我再举一个情敌相遇和平竞争的例子。一对蝎子在散步，雄蝎子的个子很小，然而对游戏却非常有热情。当伴侣不肯前进时，它就拉拉扯扯，把爱人的背震得颤抖起来。这时突然来了一只更壮实的蝎子，它觉得这个大姐很合它的意，于是就想得到它。它会不会竭尽全力扑向那个小气鬼，揍它一顿，或许把它杀了呢？它才不会那么做呢，蝎子在处理这类微妙事情时，是不会诉诸武力的。

壮小伙没有为难那个小矮子，它径直朝姑娘走去，拉起它的尾巴。于是两只雄蝎子一个拉手，一个拉尾拼命地争夺起来，短暂的争议之后，它们达成了协议，每人拉住姑娘的一只螯肢。疯狂的拉锯战又继续进行，它们一个往左拉，一个往右拉，左边的那个好像要把姑娘肢解了似的。最后小个子认输了，它放开姑娘的手，灰溜溜地走了。大个子马上抓过姑娘的另一只手，没有再出现什么意外，这对伴侣散步去了。

从4月底到9月初，每天晚上交配的前奏一次次不厌其烦地在重演，连暑天的炎热也不能平息它们的疯热，反而为它们注入了新的热情。春天，我看见蝎子相互之间保持着一定的距离，形只影单地进行长途跋涉，6月，我看到三四只蝎子在同一间屋子里过夜。

我想趁机了解，住在瓦片下的一对对散步者在做什么，结果没有成功。我想把瓦片掀开，了解它们温柔的会晤过程中的全部细节，这一招不管用，即使是在夜晚也不行，我试了好几次都一无所获。屋上的瓦片一旦被掀掉，那些伴侣就会重新去远征，并住进另一间屋子，在那里重新开始我无法连续监视的活动。要完成这项细致的观察，需要有特殊的机遇，而不是靠我插手。

今天机会来了。7月3日，将近7点，一对伴侣引起了我的注意，这对伴侣是昨晚结合在一起的，它们在一起散步，在选择住宅。雄蝎子在瓦片下，除了螯肢以外整个身子都看不见了。这间屋子它俩住太小了。雄蝎子进去了，而个子高大、身体丰满的雌蝎子还在屋外，手被雄蝎子拉着。

雌蝎子那弯成一个大弯弓似的尾巴，懒洋洋地侧向一边，毒螯的尖头支在地面上，站得稳稳的八条腿呈倒退的姿势，一副准备逃走的架势。它的身体一动不动，我一天中去看过它20次，既没见它的臀部动一下，也没发现它的神态有什么变化，那条拱着的尾巴也没动一下，要不是它的头部还会动，它简直会被当成是一块石头。

雄蝎子也同样一动不动。我就算看不见它的身体，至少还可以看见它的螯肢，从螯肢姿势的改变就能知道蝎子是否在动。这两只蝎子发愣已经一整天了，这种状态一直持续到晚上8点。它们这样面对面是在体验什么？它们一动不动地拉着手是在干什么？如果可以用语言表述，我想说它们在沉思。这是唯一与表象较为贴近的词，但是在人类的任何一种语言中，都找不到贴切的词语来表达这种幸福的境界。这对蝎子靠钩在一起的手指连在一起。我们还是别对我们无法理解的事妄加评论吧。

大约8点，屋子外面已经非常热闹了，雌蝎子突然动了一下；它活跃起来了，接着便使足力气，终于挣脱出来，它要逃走，一只螯肢已经收回来了，另一只还被拽着。为了挣断这具有慑服力的链条，它拼死地拉，一边肩膀都脱臼了，它用那只没有受伤的螯肢探着路逃走了。雄蝎子也逃走了，今晚一切都完了。

在整个交配季节，蝎子固定在晚上散步，这显然是交配序曲中

最重要的乐章。散步者在缔结姻缘前要互相了解，展示自己优雅的风度，夸耀自己的长处。什么时候才能完婚呢？在没完没了的守候中，我的耐心已耗尽，再继续观察也是徒劳。我又重新掀开瓦片，指望最终能搞清那些栉板的作用，结果还是让我大失所望。

婚礼是在夜深人静时结束的，我对此确信不疑。假如我能有幸赶上好时候，我一定会克服睡意坚持到黎明；虽然我老了，但是为了得到一个创见，我还是可以坚持的。然而，我坚持不懈为之奋斗的目标，是多么渺茫啊！

我很清楚，也一次次地看到这种令人讨厌的情景。大多数情况下，第二天早晨我还是只能看到那对蝎子，像前一天晚上一样始终保持手拉手的姿势。要想成功我必须打破生活习惯，持续三四个月整夜不睡。然而，这样的计划超出了我的能力，我只好放弃了。

只有一次，唯一的一次，我隐约看见了这个难题的答案。当我掀开石头时，那只雄蝎子翻过身，拉着新娘的手仍然没有松开；它肚皮朝上，向下轻轻地滑到新娘的身下。当雄蝎子的恳求最终被接受时，就是这样行事的。采用这种姿势能使夫妻保持平衡。也许在最后关头它们还用上了栉板，但是由于我掀开瓦片时吓着了它们，重叠在一起的蝎子马上分开了。根据我看到的这一点线索，可见蝎子交配时的姿势和蝗虫差不多，不同的是蝎子手拉着手，还把栉板交错在一起。对房间里后来发生的事，我了解得比较多。我在那些散步者晚上住过的房间的瓦片上做了记号，第二天我们会看见什么呢？一般情况下，我看到的仍然是昨晚的那一对，面对面，手拉手。

有时雌蝎子单独在里面，完成任务的雄蝎子想办法摆脱出来，走了。它中止夫妻的欢娱，有着非常重要的原因，特别是5月，这是蝎子最热衷于嬉戏的季节，我时常见到雌蝎子津津有味地咀嚼被杀死的丈夫。

是谁犯了谋杀罪？当然是雌蝎子。这是修女螳螂的野蛮习性，情人如果不及时跑掉就会被杀死，吃掉；如果动作敏捷一些，果断一些，虽然并不是总能成功，雄螳螂有时还是可以跑掉的。而雄蝎子可以自行决定放手，因为是它的手握着对方的手，放开螯肢，它就可以摆脱束缚。然而那要命的、能带来快感的栉板，楔合在一起成了圈套，双方的栉板上排列密集的齿也许还在痉挛，不肯立即分开。这下可怜的雄蝎子可完了。

雄蝎子虽然和威胁它的雌蝎子一样有毒螯，但是它能不能、会不会自卫呢？看样子不会，因为它总是成为受害者。也许背朝下的仰卧姿势妨碍了它操纵尾巴，因为尾巴运作必须往背上卷。也许还因为无法改变的本性，阻止它向未来的母亲动用武力。它听凭可怕的妻子将它刺死，就这么毫不反抗地死去。

寡妇立刻开始大吃起来，这和蜘蛛的习性差不多；然而，蜘蛛没有蝎子那种致命的武器，至少能让那些行动果敢的雄蜘蛛有时间逃走。

丧宴尽管经常举行，却没有严格的规定，吃多吃少取决于胃口怎么样。我看到一些雌蝎子对新婚丈夫的尸体不感兴趣，只把头给吃了，然后把尸体拉到垃圾场，再也没有碰一下。我也看到过这样的悍妇：它两手举着尸体在众目睽睽之下走来走去，就好像那是一件战利品似的；后来也没再举行什么仪式，它就把尸体抛弃，把它让给了爱吃肉食的蚂蚁。

第二十三章 朗格多克蝎子的家庭

有关蝎子的生活，书籍提供的知识太贫乏，不断地接触现实胜过去藏书最丰富的图书馆。在许多情况下，无知反倒更好，我们的思想可以自由驰骋，不会因书本知识的影响而钻进牛角尖里，对此我又一次获得了亲身感受。

我从一篇解剖学论文，而且还是一个名师的大作中得知，朗格多克蝎子9月承担起家庭义务。啊！索性没有看过这篇论文倒更好！仅就我们地区的情况而言，朗格多克蝎子的繁殖期，是在这个时期以前。好在这篇论文对我的教诲不深，如果我真等到9月，那就什么也不会看见了。而为了最终看到我料想非常有趣的那一幕，第三年还得接着观察，那该是多么讨厌的等待。如果没有特殊原因，那时我可能就会放弃这转瞬即逝的机会，我会浪费一年的时间，也许会放弃这个课题。

是啊，无知有它好的一面，远离被人踏实的道路，才会发现新的东西。这是一位非常有名的、对现成的书本知识几乎不抱希望的大师，很早以前告诉我的。一天，巴斯德[①]非常意外地按响了我家的门铃，他是位名人。我以前曾经听说过他的名字，也拜读过这位知名学者关于酒石酸的分子不对称性的论文；我曾怀着极大的兴趣，关注他关于纤毛虫繁殖研究的动态。

每个时代都有科学的奇想，当今这个时代有进化论，以前有过

① 巴斯德（1822—1895）：法国微生物学家、化学家，现代微生物学的奠基人。——译注

自然发生论。巴斯德用那些无菌的或是故意放了繁殖力很强的细菌的圆底烧瓶，借助严格而又简洁的高超实验，永远推翻了误把腐败物质中的化学反应，看成是生命起源的荒谬理论。

这场争议已经成功地被澄清，对此我已有所闻，我非常热情地接待了这位知名的来访者。这位学者第一次来我家，是为了请教一些问题。我将此殊荣归因于我被看成是一位物理和化学方面的同行，但我不过是他的一个小小的、无名的同行罢了！

巴斯德回阿维尼翁地区来的目的是要养蚕，近几年养蚕场受到了莫名瘟疫的侵害，蚕农惶惶不可终日。那些蚕无缘无故就害了病，腐烂发臭，然后变得像石膏一样硬，农民们眼看着他们最主要的收入来源之一化为了泡影，简直不知所措；耗费了大量心血和钱财饲养的一房房蚕，不得不扔进肥料堆里。

客人简单地谈了一下瘟疫肆虐的情况后，便直截了当地进入了正题。

“我想看一些蚕茧，”客人说道，“我还从来没见过蚕，只是听说过，您能否帮我弄一些蚕茧？”

“很简单，我的房东正好是做蚕茧生意的，我们是对门邻居。您等我一会儿好吗？我会带回您想要的东西。”

我三步并作两步跑到了邻居家，口袋里装满了蚕茧。回到家，我把蚕茧拿给学者看。他拿了一个，用手指夹着翻来覆去地看，非常好奇地仔细打量着蚕茧，就好像在欣赏来自另一个星球的新鲜玩意。他把蚕茧放在耳边摇了摇。

“它会发出响声，”他非常吃惊地说道，“里面是不是有东西？”

“那当然。”

“是什么？”

“蚕蛹。”

“蚕蛹是什么样的？”

“依我看它像一具木乃伊，蚕变成蛾之前，先得在里面变态。”

“每一个蚕茧里都有一个蛹吗？”

“那当然，为了保护蛹，蚕才结了这个茧。”

“啊！”

大学者不再说什么了。他把蚕茧装进了口袋，以便好好地了解蚕蛹这重要的新事物。巴斯德如此强烈的自信心真令我惊讶。他连蚕、蚕茧和蚕蛹都不认识，竟然想使蚕获得新生。古代的体育教练赤膊上阵去格斗，这位与蚕场的瘟疫做斗争的天才斗士，也一样是赤膊上阵；关于自己要拯救的那种昆虫，他连最一般的常识都不具备。我当时感到很震惊，更确切地说，他令我赞叹。

对于后来发生的事，我就不那么吃惊了。那时巴斯德研究的另一个问题，是通过加热来改善酒的品质。他突然转了话题，说道：“让我看看您的酒窖吧。”

带他看我的酒窖，那个属于我的、寒酸的酒窖，从前靠我这个穷教师的微薄收入，只允许我喝少量的酒，只能把红糖和苹果渣放在坛子里发酵，酿出一种带酸味的劣质酒！我的酒窖！给他看我的酒窖！他怎么不说要看我的酒桶，看标有年份和产地、满布灰尘的酒瓶呢！我的酒窖！

我感到很尴尬，试图回避他的请求，便将话题转移开，而他却很执着。

“请您让我看看您的酒窖吧。”

他执意要看，我也就不好拒绝。我用手指着厨房角落里一把没有椅垫的椅子，椅上放着的装有12升酒的大肚瓶，说：

“先生，我的酒窖就在那里。”

“这就是您的酒窖？”

“我没有别的酒窖。”

“就这些？”

“唉！是的，就这些。”

“啊！”

我没有再说什么，学者也不再说什么。显然，巴斯德不知道其中的酸甜苦辣，即俗话说的一贫如洗是什么滋味。我那个只有一把旧椅子和一个大肚瓶的酒窖，没有为用加热的方法来克服发酵的问题提供材料，倒是雄辩地说明了这位知名客人似乎没有弄明白的另一个问题。最可怕的一种微生物，扼杀良好愿望的歹运，逃过了他的眼睛。

尽管发生了酒窖这段不愉快的插曲，但他泰然自若、坚定自信的性格，还是给我留下了深刻的印象。他对昆虫的蜕变一窍不通，今天才第一次见到蚕茧，才知道里面有东西，这东西将会羽化成蛾，他竟然连我们南方农村小学生都知道的事情也不懂；这个没有经验的，提出问题来幼稚得让我大为吃惊的新手，将要改变养蚕场的卫生状况，甚至还想在医学领域，乃至整个卫生领域，引起一场革命。

他以思想武装自己，不拘泥于细枝末节，而是高瞻远瞩。至于蚕、蚕茧、蚕蛹、蚕蛾，以及昆虫学里的成千上万个小秘密，对他来说有何重要！对于他要解决的问题来说，也许不知道这些更好。这样他的思想才能更加具有独立性，使思想的火花更大胆地迸发出来。只有冲破已知事物的束缚，行动才会更加自由。

巴斯德惊奇万分地听着蚕茧发出声响，受了他这个好榜样的鼓舞，我决定采用一种前所未有的方法来研究昆虫的本能。我很少翻书本，既不是采用钻书堆这种费用浩大、超出我财力的方法，也不是去请教别人，而是坚持不懈地与研究对象独处，直至让它们开口说话。我什么也不懂，这倒更好，可以更自由地提出问题，根据得到的线索，今天从这个角度去思考，明天从相反的角度去思考。有时如果我打开书本，也会有意识地在头脑中留下思考和提出疑问的空间，就像我开垦的土地上也存在长着杂草和荆棘丛的地方。

如果不是采取了这种谨慎的态度，我差点浪费了一年时间。如果相信书本，我就不会想到朗格多克蝎子会在9月前繁殖，而且还会对它们在7月繁殖感到意外。我把实际繁殖期和预计繁殖期之间的误差，归咎于气候的差异，因为我是在普罗旺斯观察，而为我提供这一信息的雷翁杜夫[①]则是在西班牙观察。尽管大师享有崇高的权威，我还是应该有自己的主见。否则，若非偶然从普通黑蝎子那里得到信息，我就错过了机会。巴斯德不知道蚕蛹为何物，是多么合情理啊！

个头儿较小也不如朗格多克蝎子活跃的普通黑蝎子，作为对照组，被养在实验桌上的普通广口瓶里。黑蝎子的数量少，便于观察，我每天都能对这些普通的容器进行观察。每天早晨，开始往记事本上写散文之前，我都不忘打开盖在瓶口上的硬纸皮，看看里面那些囚犯，了解一下夜里发生的情况。这种日常的观察不太适用于大玻璃屋，因为里面有那么多房间，如果一间间地观察势必引起混乱，然后还要有条不紊地恢复原状。而观察装在广口瓶里的黑蝎子

① 雷翁杜夫：瑞士博物学家。——译注

只需一会儿工夫。

多亏了这个时候！多亏了这个监视仪器，7月22日早晨6点左右，我掀开硬纸皮盖时，发现一只雌蝎子背上有一群小蝎子，它看上去像披了一件白色的斗篷。我顿时体验到了一丝满足感，这种满足感时常带给观察者一些补偿。这是我第一次看见雌蝎子背上爬满小蝎子时的壮观景象。雌蝎子刚刚完成分娩，想必它是在夜里生产的，因为昨晚它身上还是光光的。

好戏还在后头呢，第二天，另一只雌蝎子背上也爬满了孩子，它全身白乎乎的，第三天又有两只雌蝎子也变成了这副模样，总共有四只黑蝎子分娩，大大超出了我预期的目标。能有这四个蝎子家庭，并能过上几天安宁的日子，我就足以感受到生活的温馨了。

机遇给了我诸多关照。当我第一次在广口瓶里得到新发现时，就立刻想到了玻璃屋，心想朗格多克蝎子是否也和黑蝎子一样早熟呢，赶快去看看吧。

我把25块瓦片都翻开，啊，多么辉煌的成就啊！我觉得我这个老翁的血管里热血沸腾，就像20岁小伙子一样充满了激情。我在三块瓦片下发现了带着孩子的雌蝎子，其中一只蝎子的孩子已经开始长大，它们大约已经出生两周了，我是根据后来的观察判断出来的。另外两家的孩子都是新生儿，是当天晚上刚出生的，蝎子母亲小心翼翼地护在肚皮下的残余物可以证明。稍后我将会去看看这些残余物是什么。

7月结束了，8月、9月也过去了，再也没有蝎子分娩。两种蝎子分娩的时间都是在7月下旬，之后就没有蝎子分娩了。但是，在玻璃宫里，有些雌蝎子的肚皮还和孕妇一样大。我指望它们还能为我添丁加口，它们的外表使我想入非非。冬天到了，它们全都让我失望

了。看来即将发生的事要推迟到下一年。这么漫长的妊娠期，在低等动物中极为特别。我把每只雌蝎子连同它的孩子，单独放在一个狭小的容器里，以便仔细观察。我早晨去观察时，昨晚分娩的雌蝎子肚皮底下还藏着部分孩子。我用草秸拨开雌蝎子，在那群还没爬到雌蝎子背上的孩子中发现了一些东西，这一发现完全动摇了我从书本上获得的那点知识。书上说蝎子是胎生的，这个词不够确切，小蝎子并不是一出生就是我们熟悉的那个模样。

就算是胎生，你怎么能够想象得出伸直螯肢、叉开腿、翘着尾巴的小蝎子如何进入产道呢？体积那么大的小蝎子绝不可能通过狭窄的产道，它出生时肯定是被包裹住的，而且体积适中。

我在雌蝎子腹部底下发现的残余物确实是卵膜，是名副其实的卵膜，形状和从临产期的子宫中解剖出来的卵基本相同。小蝎子被压缩得像米粒那么大，尾巴紧紧贴在肚皮上，螯肢折叠在胸前，腿紧靠身体两侧；这样可以使卵的外表光滑，没有一点凹凸感。额头上深色的小点是眼睛；小家伙在一滴透明液体中浮动，此刻被一层薄膜包裹着的液体，就是小蝎子的大气和世界。

这些物质确实是卵膜，起初在朗格多克蝎子腹下有三四十枚卵，黑蝎子腹下的卵少一些。它们都在夜间产卵，我来迟了，只赶上了尾声。但是剩下的这些卵也足以让我确信，蝎子实际上是卵生动物，小蝎子很快就会从卵里孵化出来。

那么，小蝎子是怎么从卵里出来的呢？我凭着得天独厚的条件，目击了全过程。我看见雌蝎子用大颚尖轻轻咬住薄薄的卵膜，将它撕破，然后吞进肚里，再小心翼翼地剥掉新生的胎膜，就像母山羊和母猫吃掉胎膜时那么温柔。尽管它们使用的工具很粗重，却一点也没擦伤孩子刚形成的幼嫩皮肤，也没有扭伤它们的肢体。

令我惊讶不已的是，蝎子接生时的动作也和我们人类差不多。在遥远的石炭纪，自第一只蝎子出现时，这种温柔的分娩方式就已在孕育中了，卵相当于长眠的种子，当时为爬行动物和鱼类所拥有，不久又为鸟类和几乎所有昆虫所拥有，它是生物体变得越来越精巧的见证，是高等胎生动物的序曲。那时卵的孵化不是在体外，不是在事物冲突的危机中，而是在母腹中完成的。

生物进化，不是从低级到高级，从优到特优这样逐级演进的，而是跳跃式的，有时出现前进，有时出现倒退。海洋有涨潮和退潮，生命是另一种海洋，比江河湖海更深不可测，也同样有涨潮和退潮。它还有别的运动方式吗？谁能说有，谁又能说没有呢？

如果母山羊不用舌头舔去小山羊的胎膜，小山羊永远不可能从襁褓中解脱出来。小蝎子同样也需要母亲的帮助。我看见一些被黏液粘住的小蝎子，在被撕破一半的胎膜里隐隐地晃动，就是无法挣脱出来，必须靠母亲用大颚咬开胎膜才能出来。小蝎子根本不能协助分娩，柔弱的小蝎子无法冲破薄如洋葱膜般脆弱的胎膜。

雏鸟的嘴尖有一层短暂存在的老茧，可以用作镐头，把蛋壳敲破。为了节省空间压缩成米粒大的小蝎子，则死等外力的帮助。母亲必须包办一切，它干得那么漂亮，卵膜甚至连那些与其他的卵一同排出的不孕卵，都被它完全打扫干净了。现在我看不到一点残余物，所有残余都重新回收到了母亲的肚子里，放卵的地面被打扫得干干净净。

因此，我刚开始看到的是，已被小心翼翼地剥去了胎膜的小蝎子，它们干净整洁又自由自在。白色的朗格多克蝎子长9毫米，黑蝎子长4毫米。当分娩完成后，小蝎子便一只一只地爬到母亲的背上。雌蝎子把螯肢平放在地上，好让孩子爬到背上。小蝎子不慌不忙地

顺着螯肢往上爬，一个挨一个聚集起来，见缝插针，于是在雌蝎子背上形成了一件披风。靠小爪帮忙，小蝎子稳稳当当地贴在了母亲背上，如果不用点力还很难用画笔把它们扫下来。雌蝎子和背上的小蝎子就这样不动了。

身上披着小蝎子组成的白披风的雌蝎子值得关注，它一动不动，尾巴翘起。如果我用一根草秸靠近小蝎子，它马上就会愤怒地举起螯肢，摆出自卫时也很少采用的姿势，两只螯肢摆出拳击姿势，钳口张得大大的，准备回击。它很少挥舞尾巴，因为突然伸开尾巴会震动背部，可能会使一部分小蝎子摔下来，仅仅动用勇猛、迅速而又具有威慑力的拳头就够了。

我的好奇心并不在于此，我让一只小蝎子跌落在离雌蝎子一法寸远的地上，雌蝎子看来并不担心这次事故，它刚才一动不动，现在还是一动不动地待着。它为什么对孩子的跌落无动于衷呢？因为摔下来的小蝎子自己能摆脱困境，它蹬蹬腿，扭动几下，够着了母亲的一只螯肢，便迅速地爬上去，重新加入兄弟们的行列，它重新坐在母亲背上，而不是平平地趴着。和走钢丝的狼蛛的孩子相比，它们远没有那么灵活。

我将实验的规模扩大了一些。我让一部分小蝎子摔下来，散落在不远处的地上，小蝎子们迟疑了好一会儿，当它们不知该往何处走而开始流浪时，母亲终于感到了事态的严重，便用两条胳膊，我用这个词来指称带钳的跗节，用围成半圆的双臂贴着地面一刮，就把走失的孩子带了回来。它的动作笨拙粗鲁，根本没考虑到把孩子搓伤的危险。母鸡用温柔的呼唤声召回走散的小鸡，雌蝎子却用耙子把孩子搂回来。尽管如此，孩子们全都安然无恙，它们一接触到母亲就爬到它的背上，重新聚集在那里。

在这群孩子中，有一些外来者也同样被接纳了，它们和雌蝎子亲生的孩子得到的待遇没什么不同。我用画笔把一只雌蝎子背上所有或部分孩子扫下来，让它们掉在另一只背负孩子的雌蝎子身边时，那只雌蝎子也像对待自己的孩子一样，用双臂把它们搂起来。如果这个词用得不太夸张的话，它好像是要收养它们。收养还不至于，那只是狼蛛的盲目举动，它们分不清自己的和别人的孩子，因而收容了所有围在它们身边的孩子。

我还指望看见它们像咖里哥宇矮灌木丛中常会碰上的狼蛛那样，背上驮着孩子散步。雌蝎子不会做出这种有失体统的事，它们一旦做了母亲，便好一段时间不再出门，即使是晚上别人散步的时间，它也关在屋子里，不思饮食，把心思用在抚养孩子上。

那些弱小的生灵还得经历一次微妙的考验，它们将再获一次新生。它们在静态中等待，再生要经过类似从幼虫到成虫的内在变化。尽管小蝎子已基本上具有了蝎子的外形，但轮廓还不很分明，像被水汽笼罩着一般。小蝎子要脱去身上这件童装，才能变得轻巧，显出清晰的轮廓。

要完成这个变化，它们需要静静地在母亲背上待一周。当完成了表皮开裂时，我这么说是因为用“蜕皮”一词我还有些顾虑，因为这与小蝎子以后经历的几次真正的蜕皮很不同。真正蜕皮时，皮肤是从胸部裂开的，小蝎子从唯一的裂缝钻出来，蜕下一层干巴巴的皮。这层皮和蝎子的形状一模一样，空模子保持着蝎子的真实轮廓。

现在则完全是另一回事。我把几只正在蜕皮的小蝎子放在玻璃片上，它们一动不动，像遭遇了很大的不幸似的，好像快要死了。它们的皮肤不是从一个地方裂开，而是前后左右同时裂开，步足蜕去了护套，螯肢蜕去了手套，尾巴也蜕去了尾套。身体各部位的旧

皮同时脱落下来，没有顺序，蜕下的皮都是碎片。尽管身体依旧是白色的，但它们变得灵活了。它们迅速下地去玩耍，在母亲身边小跑。最惊人的进步是它们突然长大了。朗格多克蝎子原来身长9毫米，现在是14毫米；黑蝎子从4毫米长到了6～7毫米，长度增加了二分之一，体积几乎是原来的3倍。

对这种突然的生长我感到很吃惊，不禁自问这是什么原因呢？这些小蝎子什么东西也没吃，它们的体重没有增加，相反还减轻了；因为蜕了一层皮，体积变大了，但重量没有增加，好像物体受热膨胀似的。这是身体内部的变化，使活动的分子聚合成大分子，体积增加了，却没有带来新的物质。有足够的耐心，并且有适当工具的人，可以继续研究这种结构的突变，或许能得到一些有价值的收获。而我由于缺乏条件，只能把这个问题留给别人。

小蝎子蜕下的皮呈白色条状和光滑的块状，这些皮没有掉在地下，而是附在雌蝎子的背上，靠近大腿根，脱落的皮交织成了一条莫列顿呢毯，刚蜕完皮的小蝎子就躺在上面。雌蝎子这个坐骑，现在有了便于好动的骑士骑坐的鞍褥。小蝎子需要上上下下，这层皮变成了坚硬的鞍具，为小蝎子的迅速移动提供了依靠。

当我用画笔轻轻地把小蝎子拨下去时，我很高兴地看到，那些摔下去的小蝎子非常迅速地回到了坐鞍上。它们抓住鞍褥的流苏，用尾巴做杠杆，翻身一跃便回到了位置上。这块奇怪的毯子真像是舷索，为攀登提供了方便。大约一周时间，小蝎子离开母亲之前，这层皮一直牢牢地贴在雌蝎子的背上不会脱位。当小蝎子分散到母亲周围时，这层毯子会自动脱落，或整块或一片片脱落，最后雌蝎子背上什么也不会留下。

而此时小蝎子身上已显出颜色来了，肚皮和尾巴染上了金黄色，螯肢闪着柔和的亮光，像半透明的琥珀。青春使一切都变得美好。小朗格多克蝎子真是非常美丽。如果它就这么待着，如果它没有一个很快就会具有威胁性的毒囊，它一定会成为人们乐意饲养的宠物。不久它们产生了一丝自由的念头，自愿地从母亲的背上下来，到附近去快乐地嬉戏。如果它们跑得太远，母亲就会警告它们，并用耙子似的臂膀把它们从沙地上搂回来。

雌蝎子和小蝎子打瞌睡时的情景，跟母鸡和小鸡休息时一样好看。大部分小蝎子在地上，紧紧靠着它们的母亲，有一些则躺在白色的鞍褥上，这个垫子很舒适。还有一些爬到母亲的尾巴上，一直爬到涡旋顶，好像把站在这个制高点上俯瞰当成一种乐趣。突然又有一些杂技演员上来了，它们把前面的伙伴赶走，强占了那个位置。谁都想在这个平台上占有一席之地，让好奇心得到满足。

大部分孩子依偎在母亲身边，乱动个不停的孩子钻到母亲的肚子底下，缩成一团，只露出闪烁着黑眼睛的额头。那些特好动的孩子更喜欢母亲的大腿，把它当成体操器械，在上面荡秋千。之后，孩子们不慌不忙地重新回到母亲的背上坐好，便不动了。母亲和孩子都一动不动。

小蝎子离开母亲前，需要一周的时间等待成熟，准备自立，发生特殊变化的时间也是一周，它们不吃不喝体积却增加了二分之一。小蝎子在母亲背上待的时间总共是两周，而狼蛛要背着孩子们度过六七个月[①]，它们的孩子们虽然不吃不喝却十分活泼，成天动个不停。小朗格多克蝎子吃了什么呢？蜕皮使它们变得敏捷，并使它们获得了新生，它们无论如何总该吃点什么吧？雌蝎子请它们一起

① 见卷八第二十三章。——校注

用餐吗？它是否把最鲜嫩的食物留给孩子们呢？它谁也没邀请，也没留下任何食物。我从小蝗虫里挑出一只给雌蝎子，心想给那些幼小的蝎子吃正合适。雌蝎子一点一点地大嚼蝗虫时，根本就不顾身边的孩子，一个孩子从母亲的背上跑到额头上，俯下身想看看发生了什么事，它的腿碰到了母亲的下颚，吓得突然往后一缩，它走开了。小蝎子很谨慎，因为那张正在嚼食的嘴，不但不会给它留下一口食物，说不定还会把它咬住，不经意间把它给吞下去。

另一只小蝎子吊在那只蝗虫的尾部，雌蝎子正在啃咬蝗虫的头部。小蝎子也在后面轻轻地咬，它把蝗虫拉来拉去，试图从上面扯下一小块肉来，可是费了九牛二虎之力也没有成功，蝗虫的肉太老了。

这种情景我看到过不止一次，小蝎子胃口开了的时候，如果母亲稍微留意给它一点食物，特别是合它胃口的食物，小蝎子还是很乐意接受的，可是母亲只顾自己吃。

唉！伴我度过了愉快时光的美丽小蝎子们，你们想怎样呢？你们想离开，到远处去寻找食物，去寻找微小的动物，我从你们心神不定的样子已经看出来了；你们想躲避你们的母亲，而它也不再认你们。你们已经够大了，是各奔东西的时候了。

如果我确实能提供给你们所需的小猎物，假如我有空闲的时间为你们捕捉猎物，我愿意继续饲养你们，但不是让你们住在玻璃屋里的瓦片下，也不是让你们生活在那些老蝎子中，我了解它们的褊狭。我的小蝎子们，那些恶魔会把你们吃掉，就连你们的母亲也不会赦免你们，从此以后，对它们来说，你们都是外来之敌。明年，嫉妒心极强的它们，会在结婚时吃掉你们。为谨慎起见，你们应该离开这里。

你们住在哪里，如何生存呢？尽管我念念不舍，我们还是相互道声再见吧。最近我就会抽出一天时间，把你们带回到你们的家园去，把你们散布在火热的太阳照耀下的岩石山岗。你们会在那里找到同伴，它们几乎和你们一样大，单独住在小石头下，有的住在还没指甲盖大的石头下，你们将在那里学会为生存而进行的艰苦斗争。

第二十四章 蜡衣虫

当孩子们大批迁移后，克罗多蛛放弃了铺着半指厚的莫列顿地毯的小屋。那小屋如此温暖舒适，可现在却堆满垃圾，妨碍了第二次产卵。它将去别的地方造一张轻巧的带华盖的吊床，建造一座经济的小屋，在那里度过剩下的好时光。那些还不到婚嫁年龄的克罗多蛛，对御寒也没有更多的要求，凭着顽强的耐寒力，只需要一顶遮蔽在岩石下的细布帐篷就够了。

然而，热天即将过去时，雌克罗多蛛则急于扩大和加厚住宅，为此它们不惜耗尽储存的丝，储丝仓库靠它夏季夜晚狩猎才储满的。霜降时，也许它们会发现这个富丽堂皇的小城堡，比最初那张小里小气的吊床舒适多了。然而它建造这座房子完全不是为自己，而是为即将出生的孩子。自那以后围墙总是不够结实，地毯倒是很柔软。

克罗多蛛的最佳作品当属它的窝，与之相比，燕雀和金丝雀的窝只不过是些土气的建筑。当然，雌克罗多蛛不在窝里孵卵，它不是孵化器，也不是嘴对嘴地喂它的孩子，再说它的孩子也不需要，但它却极其温柔，一连八个月守着它的卵，保护着它们，那份虔诚完全比得上甚至超过了鸟类。

母性是昆虫灵感的源泉，成千上万个杰作证明了母亲的技艺。请回想一下迷宫漏斗蛛的杰作，我有幸向读者介绍过的最后一个杰作，难道不是一道用泥土和丝混合建造的城墙，一道用来防止卵被姬蜂刺到、密不透风的城墙吗？

每一位母亲都会采取类似的防御措施，有的办法巧妙，有的方法则极其简单。奇怪的是，昆虫能力的高低与它们等级的划分并不一致。一些长着鞘翅护甲，带着漂亮羽饰，披着金色鳞片，跻身于高等昆虫行列的昆虫，什么本事也没有；它们外表华贵，实际上却蠢笨无知。而另外一些出身最卑贱，不被人注意的昆虫，只要我们稍加留意，就会对它们的才智赞叹不已。

在我们人类社会中不也是如此吗？有真才实学者往往避开惹人注目的豪华。为了使我们所拥有的点滴才智发挥出来，就需要贫穷的刺激。早在1900年前，贝尔斯[1]就在一首讽刺诗的开头写道：

> 胃是艺术大师，是才华的施与者。

有一个谚语用较婉转的方式重复了这句老话：

> 未在楼顶草堆上放熟的欧楂，分文不值。

人也和欧楂一样。

动物如同人类，需求能激发出才智，有时会使它们做出超乎我们想象的发明创造。我认识一种最平凡、最不为世人所了解的昆虫，它为了保护自己的后代，解决了以下的难题：在产卵期，它使体长比平时增加一倍；身体的前段专为自己服务，进食、消化食物、散步、享受阳光的温暖；而身体的后半段则变成托儿所、哺乳室，孩子在那里孵化、成熟。

---

① 贝尔斯：古罗马诗人。——译注

这个奇特的昆虫名叫蜡衣虫，在大戟上时常可以见到。大戟喜欢适合橄榄树生长的气候，在塞里昂山岗上，到处生长着大戟，在最贫瘠的地方，它那青绿色的繁茂枝叶与周围稀疏的草木，形成了鲜明的对照。它扎根于碎石堆中，碎石将阳光反射到它身上。冬季，茂密的枝叶使它能抵御寒冬的侵袭。

总之，它有自己的智慧。当愚蠢的杏树让花冠在北风中瑟瑟发抖时，它却不慌不忙，继续观察天气变化；它弯成曲棍形以保护稚嫩的花冠。严寒冰冻过去了，大戟突然灌满了汁液，花茎里充满了火炭味的乳液，花冠绽开深色的伞形小花。当年出生的第一批小苍蝇便来此畅饮。

再过几天，随着天气转暖，我们将会看见，许多居民慢慢地从大戟下的死叶堆里钻出来，它们就是蜡衣虫。它们准备离开越冬地，在腐叶堆里的蜡衣虫，过一段时间就小心地向上挪一点，在高高的植物下部等待春暖花开，用取之不尽的甘露庆贺春天的到来。

4月，最迟到5月，搬迁就完成了，所有的小昆虫都聚集在树干高处，一群一群地挤在一起，密密麻麻，有点像蚜虫。蜡衣虫长着钻针般的嘴，以饮树汁维生。它其实就是属于蚜科昆虫，而且也具有蚜虫的居住方式和社会风俗；但是它远不像我们常常在蔷薇和其他植物上见到的光溜溜、胖乎乎的蚜虫模样，它的穿着和举止都十分高雅。

笃薅香上的橘黄色蚜虫，包在角瘿里或像杏子般的圆瘿里，尾部有一条细细的长尾巴，轻轻一碰就会变成粉末[①]；而蜡衣虫却不同，它穿着套装，穿了一件齐膝紧身外衣，但较脆弱，用针尖一扎

① 见卷八第十章。——校注

就会裂成一块一块的，就像是一层易碎的壳。

这件外套不论式样还是颜色，都不漂亮。蜡衣虫浑身上下都是不透明的白色，比乳白更柔和，上身着卷曲的灯芯绒短上衣，在四条纵向排列的长条绒之间，还分布着一些短条绒；后摆是由十条带子组成的流苏，流苏渐渐散开排成梳齿状；胸部有一块花纹对称的护胸甲，护胸甲上有六个清晰的圆洞，棕色的腿从洞里伸出来，赤裸裸的，活动很自如；护胸甲和背部的卷绒上衣合在一起，构成了一件无袖的绒背心，袖孔紧束；护胸甲上的那些洞，为嘴和触角自由活动提供了便利；白色的宽袖长衫延伸向身体的其他部位。

这件冬装遮住了蜡衣虫的整个身体，但不超出身体的长度。不久以后，到了产卵期，衣服的后摆加长了，好像这只昆虫在疯长，身长增加了两倍；其实它并没有长，新添的部分像威尼斯轻舟翘起的船艄，上部有平行的宽凹槽，下面有细细的、近乎光滑的条纹，尾部像被砍掉了一截似的，用放大镜可以看到，那里有一个横切口，里面塞着细棉花。

这件衣服的衣料易碎、易化，而且易燃，会在纸上留下半透明的印迹。这些特点说明，它是一种蜡，有点像蜂蜡。为了得到这种蜡，我不是从蜡衣虫身上一小块一小块往下剥，而是抓了一把蜡衣虫投入沸水中，蜡衣溶化了，分解成一种油状液体漂于水上，被剥光了衣服的蜡衣虫沉入了水底。经过冷却，浮在水上薄薄的一层油脂，凝成了一片黄色的琥珀。

黄色让我感到有些意外，蜡衣原本的颜色与乳白色差不多，经过溶解后却变成了树脂的颜色。这是分子排列不同造成的，没有别的原因。

为了使黄色的蜡变白，例如把蜂蜡变白，制蜡工将蜡熔化后倒在凉水里，使它变成薄薄的蜡纸，然后把蜡纸放在筛子里搁在太阳下晒。经过多次反复的熔化、凝固、曝晒，慢慢地改变了分子结构，蜡就变白了。在漂白工艺方面，蜡衣虫不知要比我们高明多少倍呢！

无须一次次地熔化和长久的日晒，它就能一下子把黄色的蜡变成无与伦比的白色蜡。它以温和的方式，取得了我们手工作坊里用粗劣的方法得到的成果。

和蜂蜡一样，蜡衣虫身上的蜡也不是从别处收集来的，而是直接生成的，是从皮下渗出来的。蜡衣虫身上弯弯曲曲的灯芯纹和有规则的细纹，以及漂亮的凹槽，无须经过加工，从毛孔里渗出的蜡会自动成形，就像小鸟的羽毛外衣一样。它们是在身体内部结构的作用下，自然而然长成的，无须人为地去整理。

刚孵化出来的蜡衣虫浑身赤裸裸的，呈棕色。离开母亲去大戟树上定居前，为了能喝上第一口树汁，它身上很快布满了白点，这是上衣的雏形，渐渐地白点多起来，变成了灯芯状，小蜡衣虫离开母亲时，穿着就已经和成年蜡衣虫一样了。

蜡液的渗出是持续的，这件白长衫不断地扩大，不断地完善；因此，被我剥掉外衣的蜡衣虫，应该还能够长出新衣来。实验证实了我的猜测，我用针划破一只蜡衣虫的外衣，用画笔一扫就把它的外衣剥掉了，受害者露出了可怜的棕色皮肤。我把它隔离在一根大戟枝上，两三周后，它的外衣又长成了，虽然没有第一件那么宽大，但好歹过得去，裁剪也合体。这些蜡本来是应该用来加大原来那件外衣的，可是现在，却用来做了另一件衣服。蜡衣虫使尾部超出实际身长两倍有什么好处呢？这只是简单的装饰吗？那可不只是装饰物，4月，我把这个奇怪的装饰掰下来，打开，发现里面是凹陷的，填满了漂亮的棉花，任何羽绒都没有这么柔软，这么白。在这条高级羽绒被中间，散布着一些卵形珍珠，有白色的，也有棕红色的，这些就是卵。在卵中间混杂着一些躁动的新生儿，有的赤裸着身子，也有的身上程度不同地长着白点，那是因为它们的蜡衣大小不同。

另外，请注意那些懒洋洋地待在大戟树上游荡的蜡衣虫。我看到，隔好长一段时间，才有一个穿着考究的孩子从棉袋里钻出来，它迈着轻快的步子跑过来，在母亲身边找到一个位置安顿下来后，便将喙插进多汁的树皮下，不把那口井吸干它是不会挪动的。每天都会有小孩从棉袋里钻出来，一直持续数月之久！

如果仅限于此，人们会认为蜡衣虫是胎生动物，能到处产下一个个穿着衣服的小生命。根本没有这回事，在塞满棉花的袋子里，我刚才发现了卵和一些孵化出来的孩子；再说，要想看到产卵和孵化也并不是难事。

我把几只被摘去尾袋的蜡衣虫，放在一个装着一根大戟枝的玻璃管里，它们那裸露在外的尾部将不再有秘密。我看见那里长出了一小撮白色霉点，这是从屁股后面分泌出来的蜡，只不过不是灯芯状的，而是非常细的丝，袋子里面的绒棉应该就是这样形成的。不久，在柔软的细丝里出现了一枚卵，与我从盗来的那个育儿箱里得到的一模一样。

用这种方法，我可以估算出一窝卵的数量。在一只装有食物的玻璃管里，两只被剥去尾袋的蜡衣虫，13天时间里产了30枚卵，大约各产15枚，差不多每天产一枚卵。由于产卵期持续将近5个月，一只母蜡衣虫产卵的总数应该是200枚左右。

卵的孵化要经过三四周，从卵由白色变成浅棕红色的变化可以看出来。刚出卵壳的小蜡衣虫是棕红色的，全身光溜溜的，看上去和小蜘蛛十分相像。它那对长长的触角很像是两条腿，不久它们背上出现了四条纵向生长的白色细灯芯条绒，条绒之间留着空白，这是初步形成的蜡质外套。

蜡衣虫的产卵期长达四个月，孵化速度却相对快速。那个由渐渐分泌出的蜡丝构成的绒被则告诉我们，为什么在育儿袋里既有白色和棕红色的卵，又有全身赤裸的，或者穿得很单薄的幼儿，原来这个袋子是个仓库，卵产下后要在那里存放数月之久。

小蜡衣虫在袋子里柔软的棉絮中孵化、成熟，在迎接严寒的考验之前，先穿上蜡制的衣服。母亲带着孩子们缓缓地从大戟树的一根枝丫转移到另一根枝丫，并不担心孩子们走失。当孩子感到自己身强力壮时，就该疏散到附近去定居了，育儿室的门始终是敞开的，只要把挡在门口的棉絮推开一点就可以进出。

纳博讷狼蛛带孩子时可没有这么细心，安全意识也没有这么强。这个波希米亚人背上的孩子没遮没挡，也没有采取任何防止孩子跌落的措施，在拥挤的背上孩子跌落是常有的事。

深受启发的蜡衣虫，把自己的外套做成燕尾服形的袋子，用尾部分泌出的丝束做成柔软的垫子。为了找到一个类似的例子，我们必须从大戟树上的蜡衣虫，追溯到最早的哺乳动物袋鼠、负鼠和其他一些在肚皮褶皱里养育婴儿的动物。早产的、发育不全的胎儿被装在母亲的乳房之间，它们将在育儿袋里或者说囊袋里完成发育。

我就用“囊袋”这个词来称呼蜡衣虫的袋子吧。两种不同的囊袋相似之处很多，但昆虫还是比毛皮动物略高一筹。小动物诞生新生命的方式常常非常出色，而到了大动物那里却变得平平庸庸；发明最初的囊袋时，蜡衣虫的方法比负鼠的更好。

为了便于继续讲述小昆虫的故事，避免在小路边被火热的太阳烤晒，我在实验室的一扇窗前安置了一个透明的罐子，里面放了一大簇大戟。在我的照顾下，今年3月，这棵植物上已经移入了三四打蜡衣虫，它们佩带着大小不等的囊袋。我饲养蜡衣虫获得了预期的成功，大戟长势茂盛，它的居民也很兴旺。蜡衣虫的囊袋里装满了卵，之后孵化出幼虫，成熟的幼虫一天天多起来，它们从囊袋里出来，随心所欲地分布在大戟上。如果不是在炎热的时节，人们或许会以为大戟上覆盖了一层雪呢，可见白色营地的居民之多。那里有几千个身材各异的新居民，我很容易根据它们娇小的体形，特别是身后没有囊袋这一特点，将它们和它们的母亲区别开来，它们的囊袋必须等到在哺育它们的大戟树下越冬之后才会形成。雌蜡衣虫不断地生育，它们的孩子自然会有年龄的差别，有的看上去胖些，有的看上去瘦些。孩子们都穿着同样的服装，长相也一样，乍一看都一样，但差别还是有的。我大致可以把它们分成两组，一组数量很少，几乎是个别的，绝大多数都属于第二组。

8月，差别就更明显了。在树叶尖上有一些独居的蜡衣虫，腰上围着一条不明显的蜡制腰带，模模糊糊的像一层膜，其余的蜡衣虫几乎都把喙插进树皮继续畅饮。离开饮水群体的那些独居者是谁呢？是些正在蜕变的雄蜡衣虫。我剥开几只蜡衣虫身上的脆膜，在中间的绒床垫上，有一只长着翅芽的蛹在休息，这张床垫和育儿室里的一样柔软。9月我得到了第一批完美的雄性成虫。

它们可真是些奇怪的昆虫！长腿、长触角，具有臭虫的某些特征。身体是黑色的，上面撒着一些细如粉状的蜡点，这是它羽化后蛹膜的碎屑。翅膀是铅灰色，顶角略圆，休息时翅膀合拢，长出腹部一大截，后部有一排笔直修长的纤毛饰物，也许像幼虫身上的外套一样是蜡凝结而成的。这是个非常易碎的装饰，蜡衣虫只不过在玻璃监狱中的树叶间散散步，就把那个饰物碰掉了一大半。

它们高兴时会把腹部末端抬高到张开的翅膀之间，齐刷刷的纤毛也随之张开，像蔷薇花饰，喜欢卖弄丰姿的蜡衣虫会像孔雀那样开屏。为了使婚礼增色，它把自己的尾巴装饰得有如彗星的尾巴，张开呈扇形，然后再合起来。忽开忽闭的扇子，在阳光下闪烁着光芒。欢乐的冲动过后，它便将饰物收起，降下腹部，将它重新隐藏到翅膀下。

蜡衣虫的头小，触角长，腹端有个短而尖的附器，像钩子似的，那是交配的工具。它绝对没有长口器。这些爱俏的小头昆虫能干什么呢？它们改变形态只是为了调戏那些女邻居，交配，然后死亡。看来它们的作用并不是特别重要，在实验室里的大戟树枝上，有几千只第二代雌蜡衣虫，而雄性只有30只，雌性差不多是雄性的100倍。带着漂亮羽饰的雄性蜡衣虫，恐难满足如此庞大后宫的需要。

再说，它们看起来从容不迫的。我看见它们从坍塌的囊袋里出来时，身上满是灰尘，它们往皮肤上涂点蜡，掸去灰尘，试着展开翅膀，然后轻轻地飞到那扇坚闭的、以防囚犯逃跑的玻璃上。阳光下的狂欢比充满激情的婚礼更有吸引力，看来是房间里柔和的光线使它们兴致索然。如果是在露天，直接在阳光照耀下，它们肯定会炫耀自己的装饰，并且不乏热情地结成一对对伉俪。现在有最好的交配条件，雌性的数量远远多于雄性，意味着在应召者中只有很少一部分会被选中，大约是百分之一。尽管如此，所有的雌虫都将繁衍后代。对这些奇怪的昆虫来说，为了保持种族兴旺，只要不时有一些雌性生育就已经足够。向意中人传情是一种遗传行为，会流行一些时候，只要每年数量很少的几对配偶，从整体上补充消耗的能量就行了。

一种常会光顾蜜蜂家的寄生虫短尾小蜂属[1]曾经让我见识过雄性很稀少的例子。两种微小的昆虫，使我们涉入了一个我们的繁殖理论尚未研究过的广泛领域，或许有一天，它们会帮助我们解决神秘的性问题。

然而，在大戟树上，那些有囊袋的老雌蜡衣虫一天天在减少。卵排完了，囊袋空了，它们自己跌落到地面，被蚂蚁们细细地分解掉。临近圣诞节时，植物上只留下了年轻的蜡衣虫。它们的育儿袋要等到春天才会开始长出来。严冬来临了，大群的蜡衣虫钻到大戟下的死叶堆里，要到3月才会钻出来，慢慢爬上大戟，长出育儿袋，重新开始生长变态的循环。

---

① 见卷三第十章。——校注

第二十五章 圣栎胭脂虫

除了能高度体现女工手艺的巢以外，还有许多可以与之媲美的育儿方法，有些温柔的育儿方法令人钦佩。狼蛛把卵袋吊在纺丝器上，那袋子直碰脚后跟；有半年的时间，狼蛛都背着密密麻麻挤在背上的孩子散步。蝎子也同样把孩子背在背上，让孩子们在它的背上待两周养精蓄锐，然后才让它们独立生活。蜡衣虫用分泌出的蜡在腹部末端做一个精美的囊袋，小蜡衣虫在那里孵化，长出毛茸茸的羽饰，渐渐地成熟，做好迁移前的准备；柔软的袋子上开着一个洞，当隐居者能够到养育它们的大戟上安家时，它们便会一个一个地从洞口爬出来。

最平凡的昆虫之一圣栎胭脂虫更了不起，雌性胭脂虫变成了不可攻破的堡垒，它那像乌木城堡一样坚硬的皮肤，就是给孩子准备的摇篮。

5月，我耐心地观察朝阳的圣栎树或绿橡树的细枝，再去走访一些叫灌栎的植物。普罗旺斯农民十分熟悉这些荆棘丛，拉拉杂杂的，长着刺人的树叶；这些一脚就能跨过去的矮灌木，的的确确是橡树，粗糙的坚果里镶嵌着美丽的橡栗。这种灌木和圣栎树一样能结出很多果实，但是我必须放弃普通的英国栎，在那里是不会找到我今天想要的东西的，只有圣栎才有研究价值。

我将会在圣栎上发现一些黑得发亮、像小豌豆般的小球，它就是胭脂虫，一种比较奇怪的昆虫。它是昆虫吗？没有听说过这种东西的人，根本想不到它是昆虫，而会把它当作一种浆果，一种黑色的醋栗。尤其是用牙一咬，小球会爆开，流出略带苦味的甜汁，就更容易让人把它当成果子了。

这种味道相当不错的果子是一种动物，肯定地说，这是一种昆虫。我用放大镜仔细地观察它的头、胸、腹和腿。它根本就没有头，也没有胸、腹和腿，它就像是一颗大珍珠，和用煤玉做的普通珠宝别无二致。它至少得有一个能证明它是昆虫的器官吧？没有，它像光滑的象牙那么平滑。那么它有没有什么地方轻微地抖动，有没有任何表明它会动的迹象呢？没有，它一动也不动，简直像块卵石。

也许，我可以从小球底下接触细树枝的那一面，发现一些昆虫的结构特征。小球很容易摘取，一点也没弄破，就像摘一颗浆果那么容易。它的底部略显扁平，有一层蜡白色的粉，这种粉具有乳香的作用，有黏性。在酒精中浸泡24小时后，蜡白色的粉溶解了，露出我想观察的部位。

我将小球放在放大镜下仔细地搜索，最终也没能发现足和跗节；不管这些器官多么小，总可以起到固定的作用。我用放大镜也没有发现小球表面有必不可少的吸盘。小球的底部没有背部光滑，但也和其他地方一样是光秃秃的。胭脂虫好像就是这样粘在树枝上的，并不靠其他东西支撑。

真是不可思议，黑珍珠会吃东西，会长胖并不停地流出一种像从酿酒作坊里生产出的汁液。为了满足这样的消耗，它至少应该有一个能穿透多汁的树表皮的喙吧。它肯定有，只是它太小，我疲劳的眼睛辨认不清。当我把胭脂虫从树上摘下来时，也许那吸水的工具缩进了身体，所以才看不见。

小球接触树枝的那一面，有一条宽宽的凹纹，占据了大半个圆面。在凹纹的底端边缘，有一条狭长的像扣眼似的裂口，胭脂虫只

通过这个裂口和外面接触。这条裂缝有多种用途，首先它是一个涌出糖浆的泉眼。摘几根有胭脂虫的圣栎树枝，将树枝的截断面浸在水中，树枝将可以保鲜一段时间，这是让胭脂虫感到舒适的必要条件。不久我就看到，从狭长的裂口里渗出了一种无色的透明黏液，两天后，黏液积成了一个和胭脂虫肚子一般大的小滴，这个小滴太重时就会滴下来，但不会流到胭脂虫身上，因为流水的那个孔在后面。另一个水滴也很快开始形成，泉眼不间断地滴出水来。我用小指头蘸一点蒸馏器中流出的水滴，尝一尝，味道好极了，就像尝蜜一样。如果胭脂虫能让人们大量饲养，并听凭人们收获它们富裕的产品，我们就等于拥有了一个宝贵的糖厂。不过，还是让别人去尽情开发吧。

这里的别人，指的是耐心的收获者蚂蚁，它们拥向比蚜虫更慷慨的胭脂虫，蚜虫很小气，舍不得自己的精美食品，要想从它们的触角尖上喝到一小口糖浆，还得先在它胖胖的肚子上搔痒，刺激它很久。胭脂虫却很大方，它随时都乐意让想喝的人饮个痛快。它把自己的利口酒大量地赠送给别人。

因此，蚂蚁们急急忙忙地拥到胭脂虫身边；它们排成长队，三四个一伙，细细地舔胭脂虫肚子上的裂口。不管胭脂虫待在多高的橡树叶丛里，蚂蚁总能机灵地找到它们。当我看到一只蚂蚁毫不犹豫地向树上爬时，只要盯住它就行了，它能把我径直引向黑色的小酒馆。由于小胭脂虫实在太小，不够敏锐的眼睛经常发现不了，此时蚂蚁便是可靠的向导。执掌小酒馆的小胭脂虫，也和大胭脂虫一样顾客盈门。

在野外的树上，勤劳的蚂蚁采集着糖浆，只要糖浆一渗出来就被它们舔干。我无法估计这口泉眼的藏量是多少，不断地被舔干的小圆酒桶的周围，几乎没有留下潮湿的痕迹。要想好好地品味琼浆玉液，必须把一根树枝单独放在远离饮酒者的地方。没有蚂蚁的时候，利口酒很快凝成一大滴，从酒坛里渗出的液体超过了坛子的容量，而且液体还在往外渗，比任何时候流得都快。糖浆的生产是连续不断的，落下一滴后会再冒出来一滴。

蚂蚁饲养蚜虫是为了挤它的奶。如果圣栎胭脂虫能让人们在牧场里饲养，哪个奶牛场不想经营这种能带来无限利润的产品呢？但是，如果把它们从停泊的地方摘下来，它们就会死，因为它们无法定居在其他地方。于是蚂蚁便就地开发，压根就没打算把它们带到林间别墅中饲养。既然它们的养殖技术在此行不通，只好明智地放弃。

胭脂虫为什么要流出如此美味、令熟悉者如此喜爱的玉液呢？它是为蚂蚁准备的吗？为什么不能有这种可能性呢？蚂蚁由于数量众多，而且善于聚积财富，它们在普通的动物野餐会上，发挥了很大的作用。作为劳动报酬，蚜虫的乳汁和胭脂虫的泉水就授予了它们。

5月底，我砸开小黑球，在硬而易碎的外壳里，看到解剖体中有许多卵，除了卵以外什么也没有，我还以为里面有甜酒和一排排的蒸馏器呢。我发现了一个巨大的卵巢。胭脂虫不是别的，它只不过是一个装满了卵的盒子。

它的卵是白色的，一组一组聚在一起，头挨着头，大约有30个小团；从排列方式看，像一堆毛茸茸的瘦果。一簇簇细细的螺旋状导管，像错综复杂的沟槽包围和缠绕着伞房花序，根本无法精确地数出卵的数量。一团大约有100枚卵，因此总数应该是几千枚。

胭脂虫要那么多后代干什么呢？作为普通食物的提炼师，胭脂虫和其他许多低等动物一样，担任着制造营养分子的任务，它以过量繁殖的方式防止被灭绝。它把自己的利口酒给蚂蚁喝了个痛快，

蚂蚁可能是个讨厌的客人，但并不危险，再说，如果胭脂虫不服从严格的裁减，就得用卵去喂养一个会给它们带来毁灭的食客。

我曾经在小球里发现过食卵爱好者。这是一种很小的幼虫，它从一个卵团爬到另一个卵团上，掏空卵袋里的卵。它通常单独行动，有时也结伴而行，两三只甚至更多。据我统计，从洞里钻出来的小幼虫最多达到10只。

它是怎么进入这个封闭的、无法穿透的角质城堡的呢？肯定是卵被从滴出糖浆的狭缝送入了城堡。一位母亲突然到来，它发现了这条裂缝，喝了一口泉水，然后转身把产卵管插进去。不用武力，敌人就这样进入了城堡。

它属于小蜂科的成员，是勤勉的肠道探索者，干起活来很麻利。6月的第一周，它们化为了成虫从壳里爬出来，与胭脂虫的孩子相比，它算得上是巨人，身长两毫米。它在胚胎期时曾经穿过的那个狭窄天窗，现在已无法通过；躺在里面的虫子便凭着又尖又硬的大颚，在城堡的围墙上打开一个孔。里面有几只寄生虫，小球的外壳上就有几个圆孔。这个破坏卵巢的家伙呈深蓝黑色，深色的翅膀上有凹槽，像陡然下翻的鞘翅斗篷。它头部扁平，头宽超过胸宽，强有力的大颚使它能够咬穿坚固的城墙。长长的、不停地晃动的触角有点弯，尖上略微鼓起，饰有一个白环。这个小昆虫又矮又胖，跑起来是碎步小跑；它擦亮翅膀，刷干净触角，为自己掏空了胭脂虫的肚子而感到心满意足。在我们的分类目录里，能找到它的名字吗？我不知道，而我也不太想知道。用野蛮的拉丁语写的标签所能告诉读者的，也不见得比寥寥几行的故事所述说的更多。

6月即将过去，糖浆有一段时间不往外溢了，蚂蚁们便不再到此地来饮水，说明胭脂虫内部发生了深刻的变化。然而，它的外表却没有变，始终是一个黑得发亮的小球，坚硬而又光滑，牢固地粘在蜡白色的底座上。我用小刀尖破开这个煤玉匣子与臃肿的底座相对的顶盖。小球的壳就和金龟子的鞘翅一样硬而易碎，里面没有一点多汁的肉，所剩的是白色和红色混合成的干粉。

我把干粉收集到一个玻璃管里，放在放大镜下，所见的情景真是令人震惊。干粉在骚动，它活了。如此多的数目要想数清楚，那可是骇人听闻的，无数的小生命挤作一团，胭脂虫为了能留下一条命脉，竟然生育无度。

白色的是尚未孵化的卵，6月底，这样的卵已为数不多。其他颜色的干粉是活动的小昆虫，它们呈浅棕红色或橘黄色。其中又以白色素最多，那是一堆蜕下的卵壳。

这些破外套被排列成放射状的头状花序，和当初胚胎在卵球里时的排列方式完全一样。这个细节告诉我们，胭脂虫没有产卵，卵不仅没有被排出母腹，而且还在硬壳围墙中一个特定位置上，还在那个庇护卵巢的大屋顶下。卵被封闭在它们形成的那个地方，仍然按原样排列，保持原状的一串串卵，变成了一袋一袋的小虫。

关于这种奇怪的生育方法，蓑蛾已经提供过一个例子。这种方法可免去母亲产卵，使卵就地孵化。那只发育不全的蛾，比幼虫还可怜，它隐居在蛹壳里然后变干，它的肚子里装满了卵，卵将就地孵化[1]。雌蓑蛾变成了一个干袋子，它的孩子将从里面孵化出来。胭脂虫也是如此。

我观看了胭脂虫的出生过程。新生儿躁动不安，要钻出它们的外套。许多小胭脂虫都成功地摆脱了外套的束缚，将蜕下的卵壳留

① 见卷七第二十章。——校注。

在辐射状排列的位置上。另一些而且为数不少的小胭脂虫，把小群体共有的那个套子给拔走，并拖着套子走了好长时间。小套子黏附力很强，小家伙们拖着它穿过外壳，到了小屋外才把套子甩掉。因此，我在它们出生的那个树枝上，在离开雌胭脂虫那只小球一段距离处，发现了许多白色的旧衫。如果我们没有仔细观察事件的经过，一定会以为小家伙是在胭脂虫体外孵化的。这些皮屑是个假象，全部的卵都是在小盒子里孵化的。

记录了活动粉末之后，我又察看了煤玉盒子。盒子被一层横膈膜隔成上下两层，那层膈膜是干枯的雌胭脂虫的尸骸。属于胭脂虫自身的物质很少，现在只剩下了一层脆的皮，箱子里剩下的那堆东西都是属于卵巢的。新生儿住的上层，一点也不比底层差。

当迁移的时刻到来时，从下层很容易出去，因为底下有一扇门，就是那个像扣眼形状的裂缝，它是敞开的，而且总是大大敞开。可是小胭脂虫该怎么从膈膜隔开的上层出去呢？小胭脂虫那么虚弱，那么小，永远也不可能挖破那层膜。我仔细观察，膈膜正中有一个圆形的天窗，住在下层的居民可以直接从房间的门，从那扇扣眼形的门出去；而住在上面的居民，则可以通过地板上的那个洞下来。胭脂虫母亲想得真是无比周到，它那层干化的皮成了楼板，并且开了一个窥视孔，否则一半的孩子都会因出不来而死去。

小胭脂虫太小，普通肉眼几乎看不见它们。借助高倍放大镜，我看清了小胭脂虫呈卵形，后部比前部小，呈柔和的红棕色，六条腿很好动，开始行走时急步小跑，可是以后就一动不动，完全处于静止状态。小胭脂虫身后还有两根半透明的长触角一摇一晃，如果不仔细看是看不见的；两个黑黑的点是眼睛。

小玻璃管里的小胭脂虫显得很忙碌，它们在游荡，两根伸展的触角一摇一晃，它们爬上爬下，连滚带爬地在蜕下的空卵壳上走来走去。它们在准备出发，小原子要去闯大世界了。它需要什么呢？看样子需要一根能提供营养液的树枝，我注意到了它的需要。

在荒石园里有一棵绿橡树，是园子里唯一一棵高三四米的大灌木。6月中旬，小胭脂虫开始孵化出来，我把30只胭脂虫连同它们依托的细树枝一起安放在橡树上。

尽管我很用心，然而，当小胭脂虫像我预料的那样分散在圣栎树上时，要想监视它们的行踪可就不容易了。旅行者太渺小，而地方又太大，再说用放大镜逐一观察树叶、树枝和树梢更行不通，那会让人失去耐心。

几天后，我探望了我够得着的那些雌胭脂虫，已经有小胭脂虫出壳了，数量很多，落在路边的皮屑可以为证。至于小胭脂虫，我却到处都找不着它们，既不在树皮上，也不在叶子上。它们会不会都爬到了难于攀登的圣栎树梢上去了呢？它们会不会去了别的地方？我不能让移民从我的视野中消失，我在一些装有松软的腐殖土的花盆里，移栽了一两拃高的小圣栎树，我用树胶在每根植物的细枝上粘上五六只胭脂虫，粘的时候格外小心，生怕把出口堵上。我把这个人造小树林放在实验室里背对窗户，避开强光的地方。

7月2日，我观看了一次出走行动，下午两点最热的时候，无数只小胭脂虫离开了城堡。它们急匆匆地穿过房间的那扇大门，那个像扣眼似的裂缝，好些小家伙屁股后面还拖着蜕下的卵壳。它们在小球的圆顶上停了一会儿，然后就分散到附近的树枝上去了。好几只虫子爬到了植物顶梢上，它们对爬上这个高度显得并不很满足，还有几只沿着树干爬下来，我根本无法判断这一大群小胭脂虫要往哪里去。也许是因为它们第一次在自由的场地上行走，一时有点混

乱；小家伙随处乱跑，沉浸在获得自由的喜悦中。让它们去吧，它们会安静下来的。

第二天我确实没能在圣栎树上找到一只小胭脂虫，它们全都爬到花盆里离树干不远的黑土上去了，泥土刚浇完水，冒出一股腐叶变成的腐殖土的美味。在一块指甲般大的地方，那些小家伙又聚集成群，谁也不动弹，看来它们对这个牧场很满意，或更确切地说，是对这个饮水槽极满意。它们好像是在恢复体力，舒适得动都不想动了。

我来帮助它们生活得更美满吧。为了给它们一些阴凉，让它们住的地方凉爽，我把事先放在一杯水里浸软了的圣栎树枯叶盖在水槽上。我的小虫子们，你们现在该自己去摆脱困境，别的事我可帮不上忙了。

我刚刚了解了你们故事中的一个要点，如果不了解这个细节，我就无法继续下面的研究。我开始的想法尽管很有道理，但并不正确。小胭脂虫不是像它们的母亲一样定居在圣栎树上，而是在它们出生的那棵树下的泥土里，至少最开始，它们要在青苔和枯叶中找一个比较凉快的藏身所，以便恢复消耗的体力。

以后它们靠什么维持生活呢？我还说不出来。我看见它们成群结伙，一连五六天待在一个地方，没有一个离开群体，也没有一个钻进松软的泥土。后来，胭脂虫的数量变少了，渐渐地全都消失了，好像蒸发掉了似的。尽管它们离我这么近，我还是一无所有，一群小原子没有留下任何痕迹。

或许种着绿色橡树的花盆，没有提供使它们兴旺发达的条件，它们也许需要草地，需要带根茎的禾本科植物，还有根茎丰富但扎得不太深的草本植物，小胭脂虫或许已经在一些根茎上安好了小槽。真是这样吗?

我知道5月在一些圣栎树下有许多小胭脂虫，我于是便到乡下去观察那些树。我想小胭脂虫肯定在那里，在一个不大的范围里，因为它们很虚弱不可能远行。我仔细查看了长在树周围地面上的各种植物，我挖土，把草连根拔起，用放大镜耐心地挨个检查拔出的每一棵植物的根须。秋冬两季，我连续搜查多次，然而，艰苦的调查没有结果，小家伙们找不着了。

第二年，春回大地时，我明白了小胭脂虫栖息的树下，并不一定非要有植物不可。我再回头来看看荒石园里的那棵圣栎树，在它的簇叶上我放过30只胭脂虫，现在已经有不少居民从小球里面出来。但是在圣栎树下，方圆几步范围内的地上，完全是光秃秃的，在新近刚用铲子铲光的角落里，没有一根草，寸草不生。至于圣栎树的根，我觉得没有必要去费心，它扎得很深，小胭脂虫是无法到达的。

然而，5月，在此之前没有胭脂虫的灌木上布满了黑色的小球，我播下的种子结果了。从壳里钻出来的小虫在地下度过了冬天，当天气转暖时，它们又回到树上，将在那里变成球。在连一根侧根都找不到的瘦地里，它是靠什么过活呢?也许不靠什么。

它们钻到土里，主要是为了找个住处，而不是为了找到食物。要想抵御严冬，住在离地面不深的土粒缝隙中是靠不住的。如果遇上恶劣的天气，还不知道会有多少小胭脂虫，因得不到很好的保护而死去呢!为了能够承受钻进壳里的食卵者的祸害，以及可怕的恶劣气候造成的灾害，为了留下一条命脉，胭脂虫必须生育成千上万个孩子。

故事中的其余情节也来之不易。4月到了。我的三个孩子是我晚

年生活的快乐，他们借给我年轻人敏锐的眼光，如果没有他们的帮助，我会放弃在一望无际的大地上进行追踪的计划。前一年，在一些望得见的圣栎丛上，曾经出现了许多胭脂虫，我用白线在每一根有胭脂虫的小细枝上做了记号。

就是在那里，我的孩子们逐一观察了每片叶子、每根树枝，我用放大镜大略地观察一遍之后，把收获物放在植物标本盒里，然后在实验室里进行细致的观察。

4月7日，正当我对研究感到绝望时，一只小胭脂虫进入了放大镜的视野。是它！就是它！我去年见到它从硬壳里出来时是什么样，现在我所见到的它还是什么样。它的体态、形状一点都没变，颜色和大小也没变。它在散步，显得很忙碌，也许是在找一个合适的地方。树枝表皮上的一点细微的皱褶随时都会把它隐藏起来，我立即把这根带着珍贵的原子的树枝放在纱罩下。

第二天我隐约看见了一层蜕下的皮。急步小跑的小家伙从此变成一个静止不动的微粒，这是胭脂虫的小球体雏形。像这样的发现我只有幸碰到过一次。如果我得到了更多的小胭脂虫，我将进行更细致的研究。我前去察看圣栎树的时间太迟，这项工作本该在3月做的。我推测，在那个时节，应该能看到小胭脂虫们离开土地，重返绿橡树的簇叶中，准备蜕变。那么，我得到的就不仅仅是一只胭脂虫，而是好几只。不过，我也不敢指望丰收，因为严冬肯定会给它们造成损耗，尽管它们开始时数量众多。它们从树上下来时有成千上万只，而再回到树上的却只有小股流民，春天小黑球数量减少就是最好的证明。

爬上树的小家伙是什么样的呢，我仅有的那只小胭脂虫让我知道得很清楚。它变成了一个圆球，确实就是成年胭脂虫的样子，尽管树枝浸在装了水的杯子里，可是没过多久胭脂虫就干化了，幸好我还拥有其他一些略大一点的小球。

我从圣栎树上收获了两种胭脂虫。小球形的居多，个头儿随年龄不同而有所变化，最小的几乎不到一毫米，腹部扁平，环绕着一个白色圆圈，底部开始显露出蜡黄色，背部是圆形的，呈浅红棕色或浅栗色，不规则地分布着一些细小的白色乳突。小胭脂虫的这身打扮，有点像生活在热带海洋中的虎贝。糖厂已经开始生产，胭脂虫的尾部凝聚起一滴透明的糖浆，蚂蚁们都跑来喝糖水了。几周后，胭脂虫的颜色变成了像煤玉般的黑色，小球变得像一颗豌豆那么大，这就是胭脂虫最终的样子。

少数胭脂虫像半收缩的蛞蝓，腹部扁平，整个贴在树枝上，背部凸出，多多少少带有鲜艳的琥珀色，身上散布着白色的乳突，乳突纵向排列，五个一行或七个一行。由于胭脂虫是琥珀色的，而且带有白色的小点，看上去有点像一种上面撒着糖粒叫"猫舌"的糕点，这种胭脂虫的尾部不会渗出糖浆，因此蚂蚁不会来光顾。

我想，第二种应该是雄性胭脂虫幼虫，它变为成虫时，长着翅膀，专门从事交配，但是我还无法证实这种猜测。那些像蛞蝓似的小虫，在枯萎的树枝上会死去，而到实验室外去观察它们的发育变化，又超出了我的耐心。

关于圣栎树胭脂虫的故事，还不完整，但有一点却值得记住。雌胭脂虫那免于产卵的卵巢干化成一个盒子，把胎儿封闭在里面，在这个干化了的遗骸里，麇集着几千只小胭脂虫，它们在那里等待大规模迁徙期的到来。胭脂虫把普通的生育方式简化到了不能再简单的地步，雌胭脂虫变成了一个育儿箱。